U0254064

柑橘病虫害原色图鉴

蔡明段 易干军 彭成绩 主编

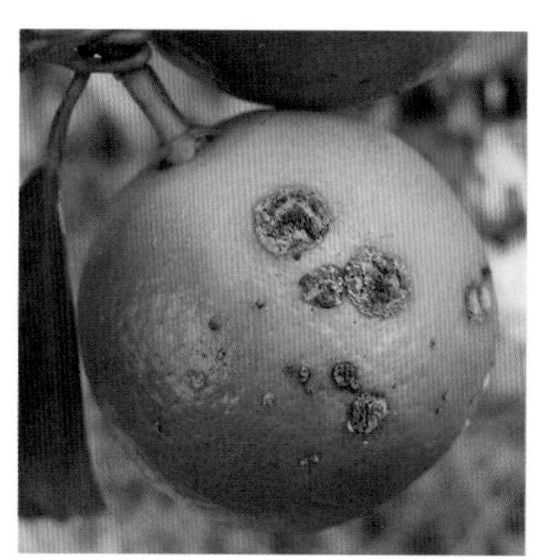

GANJU BINGCHONGHAI YUANSETUJIAN

中国农业出版社

图书在版编目（CIP）数据

柑橘病虫害原色图鉴/蔡明段，易干军，彭成绩主编. —北京：中国农业出版社，2011.10（2019.5重印）
ISBN 978-7-109-16030-9

Ⅰ.①柑… Ⅱ.①蔡…②易…③彭… Ⅲ.①柑桔类－病虫害防治－图谱 Ⅳ.①S436.66-64

中国版本图书馆CIP数据核字（2011）第174739号

中国农业出版社出版
（北京市朝阳区农展馆北路2号）
（邮政编码 100125）
责任编辑 张 利 黄 宇

北京通州皇家印刷厂印刷 新华书店北京发行所发行
2011年11月第1版 2019年5月北京第8次印刷

开本：889mm×1194mm 1/16 印张：17.75
字数：538千字
定价：368.00元
（凡本版图书出现印刷、装订错误，请向出版社发行部调换）

主　编　蔡明段　易干军　彭成绩

编　委　蔡明段　易干军　彭成绩　曾继吾
郑朝武　田世尧　匡石滋　姜　波
钟　云　周碧容　甘廉生

作者单位　广东省农业科学院果树研究所

序

柑橘原产我国，是我国重要的果树，全国有19个省（自治区、直辖市）（未含台湾）进行柑橘商业栽培。据统计，2009年全国柑橘栽培面积已超过200万公顷，年产量达到2 500余万吨，栽培面积与产量均居世界第一。柑橘产业的发展，对我国南方农村经济和社会发展做出了重要贡献。

然而，随着规模化种植、生态环境的改变，柑橘病虫害种类和主次也在发生变化。据统计，为害柑橘的病虫害达近千种，这些病虫害严重威胁我国柑橘产业的进一步发展。为了准确地认识柑橘病虫种类、识别为害症状，及时采取有效的防控措施，保证柑橘树体生长健壮和果实正常发育，改善果实品质，提高种果效益，促进柑橘产业可持续发展，广东省农业科学院果树研究所组织编写了《柑橘病虫害原色图鉴》。

本书参编人员均是从事柑橘等果树科研工作的专家，长期在生产一线从事柑橘栽培、病虫害防控等研究工作，在田间详细观察各种柑橘病虫害的发生情况，并结合运用部分害虫的室内饲养的照片，特别是通过罗列黄龙病、螨类、蚧类、粉虱类、夜蛾类、害虫天敌等图片，客观地反映出各种柑橘病虫的为害症状及其形态特征。编辑过程中吸收了我国过去在柑橘病虫防控方面的研究成果。全书共有代表性照片1 200余幅。纵观全书，内容系统、图文并茂，可供从事柑橘教学、科研、技术推广和生产等部门的同行学习和参考。

我深信，该书的出版发行，将对我国柑橘生产发挥广泛的指导作用，为提高我国柑橘生产管理水平，促进柑橘产业持续稳定发展做出有益贡献。

中国工程院院士
华中农业大学教授 邓秀新

2011年10月1日

前言

柑橘是世界上最重要的水果之一。据FAO统计，全球共有138个国家和地区进行柑橘商业栽培，面积约667万公顷，总产1亿多吨，约占世界水果总产的22%。2008年，柑橘产品（鲜果、橙汁和橘瓣罐头等）贸易额近230亿美元，是仅次于小麦、棉花、大豆之后的第四大国际贸易农产品。目前，柑橘产量居前五位的国家是中国、巴西、美国、墨西哥和西班牙，总产量约占世界柑橘产量的60%。

我国有19个省（自治区、直辖市）进行柑橘生产（未含台湾）。2008年栽培面积超过203万公顷，产量2 331.2万吨，面积与产量均居世界首位。柑橘是我国南方最重要的常绿果树，其中湖南、广东、广西、四川、福建、湖北、江西、浙江、重庆等9个省（自治区、直辖市）为主产区，2008年总产量占全国总产量的94.95%，面积占93.7%。近10年来，随着农业部柑橘优势区域布局规划的实施，现已经初步形成了“长江上中游”、“赣南—湘南—桂北”、“浙南—闽西—粤东”、“鄂西—湘西”柑橘产业带，对促进我国南方农民增收、就业和社会主义新农村建设做出了积极贡献。

但是，随着柑橘生产的发展和生态环境的不断变化，柑橘病虫害不断增多，对柑橘产业的发展已构成新的威胁。为了使广大从事柑橘生产、教学和科研的工作者更准确地识别柑橘病虫种类和为害特征，及时采取有效的防治措施，我们总结了自20世纪60年代以来特别是近年来，我国在柑橘新病虫害的鉴定、病虫发生规律、天敌研究、生物防治、新农药试验及综合防治等方面的研究成果，结合我们多年在生产一线对柑橘病虫害观察和防治方法的研究，精选具有代表性的1 200余幅高清晰生态原色照片，编辑成《柑橘病虫害原色图鉴》。书中收集60种柑橘病害，154种螨、虫害，24种药害的照片。其中一点蝙蛾、双钩巢粉虱和外斑埃尺蛾等多种害虫是近年发现为害柑橘的新害虫；采集和捕捉了为害柑橘的夜蛾共27种，其中柚巾夜蛾、掌夜蛾的幼虫可严重为害甜橙、橘、柚的幼果或叶片。还收集了47种瓢虫，12种寄生蜂，23种捕食性螨类，12种食蚜蝇和5种草蛉等共108种天敌的照片。本书比较全面反映了我国柑橘病虫的为害状、形态特征，以及发生规律、防治方法等。可供从事柑橘教学、科研、科普、商贸、检疫、技术推广以及栽培者阅读参考。

本书在编写及出版过程中，得到广东省科技厅农业攻关项目“柑橘产业推进关键技术研究与示范（2008A020100022）”和广东省科技厅成果推广项目“柑橘新品种及其模式栽培技术推广与示范（2008A040102002）”等项目的大力支持。中国农业科学院柑橘研究所周常勇、赵学源研究员，华南农业大学张维球教授、岑伊静副教授，华中农业大学张宏宇教授、杨植乔同志，浙江省农业科学院张志恒研究员、浙江省柑橘研究所徐建国研究员，云南瑞丽柠檬研究所郭俊同志，北京市农林科学院植物保护环境保护研究所虞国跃研究员，中山大学生命科学学院庞虹教授，中国农业大学昆虫学系彩万志教授，陕西理工学院生物科学与工程学院霍科科教授给予支持和帮助。在此一并表示衷心的感谢！

由于编写时间仓促，书中错漏之处难免，恳请指正。

编著者

2011年6月28日

目录

一、柑橘病害

（一）传染性病害

生长期病害

1.柑橘黄龙病

柑橘黄龙病（Huanglongbing）又称黄梢病。“龙”是广东潮汕农民对柑橘枝梢的俗称，黄梢谓之“黄龙”。主要分布于我国广东、广西、海南、福建、台湾等省、自治区。在江西、湖南、云南、贵州局部地区和四川南部，浙江金华、温州等市（县）均有发生，近年逐渐蔓延。台湾称作立枯病。世界上有40多个国家和地区，包括亚洲、非洲和美洲均有此病发生，印度称退死病、梢枯病，菲律宾称叶斑病，南非称青果病。1995年11月国际柑橘病毒学家组织（IOCV）第13届会议在我国福州召开，根据法国Bovc教授的提议，决定统一改称为黄龙病（Huanglongbing，HLB）。黄龙病是柑橘的毁灭性传染病，是重要检疫性病害。

【症状】 初期在树冠中出现一条或数条叶色褪绿和叶脉稍黄的枝梢，称之“插金花”、“鸡头黄”等。随后其下段枝条的叶片和树冠其他部位的枝条叶片相继褪绿黄化。黄化有两种类型：一是整张叶片均匀黄化，二是叶片呈不规则的黄绿相间的斑驳状黄化，在叶的基部和叶缘较为明显。继后，病枝上和病树上再抽出的新梢，叶片似缺锌或缺锰状花叶，此为后期的症状，称第三种类型。病树树势逐渐衰弱，早抽新梢，枝弱、叶小，早开花、花量大，坐果少，果小，着色差。一些品种的病果，在果肩周围为橙红色，其他部位为青绿色，无光泽，称为“红鼻子果”或“红肩果”。橙类病果果皮浅暗绿色，果肩淡黄色，称为“青果”。病树果实的果汁酸、淡，果实中心柱不正。随病情加重，根部腐烂，全株死亡。

【病原】 对黄龙病的研究将近一个世纪。从最初疑是水害、镰刀菌开始，到20世纪50年代的病毒，后来研究认为是类菌质体—类立克次体—类细菌。直到1984年，才认定为革兰氏阴性细菌，是一种目前用人工合成的培养基难以培养的或尚无法培养的细菌“难培养菌”。20世纪90年代的研究认为，其病原为薄壁菌门（Cracilicutes）变型菌纲（Proteobacteria）的α亚纲中的一个新属——韧皮部杆菌属（Candidatus Liberibacter）的表皮细菌。有亚洲种（Candidatus Liberibacter asiaticus）、非洲种（Candidatus Liberibacter africanus）和美洲种（Candidatus Liberibacter americanus）3个种。

【发生规律】 黄龙病为害柑橘属、金柑属和枳属的品种。橘和柑中的一些品种尤为敏感，如椪柑、蕉柑、福橘、茶枝柑、温州蜜柑、沙糖橘和马水橘等。春、夏、秋梢均可表现症状。春梢多在转绿后再表现黄化，夏梢和秋梢则在新梢转绿过程中叶片停止转绿，出现无光泽的黄绿色叶，随后叶片黄化或表现斑驳。幼树发病时，每次新梢多为均匀黄化，病树树势转弱，再次抽出的新梢枝条短小，叶片小、叶质硬，黄绿色，或表现相似缺锌的症状。幼树的发病率高，在1～2年内可全园毁灭。结果树发病时，多数先在1条或多条小枝的叶片上发生黄化，随后向下部和周围的枝叶扩散，出现大范围叶片黄化或斑驳型黄化。到秋冬季节，黄化叶片逐渐脱落，枝条暴露。次年，春芽早发，花多而不实，再抽生的新梢也出现相似缺锌症状。随病情加重，根系逐渐腐烂，一个果园在2～3年可全部毁灭。

黄龙病通过带病的接穗和苗木调运进行远距离传播，近距离传播为田间病树和柑橘木虱传播。如果新区有柑橘木虱的存在，发病则快而严重，1～2年即可毁灭新果园。在发病的老柑橘园中补种新苗或在园区附近扩种新园，则可出现“先种后死，后种先死”的情况。当病树存在、柑橘木虱又普遍发生时，发病则严重。

黄龙病有两个温度范围值极易表现症状：一是在22～24℃表现症状，称“感温”型或“热敏感”型(Heat-sensitive group)，为非洲种，其在30℃以上病症会减轻；二是27～32℃表现症状，称“耐热”型(Heat-tolerant group)，属亚洲种和美洲种。

黄龙病指示植物鉴定，采用椪柑实生苗鉴定。在实生苗上嫁接带病的接芽，在25～32℃的气温下，经80天左右，叶片可出现斑驳黄化。

【防治方法】

(1) 检疫　禁止带病的接穗、苗木进入无病区和新开垦的柑橘种植区。

(2) 农业措施　①建立无病苗圃，培育无病苗木，按柑橘无病毒繁育体系规程，建立封闭式网棚育苗或选择有自然隔离区育苗。同时，要配套建立检测和脱毒研究中心，建设有严格管理的砧木种子园；②加强栽培管理，保持树势健壮，提高耐病能力；③及时挖除病树，园区中每一次新梢抽出前，先行检查，发现病树，及时挖除销毁；④实行产业化种植，新区要统一规划、统一采用无病苗木、统一技术规程；⑤在病区，应实行成片改造，整片挖除病树，经2年种植其他非寄主植物后，再种植无病苗木，将病区改造为无病区。

(3) 化学防治　及时防治传病媒介——柑橘木虱，防治方法见本书柑橘木虱部分。

明柳甜橘黄龙病初发状

幼树初发病，新梢均匀黄化

甜橙黄龙病中期症状

明柳甜橘黄龙病中期症状

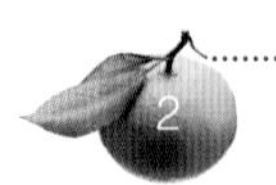

沙田柚黄龙病中期症状

甜橙黄龙病后期症状

椪柑黄龙病后期症状

年橘黄龙病后期症状

椪柑幼树黄龙病夏梢叶片均匀黄化

春甜橘幼树黄龙病夏梢均匀黄化不转绿

葡萄柚幼树黄龙病夏梢均匀黄化不转绿

年橘幼树黄龙病秋梢均匀黄化不转绿

沙糖橘黄龙病秋梢均匀黄化不转绿

春甜橘幼树黄龙病秋梢均匀黄化不转绿

明柳甜橘黄龙病病叶

柚黄龙病病叶

椪柑黄龙病病叶

甜橙黄龙病病叶

蕉柑黄龙病病叶

椪柑黄龙病斑驳叶

甜橙黄龙病斑驳叶

年橘黄龙病斑驳叶

柚黄龙病斑驳叶

春甜橘黄龙病斑驳叶

明柳甜橘黄龙病斑驳叶

椪柑幼树黄龙病新梢叶片似缺锌症状

甜橙黄龙病似缺素症状

年橘黄龙病新梢似缺锌症状

椪柑黄龙病“红鼻子果”

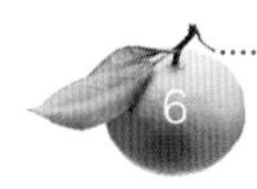

沙糖橘黄龙病“红鼻子果”

温州蜜柑黄龙病“红鼻子果”

甜橙黄龙病，病果为“青果”

2.柑橘衰退病

柑橘衰退病（Tristeza），又名速衰病（Quick Decline Disease）。1956年统一命名为衰退病。我国柑橘产区几乎都有分布，亦是世界柑橘产区普遍发生的主要病害。

【症状】 为害柑橘有三种症状。一是速衰（Quick Decline），是衰退病毒侵染酸橙作砧木的甜橙和宽皮橘引起树势衰退或急速衰退的病害。发病时，病枝上不抽生或少抽生新梢，老叶失去光泽，出现灰褐色或各种缺素状黄化，主、侧脉附近明显黄化，逐渐脱落。病枝从上向下枯死，有时病树叶片突然萎蔫，病树缓慢凋萎，明显矮化，是一种毁灭性病害。二是茎陷点（Stem Pitting），是衰退病毒侵染来檬、葡萄柚和大部分柚类品种及少数甜橙品种引起的病害。植株发病后，在木质部出现凹陷点和凹陷条沟，严重时枝干外表可见纵向凹凸，皮层与木质紧贴，不易剥离。在一些品种的叶脉上，显黄色透明节斑，或局部木栓化，枝条易折断，树弱，果小。某些柚品种严重矮化，称为柚矮化病，在宽皮橘类也有不同程度的反应。三是苗黄（Seedling Yellows），是衰退病毒侵染酸橙、尤力克柠檬、葡萄柚和多种柚类品种实生苗引起的病害，被害苗木黄化，新叶出现类似缺锌症状，黄化部分中间常留有近圆形的小绿岛。

【病原】 为柑橘衰退病毒（Citrus tristeza virus，CTV），约为11纳米 × 2 000纳米的线状粒体，属长线形病毒属（Closterovirus）成员，存在于病株韧皮部筛管细胞中。

【发生规律】 衰退病除为害柑橘类植物外，还可寄生黄皮、九里香、酒饼簕等芸香科柑橘亚科植物。根据寄主症状表现的严重程度，分为强毒株系、弱毒株系。田间存在的常是不同株系的复合物。一般认为苗黄症状是一种强毒株系引起的，强毒株系在尤力克柠檬、葡萄柚实生苗上引起黄化和植株严重矮化。另一个引起以酸橙作砧木的甜橙和宽皮柑橘的韧皮部坏死型衰退，还有来檬、葡萄柚和某些甜橙的茎木质部陷点和陷沟，称为弱毒株系（普通株系）。寄主对衰退病的感病性是病害发生的重要条件。一般以酸橙（如兴山酸橙、代代等）作砧木的甜橙易感病，以酸橙作砧木的宽皮橘感病，以柚作砧木的甜橙也感病。以枳、酸橘、红橘、枳橙、粗柠檬、香橙和甜橙作砧木的甜橙和宽皮柑橘大都耐病，受感染后无明显症状。

衰退病的传播，除了通过带毒的苗木和接穗外，在田间则由蚜虫传播。褐色橘蚜、橘二叉蚜、桃蚜、棉蚜、绣线菊蚜和豆蚜、指管蚜均可以传播，尤以褐色橘蚜（*Toxoptera citricida* Kirkaldy）传病力最强，橘二叉蚜传病率很低。

指示植物鉴定，通常采用墨西哥来檬，对各种株系都有反应。当前采用墨西哥来檬、酸橙、酸橙砧甜橙、葡萄柚、麦达姆·维纳斯甜橙5种指示植物同时鉴定，以确定复合物类型。

【防治方法】

（1）检疫 引进苗木要严格检疫，防止带病的苗木传入。

（2）农业措施 彻底挖除病株；选用耐病砧木，用枳、枳橙、酸橘、红橘、枸头橙等耐病品种作砧木，减轻病害的发生和为害；采用弱毒系交互保护，病区中的苗木先接种弱病毒系，可免受强毒系感染。

（3）防治媒介昆虫 及时防治蚜虫，防治方法见本书柑橘蚜虫部分。

衰退病植株

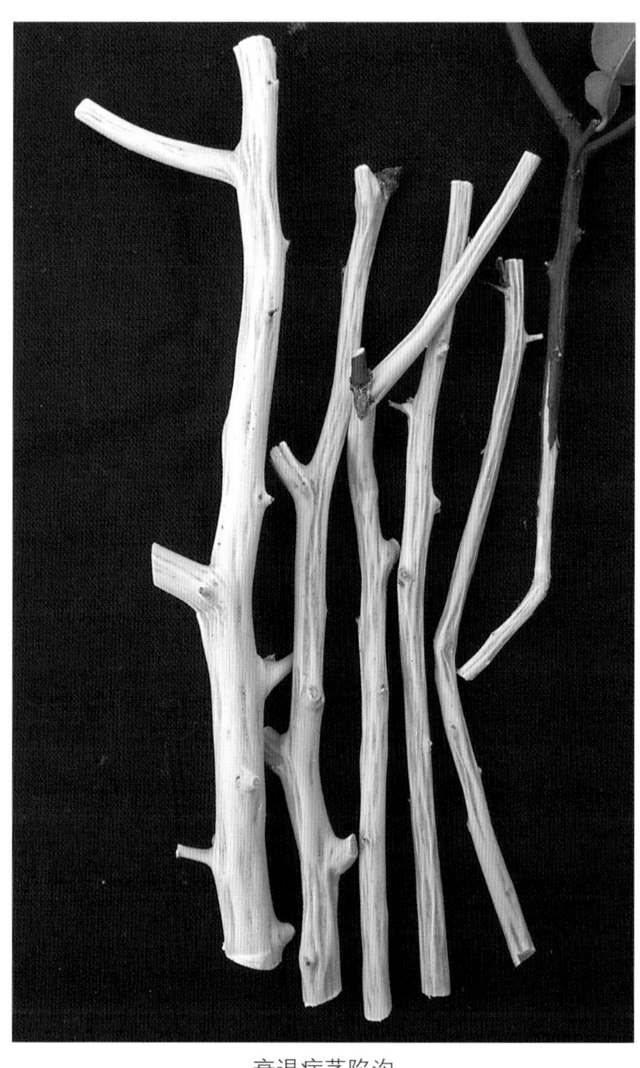

衰退病茎陷沟

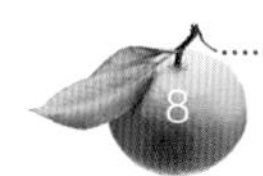

衰退病病枝

指示植物墨西哥来檬衰退病叶片症状

指示植物墨西哥来檬衰退病症状

指示植物墨西哥来檬衰退病枝条陷沟症状

3. 柑橘裂皮病

柑橘裂皮病（Exocortis）又称剥皮病、脱皮病。我国柑橘产区四川、重庆、湖北、湖南、浙江、福建、广东、广西、江西、云南、台湾等省（自治区、直辖市）均有发生。在亚洲、美洲、欧洲、非洲、大洋洲等柑橘产区均有分布。主要为害以枳、枳橙、檬檬作砧木的柑橘品种。20世纪40年代末，美国和澳大利亚首先发现此病。我国从摩洛哥、墨西哥、意大利等地引进的品种多数都带此病。

【症状】 病树的砧木皮部纵向开裂，树皮翘起，最后呈鳞皮状剥落。病树树冠矮化，新梢少而弱，叶片小，有的叶片类似缺锌症状。春季开花多，但落花、落果严重。病树结果期早，衰老快。有的病树只表现裂皮而植株无显著矮化，也有树冠矮化而无显著的裂皮症状。可分强毒系和弱毒系。强毒系的树冠矮小，结果后少抽新梢，或新梢纤弱；定植后3～4年砧木开始表现裂皮，初期裂皮缝白色，2～3年后变黑色，流胶，有酒糟气味，全树叶黄，最终全株死亡。弱毒系树冠中等，砧木部分裂皮浅而短，裂皮口白色，不变黑，不流胶，无酒糟气味，一般不死树。

【病原】 为柑橘裂皮类病毒（Citrus exocortis viroid，CEVd），病原为马铃薯纺锤形块茎类病毒属（Pospiviroid）成员，病原耐高温，采用热处理方法不能脱毒。

【发生规律】 柑橘裂皮病通过苗木和接穗远距离传播，并可通过嫁接及受病原污染的工具（枝剪、果剪和嫁接刀）和手与健株韧皮部组织接触传病。但种子不传病，目前还未发现传病的媒介昆虫。

以枳、枳橙和檬檬作砧木的柑橘品种，如甜橙、沙糖橘等，感病后有明显的症状；而用酸橙、红橘和酸橘等作砧木，在受侵染后不表现症状，成为隐症寄主。我国裂皮病的发生，主要是由国外引进染病的柑橘品种引起的。广东引进的蕉柑、椪柑品系也发现部分植株带病。暗柳甜橙和新会甜橙多点采样鉴定，全部或大多数植株已受感染，改良橙（红江橙）亦如此；锦橙、先锋橙和雪柑部分植株已受感染。柑橘园大量施用氮肥和磷肥，会缩短病害的潜育期，加速发病。

可以用指示植物Etrog香橼亚利桑那861-S-1选系和爪哇三七等进行鉴定，常用SPAGE，也用RT-PCR。也可用聚丙烯酰胺凝胶电泳及病原DNA分子探针进行诊断。

【防治方法】

（1）检疫　严格实行检疫，防止病苗及接穗传进无病柑橘区。

（2）农业措施　①培育无病苗木，建立无病毒采穗圃；②在未建立无病毒苗木繁殖基地又急需种植时，可采用耐病砧木繁殖苗木，如酸橘、红橘等品种，以减轻裂皮病的为害；③发现症状明显的病株要及时挖除；④修枝剪、嫁接刀等在使用前，用1%次氯酸钠液或20%漂白粉液（或10倍漂白粉液）进行消毒，以防被污染的工具传毒。

枳砧沙糖橘裂皮病

枳砧沙糖橘裂皮病病树

红檬檬砧改良橙裂皮病

红檬檬砧改良橙裂皮病植株

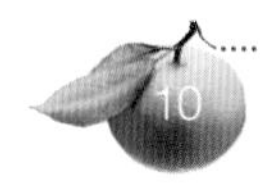

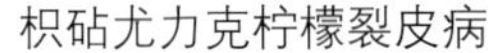

枳砧尤力克柠檬裂皮病

裂皮病指示植物（Etrog香橼）：左感病，右健康

4. 柑橘碎叶病

柑橘碎叶病（Tatter Leaf），我国浙江、广东、广西、福建、湖南、湖北、四川、重庆、台湾等省（自治区、直辖市）均有发生，用枳和枳橙为砧木的温州蜜柑、沙糖橘等易感病。国外，首先在美国发生，此后，南非、澳大利亚等国均有报道，仅在北京柠檬上感染。

【症状】 枳或枳橙作砧木的柑橘植株感病后，病株的砧穗接合部出现黄色环状缢缩，断面显黄褐色界层，嫁接口以上的接穗部肿大，叶脉黄化，似环状剥皮引起黄化。植株衰弱，矮化。如受强风等外力推动，砧穗接口处极易断裂，裂面光滑。病株最后枯死。枳橙实生苗感病后，新叶出现黄斑，叶缘缺损或破碎，扭曲畸形，茎干上有“之”字形黄色条斑，植株矮化。

【病原】 为柑橘碎叶病病毒（Citrus tatter leaf virus，CTLV）是发形病毒属（Capillovirus）成员，曲杆状。约为650纳米×13纳米或400～900纳米不等。病毒的致死温度为65～70℃。

【发生规律】 碎叶病通过嫁接传播，还可通过污染的刀剪等机械传播。未发现昆虫传病。柑橘的叶、茎韧皮部、花瓣、根的皮层和果皮都带有碎叶病病毒，但不存在于果汁中。碎叶病病毒在柑橘品种中有广泛的寄主范围。受侵染的枳橙、枳檬、枳金柑和厚皮来檬等，可表现症状。而其他品种受感染后不表现症状，如甜橙、酸橙、柠檬和粗柠檬等。以枳和枳橙为砧木的比较敏感，酸橘和红橘等砧木上则带病而不显症状。此外，碎叶病毒还能侵染豆科、茄科、葫芦科等18种草本植物。田间存在不同株系，不是所有株系都引起寄主砧穗接合部环缢。

鉴定的指示植物有鲁斯克（Rusk）、特洛亚（Troyer）、卡里佐（Carrizo）枳橙和厚皮来檬等，而以鲁斯克枳橙最好，嫁接后症状明显、表现快。广东在1月份嫁接后当春芽转绿时，即可表现症状，叶片黄斑、畸形，嫩芽扭曲。

【防治方法】

（1）检疫 对引入的柑橘良种，应先隔离栽植，并逐一作指示植物鉴定，确定无带病毒后才可成为采穗材料。田间选出的优良单株，须通过指示植物鉴定，或应用RT-PCR检测技术，确认无带病毒后，方能采穗繁殖，培育无病苗木。

（2）农业措施 ①修枝剪、嫁接刀等在使用前，用1%次氯酸钠液或20%漂白粉液（或10倍漂白粉液）消毒；②采用高温热处理加茎尖嫁接脱毒，热处理可在人工气候箱中进行，每天16小时、温度40℃，夜间8小时、30℃，黑暗处理带病苗3个月以上。也可在玻璃温室内，利用夏季太阳光的高温照射，白天40～50℃每天达8小时，连续累积达20天以上（累积天数愈多愈好）。然后促发新芽，剪取嫩芽进行茎尖嫁接。获得的茎尖苗，再经指示植物鉴定，确定无病毒后，保存在材料库中，建立无病毒采穗圃；③选用耐病砧木。采用枸头橙、酸橘或红橘等耐病砧木，以防止碎叶病的严重为害。

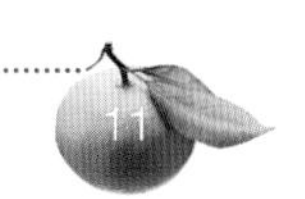

沙糖橘碎叶病病株

沙糖橘碎叶病病叶

沙糖橘碎叶病病果

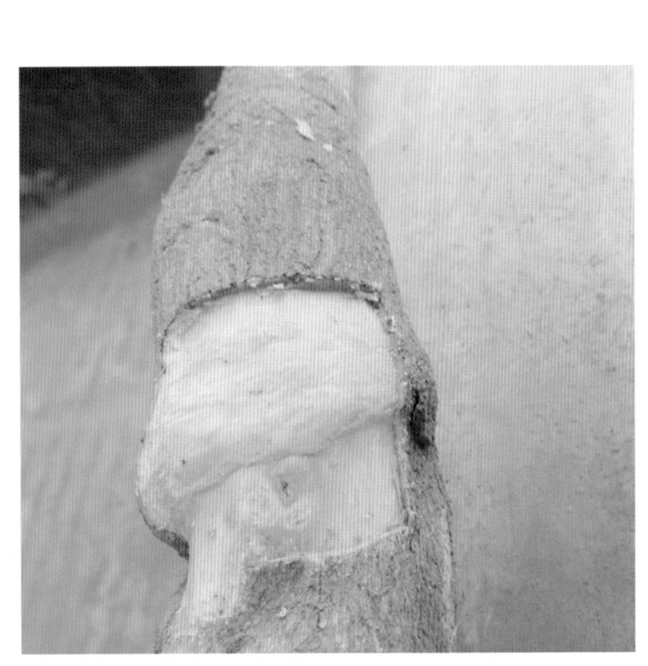

枳砧冰糖橙碎叶病，嫁接口缢缩线明显

枳砧春甜橘碎叶病，嫁接口整齐折断　（刘玉高摄）

枳砧冰糖橙碎叶病，嫁接口折断

葡萄柚碎叶病，嫁接口折断

碎叶病指示植物（鲁斯克枳橙）感病后的症状

碎叶病指示植物（鲁斯克枳橙）症状

碎叶病指示植物鉴定(右为病株)

5. 温州蜜柑萎缩病

温州蜜柑萎缩病（Satsuma Dwarf）又名温州蜜柑矮缩病，为温州蜜柑的重要病害。在日本首先发生，已广泛分布。我国温州蜜柑种植区已有一定范围发生，近年发现种植中国珊瑚树作防风林，加速了本病的传播。

【症状】 感病春梢新芽黄化，新叶变小，叶片两侧明显反卷，常凹凸不平，叶片呈船形，称船形叶。有时出现叶斑、叶条纹等类似鳞皮病的特征性症状。在新叶展开时常常也产生斑驳，但随叶片硬化而消失。较迟展开的叶片，叶尖生长受阻呈匙形，称匙形叶。因形状类似乌龟尾巴，又称龟尾叶。新梢发育受阻，全树矮化，枝叶丛生。发病初期果实变小，但风味没有明显变化；发病后期果皮增厚变粗，果梗部隆起呈高腰果，品质降低。重病树果实畸形。受害树一般显蕾开花较多。

【病原】 为温州蜜柑萎缩病病毒（Satsuma dwarf virus，SDV），是线虫传多面体病毒属（Nepovirus）成员。病毒颗粒球形，直径26纳米。

【发生规律】 主要在春梢上表现症状，适宜发病的温度为18～25℃，气温在30℃以上时一般不表现症状。因此，在园中发生极为缓慢，一般从中心病株向外作轮纹状扩散。发病10年以上的树明显矮化，产量锐减，或全无收成。近年也发现为害中熟和晚熟柑类、脐橙等品种。由于船形叶或匙形叶不是本病所特有，准确的诊断应通过指示植物鉴定。指示植物为草本植物白芝麻（*Sesamum indicum* L.），或黑眼豇豆和美丽菜豆，亦可应用ELISA进行鉴定。主要通过嫁接和汁液传播，远距离传播主要通过带病的接穗和苗木。目前尚未发现虫传。

【防治方法】 通过指示植物鉴定，筛选无病毒的优良母株，培育无病毒苗木；及时检查园区，挖除病株，消灭发病中心；修枝剪、嫁接刀等在使用前，用1%次氯酸钠液或20%漂白粉液（或10倍漂白粉液）进行消毒。

温州蜜柑萎缩病病株

温州蜜柑萎缩病病叶

温州蜜柑萎缩病新梢叶片

6.柑橘溃疡病

柑橘溃疡病在我国有逐渐蔓延的趋势，目前广西、广东、海南、福建、浙江、江西、上海、安徽、湖北、湖南、四川、重庆、云南、贵州、台湾等省（自治区、直辖市）均有发生。是植物检疫对象。

【症状】 受害的叶片，初期出现黄色或暗黄色针头大小的油渍状斑点，扩大后形成近圆形、米黄色病斑。随后，病部表皮破裂，隆起明显，成为近圆形表面粗糙的暗褐色或灰褐色病斑，病部中心凹陷呈火山口状开裂，木栓化，周围有黄色晕环，少数品种的病斑沿黄晕外有一深褐色带釉光的边缘圈。病斑大小依品种而异，一般直径3～5毫米。枝梢上的病斑与叶片上的相似，但病斑较大，木栓化比叶片上的病斑更为隆起，火山口状的开裂也更为显著，病斑圆形、椭圆形、不规则形或多个聚合，连成大斑。在果上，病斑中部凹陷龟裂和木栓化程度比叶片上的病斑更显著，初期病斑油渍状突起，黄色，稀疏或密集，或有多个病斑相连占据大部分果面。在树冠不同部位，病斑的颜色有不同，有的呈黑褐色，边缘有白色小点圈。

溃疡病发生严重时，常引起大量落叶，枝条枯死，果实脱落，果品质劣，失去商品价值。

【病原】 本病为细菌病害。病原细菌*Xanthomonas campestris* pv. *citri*（Hasse）Dye属假单胞细菌目、假单胞菌科。1939年称柑橘黄单胞菌*Xanthomonas citri*（Hasse）Dowson，为我国文献资料上常用学名。黄单胞菌属短杆状细菌，两端圆，极生单鞭毛1根，大小为1.5～2.0微米×0.5～0.7微米，能运动，有荚膜，无芽孢。革兰氏阴性反应，在牛肉汁蛋白胨琼脂培养基上，菌落圆形，蜡黄色，全缘，黏稠，微隆起。培养基上病菌发育的温度范围5～35℃，适温23～28℃，最适pH6.6。

【发生规律】 病原菌在叶、枝梢和病果的病组织中越冬。尤以秋梢上的病斑是越冬的主要场所。有的柑橘品种秋梢受侵害后，并无症状，为潜伏侵染，到次年再发展蔓延，成为次年发病的主要初侵染源。当春季气温适宜且水湿时，病菌从病斑中溢出，借风雨、昆虫、枝叶接触或人为活动等传播。由寄主的气孔、皮孔、伤口侵入。溃疡病的发生与温度、湿度有密切相关。适宜温度为25～30℃，高温、高湿的夏、秋两季是严重发生季节。本病发生与柑橘品种亦相关，以甜橙类最感病，葡萄柚和一部分柠檬品种在南方也严重感病，大部分的柚品种表现为弱抗性；在橘类中广东的明柳甜橘易感病，而春甜橘、年橘次之，阳山橘、椪柑抗病，较强抗病的还有温州蜜柑及其杂种清见；抗病最强的有香橙、金柑、四季橘。在柑橘生长发育过程中，幼嫩组织最易感病，老熟的组织一般不受侵害。生长在高温、高湿期的夏梢和秋梢最容易受侵害，常因感病而造成大量叶片早落、枝条枯死，且导致果实受害。在田间，苗圃的苗木、幼龄树容易感病，成龄树较耐病。

不合理施肥或偏施氮肥，柑橘抽梢不一致，会加重病害的发生。柑橘潜叶蛾、凤蝶幼虫等害虫为害造成的伤口，亦有利于病菌侵染。

【防治方法】

（1）检疫 严禁病区的苗木、接穗进入无病区；无病区或新区种植柑橘，应选择适宜当地栽培的抗病品种。

（2）农业措施 严格执行无病苗育苗规程，杜绝溃疡病发生和传播；幼年果园，认真做好病情调查，及早喷药预防，及时处理病叶、病株，控制病害蔓延；加强肥水管理，促使新梢整齐抽发，做好潜叶蛾等害虫防治；营造防风林，减低风害；冬季清园剪病枝，清落叶、落果，集中烧毁，以减少越冬病源。

（3）化学防治 病园在柑橘谢花后15天喷第一次药剂，夏、秋梢则在抽梢后7～10天喷药，每隔15天1次，连续3次。药剂有：72%农用链霉素可湿性粉剂（1 000万单位）2 000～2 500倍液，3%金核霉素水剂300倍液，53.8%可杀得2 000干悬浮剂900～1 000倍液，57.6%冠菌铜干粒剂1 000倍液，12%松脂酸铜乳油（柔通）800～1 000倍液，4%嘧啶核苷类抗菌素水剂2 000～2 500倍液，或波尔多液0.5%～0.8%等量式。

冰糖橙溃疡病叶片初期症状

冰糖橙溃疡病叶背面症状

葡萄柚潜叶蛾伤口感染溃疡病

改良橙溃疡病

葡萄柚幼树溃疡病

葡萄柚溃疡病后期病斑多个相连形成大病斑

溃疡病引起明柳甜橘裂果

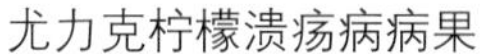

尤力克柠檬溃疡病病果

实生枳溃疡病枝叶症状

冰糖橙溃疡病病枝

7.柑橘疮痂病

柑橘疮痂病在我国中亚热带和北亚热带柑橘区的宽皮柑橘类发生较重，愈往南发病愈轻。

【症状】 为害新梢、叶片、幼果，也可为害花萼和花瓣。受害叶片初期为黄褐色圆形小点，后逐渐扩大，变为蜡黄色，多发生在叶片背面，病斑木栓化隆起，多向叶背突出而叶面凹陷，呈圆锥状或漏斗状，叶片扭曲畸形，早期脱落。新梢受害的症状与叶片相似，但突起不明显，病斑分散或连成一片，后期成斑疤，梢短弱，扭曲。幼果受害，多在谢花后开始，初期为褐色小点，随后渐扩大成黄褐色斑，木栓化瘤状突起，严重发病时，病斑密集连成一片，幼果畸形，易早落。有的随果实长大，病斑变得不显著，但果小、皮厚、汁少、味差。另外一种症状，病斑连成大斑，病部组织坏死呈灰白色或灰褐色癣皮状，下面组织木栓化，显龟裂纹，皮层较薄。

【病原】 病原为柑橘痂圆孢菌 *Sphaceloma fawcettii* Jenkins 侵染所致，属半知菌亚门，腔孢纲，黑盘孢目，黑盘孢科，痂圆孢属。其有性阶段为痂囊腔菌 *Elsinoë fawcettii* Bitane. et Jenk，属子囊菌亚门，腔菌纲，多腔菌目，多腔菌科，痂囊腔菌属，在我国尚未发现。在阿根廷、美国已发现另一种疮痂病菌和新的生物型，可使甜橙类品种严重发病。

分生孢子盘散生或多数聚生在寄主的表皮层中，近圆形，后突破表皮外露。分生孢子梗短，密集排列，单生，圆柱形，顶端尖或钝圆。分生孢子单生，无色单胞，长椭圆形或卵形，两端各具油球。柑橘疮痂病只侵染柑橘类植物。

【发生规律】 病菌以菌丝体在病组织内越冬。次年春季，当气温回升至15℃以上，并为阴雨多湿天气时，病菌开始从老病斑产生分生孢子，借风力或水滴和昆虫传播到幼嫩组织上，萌发侵染成新病斑。新病斑上又产生分生孢子进行再侵染。其远距离传播是带病的苗木、接穗和鲜果销售。菌丝生长的最适温度为20～21℃，发病的温度范围为15～24℃，当温度达28℃以上时很少发生。广东的发生时期有两个，一是春季，为害幼嫩的春梢、花器和幼果，为最严重；二是9月的秋梢。但有一些橘类品种在特殊的环境下，夏梢也有发生。湿度对病害的发生起决定性作用。凡春天雨水多的年份或地区，春梢发病重，反之则轻。柑橘品种的感病性有明显差异。一般来说，橘类、柠檬最感病，柑类、柚类等次之，甜橙类、金柑、枳抗病性较强。疮痂病菌只侵染幼嫩组织，以刚抽出而尚未展开的嫩叶、嫩梢及刚谢花的幼果最易受害，随着组织的不断老熟，抗病性逐渐增强。

【防治方法】

（1）检疫 新种植区，苗木、接穗实行检疫，禁止病原带入新区。

（2）农业措施 以有机肥为主，实行配方施肥；春、夏季排除积水，改善果园环境；冬季清园剪除病枝、收集病叶集中烧毁，喷布0.8～1.0波美度石硫合剂或晶体石硫合剂150～200倍液，或0.8%～1.0%等量式波尔多液，以减少菌源。

（3）化学防治 当春梢新芽露出0.2～0.3厘米、谢花约70%时，连续喷药2～3次，以保护新梢及幼果；8月下旬至9月上旬抽发秋梢时，在新芽露出0.2～0.3厘米时喷药保护。农药可选用：0.5%等量式波尔多液，53.8%可杀得2 000干悬浮剂900～1 100倍液，或57.6%冠菌清干粒剂900～1 000倍液，10%世高水分散粒剂800～1 000倍液，12%松脂酸铜乳油800～1 000倍液，25%使百克乳油1 000倍液，80%大生M-45可湿性粉剂500～600倍液，70%安泰生可湿性粉剂600倍液，40%腈菌唑水分散粒剂4 000倍液等。

温州蜜柑幼果疮痂病

春甜橘幼果疮痂病

温州蜜柑幼果疮痂病

温州蜜柑疮痂病

尤力克柠檬疮痂病症状

温州蜜柑疮痂病后期症状

椪柑疮痂病后期症状

温州蜜柑叶、果疮痂病后期病斑

温州蜜柑疮痂病后期病斑

尤力克柠檬疮痂病后期病斑

*8.*柑橘炭疽病

炭疽病在我国柑橘产区普遍发生，为害柑、橘、橙、柚、柠檬、香橼、佛手、金柑等种和品种，是柑橘的重要病害。

【症状】 柑橘炭疽病菌主要为害叶片、枝梢和果实，亦为害花、果柄，以及大枝和主干。具有潜伏侵染和寄生性较弱（弱寄生）两个特性。

为害叶片症状有两种类型：①急性型，又称叶腐型。主要发生在幼嫩的叶片上，多从叶尖、叶缘或沿主脉开始，初为暗绿色，像被开水烫伤，病、健部交界处不明显，病斑圆形或不规则形，后变为淡黄或黄褐色，叶片腐烂、脱落，常造成全株性落叶。②慢性型，又称叶斑型。多出现在成长中的叶片或老叶片的叶尖或近叶缘处，或潜叶蛾等造成的伤口处，病斑初为黄褐色后变灰白色，边缘褐色，近圆形或不规则形，稍凹陷，病、健部分界明显，后期在病斑上出现黑色小粒点。

枝梢症状亦有两种类型：①急性型。在刚抽出的嫩梢顶端突然发病，如开水烫伤，3～5天后枝梢和嫩叶凋萎变黑，上面出现橘红色带黏质小液点的分生孢子团。②慢性型。多发生在枝梢叶柄基部腋芽处或受伤处，初为淡褐色、椭圆形，后扩大为长梭形，稍凹陷，当病斑环绕枝梢一周时，其上部枝梢很快干枯，病部呈灰白色或灰褐色，上有生长小黑点的分生孢子盘，若病斑较小而树势较壮时，病斑随枝梢生长在周围产生愈伤组织，使病皮干枯脱落，形成大小不一的梭形斑疤。大枝或主干受冻害或树势衰弱，发病之后自上而下呈灰白色枯死，上有密生小黑点的分生孢子盘，病部周围产生愈伤组织，病皮干枯爆裂脱落。

花朵发病，雌蕊柱头发生腐烂，褐色，引起落花。

果柄被侵染，在甜橙和椪柑的果柄较多，初期呈淡黄色，后变褐色干枯，呈枯蒂状，果肩皮部黄色，随之落果，或果肩渐干枯，病果挂在树上。

果实受害可产生干疤型、泪痕型、果实腐烂型和幼果僵果等不同症状。僵果多在幼果1～1.5厘米时发生，初期出现暗绿色油渍状、稍凹陷的不规则病斑，后扩大至全果，病果腐烂变黑，干缩成僵果，挂在树上。而果腐型主要发生于贮藏期和果实近成熟而果园湿度大的果实上，多从果蒂部或近蒂部发生，亦可从干疤型发展为果腐型，深入到果实内部，渐扩展全全果，腐烂组织呈本色水渍软腐，表面长出炭疽病菌子实体。

苗木发病常在顶端第1～2片叶开始，似烫伤症状，随后向下蔓延。或在离地面10厘米或嫁接口处发病，病斑深褐色，向上下和四周扩展，病部以上枯死，病斑上散生黑色小点。

【病原】 炭疽病病原菌是盘长孢状刺盘孢菌*Colletotrichum gloeosporioides* (Penz.)，属半知菌亚门，黑盘孢目，刺盘孢属。引起叶枯症状的为叶生盘长孢菌*Gloeosporium foliicolum* Nish，是本病菌的同物异名；有性阶段为围小丛壳菌*Glomerella cingulata*（Stonem.）Spauld et Schrenk，属子囊菌亚门，核菌纲，球壳目，疔座霉科，小丛壳属。国外报道在来檬上有一种严重的炭疽病，可使幼芽、嫩枝、嫩叶和果实致病，病菌为*Gloelsporioides limetticola* Clausen。

病菌的生长适宜温度为21～28℃，最高35～37℃，最低9～15℃。分生孢子萌发的适温为22～27℃，分生孢子在适温下4小时开始萌发。

【发生规律】 病菌以菌丝体在病枝、病叶和病果组织上越冬，也可以分生孢子在病组织越冬。病枯枝是病菌初侵染的主要来源。越冬的病菌在次年环境条件适宜时，菌丝产生分生孢子，借风雨或昆虫传播，侵入寄主引起发病。只要温度、湿度适宜，枯病枝上几乎全年均可产生分生孢子，而以当年春季枯死病枝产生的分生孢子尤甚。在高温多雨、低温多湿等不利气候条件下发病严重，高温干旱伤树，使树势衰弱，也可诱发此病。此病为弱寄生菌，当树势衰弱、局部坏死，或有伤口的情况下，才能为害，发病程度较重。病菌有较长的潜伏期，花柄中潜伏的病菌多在秋季发病，成为“梢枯”，导致采果前落果。在管理粗放或管理措施不合理，如果园积水、土壤板结、偏施化肥、酸性过大、环割过度、超负挂果会加重发病。

【防治方法】

（1）农业措施 增施有机肥，改良土壤，创造根系生长的良好环境；实行配方施肥；及时松土、灌水，覆盖保湿、保温防冻害，雨季排除积水；果园种植绿肥或进行生草栽培，改善园区生态环境；避免不适当的环割伤害树体；剪除病枝叶和过密枝条，使果园通透性良好，以减少菌源。

（2）化学防治 在春季花期、幼果期和嫩梢期，及时喷药1～2次防病。药剂有40%灭病威（多菌灵·硫）悬浮剂500倍液，70%甲基托布津可湿性粉剂800～1 000倍液，80%大生M-45可湿性粉剂或安泰生可湿性粉剂600倍液，10%世高水分散粒剂（苯醚甲环唑）1 000倍液，40%倾城（腈菌唑）4 000～6 000倍液，或12%松脂酸铜800～1 000倍液。果实采收后用45%特克多（噻菌灵）悬浮剂500倍液或22.2%抑霉唑乳油250～1 000倍液+50%苯来特可湿性粉剂1 000倍混合液浸果1～2分钟，以防果腐型病害。

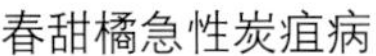

春甜橘急性炭疽病

橘园积水致春叶急性炭疽

急性炭疽病叶片

急性炭疽病病叶

炭疽病叶片病斑

尤力克柠檬炭疽病病叶

不知火炭疽病病枝

寒露风后感染炭疽病

炭疽病病果

甜橙炭疽病果实病斑

果柄炭疽病后期症状

实生橘苗炭疽病症状

9.柑橘树脂病

由于发病的时期和部位及症状不同，柑橘树脂病又有沙皮病、蒂腐病、黑点病之称。在我国柑橘产区均有发生，是柑橘的常见病害之一。

【症状】 以病菌为害柑橘的枝干、叶片、枝条、果实。为害的部位和环境条件不同可分为几种类型：

(1) 流胶　枝干被害，引起皮部坏死，皮层组织松软，有小的裂纹，水渍状，并渗出褐色胶液，有酒糟味。高温干燥情况下，病部逐渐干枯、下陷，皮层开裂剥落，木质部外露，疤痕四周隆起。

(2) 干枯　枝干病部皮层红褐色干枯，略下陷，微有裂缝，不剥落，在病健部交界处有明显的隆起线，但在高湿和温度适宜时也可转为流胶型。病菌能透过皮层侵害木质部，被害处为浅灰褐色，病健部交界处有一条黄褐色或黑褐色痕带。

(3) 沙皮或黑点　新梢、嫩叶和未成熟果实被害后，在病部表面呈现许多散生或密集成片的褐色、黑褐色硬胶质小粒点，表面粗糙、隆起，很像黏附着许多细沙。故称沙皮病。

(4) 枝枯　枝条顶部出现明显病斑，褐色，病健交界处常有少量流胶，严重时枝条枯死，表面产生无数小黑粒点。

(5) 蒂腐　果实在贮藏条件下其症状为褐色蒂腐病。病斑常始发于蒂部，开始出现水渍状褐色病斑，革质，有韧性，用手指轻压不易破裂。病斑边缘呈波纹状，白色菌丝在果实内部中心柱迅速蔓延，当外部果皮1/3～2/3腐烂时，果心已全部腐烂，称穿心烂。有时在病果表面覆盖一层白色菌丝体，散生黑色小粒点。产生上述症状的病菌，均能透过皮层侵入木质部，受害的木质部淡灰褐色，在病健部交界处有一条黄褐色或黑褐色带痕，这是树脂病的特有症状。

【病原】 柑橘树脂病病原菌*Diaporthe medusaea* Nitschke［*Diaporthe citri*(Fawcett)Wolf］属子囊菌亚门，球壳菌目真菌。通常见到的为无性阶段*Phomopsis cytosporella* Penzig et Saccardo（*Phomopsis citri* Fawcett），属半知菌亚门，球壳孢目。分生孢子器在寄主表皮下形成，球形、椭圆形或不规则形，具瘤状孔口，黑色，分生孢子卵圆形或纺锤形，无色，单胞，另一种为丝状或钩状孢子，单胞，无色。子囊壳球状，单生或群生，埋藏于韧皮部内黑色的子座中。菌丝生长的温度范围为10～35℃，最适温度为20℃。卵形分生孢子发芽适宜温度为15～25℃。丝状或钩状分生孢子不易发芽。分生孢子终年可产生，尤以多雨潮湿期为甚。

【发生规律】 病菌主要以无性世代的菌丝、分生孢子器和分生孢子在病组织内越冬。当环境条件适宜时，潜伏的菌丝恢复生长发育，形成更多的分生孢子器。分生孢子借风、雨、昆虫等媒介传播，从伤口侵入，引起发病。

此病菌为一种弱寄生菌，只能从寄主伤口侵入。树势衰弱，可加重发病。当病菌侵染无伤口、活力较强的嫩叶和幼果等新生组织时，则受阻于寄主的表皮层内，形成许多胶质的小黑点。因此，只有寄主有大量伤口存在，且雨水多、温度适宜时，枝干流胶和干枯才会发生流行。而黑点和沙皮的发生则仅需要多雨和适温，在雨水较多的柑橘产区，黑点和沙皮均可常年流行。

【防治方法】

（1）农业措施 增施有机肥，改良土壤；营造防风林，改善生态环境；防寒防冻，保护枝干；及时防治虫害，避免各种伤口发生。

（2）化学防治 春梢萌发期、花落2/3以及幼果期各喷1次药。药剂可选用0.5%～0.8%石灰等量式波尔多液，50%退菌特可湿性粉剂500～600倍液，70%甲基托布津可湿性粉剂800倍液。枝干发病可采用纵刻病部，涂药治疗，涂药时期4～5月、8～9月，每期涂3～4次。药剂可选用70%甲基托布津可湿性粉剂100倍液，涂敷前，病部用1%硫酸铜液先行清洗。也可用80%大生M-45可湿性粉剂100倍液，或1：4食用碱水涂抹病部。涂敷药剂后，应常检查病树病部，及时补涂。

树脂病病株

树脂病木质部病健部交界处有一褐色线

树脂病枝条症状

冰糖橙树干树脂病

甜橙叶片沙皮病

星状沙皮病症状

蕉柑树脂病果面沙皮症状

夏橙树脂病果面沙皮症状

年橘沙皮病病果

*10.*柑橘脚腐病

脚腐病为害树干时称为裙腐病，为害果实时称为褐腐病。我国各柑橘产区均有发生，为重要的常见病害之一。

【症状】 此病发生在柑橘植株主干基部，栽培过深的幼树多从嫁接口处开始发病。初时病部呈不规则油渍状，树皮呈黄褐色至黑褐色腐烂，在潮湿多雨季节，病部常有褐色黏液渗出，随后逐渐扩展到形成层

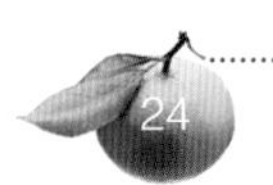

和木质部，病斑沿主干上下扩展，向下可蔓延至根系，引起主根、侧根甚至须根腐烂。植株受害时，与病部同方位上的树冠叶片失去光泽，严重时叶片变黄，叶脉金黄色，易脱落。当病斑向四周扩展使根茎树皮全部腐烂时，导致全株枯死。

【病原】 脚腐病由多种真菌引起，有时为单一病原菌，有时是两种或两种以上的病原菌引起发病。不同柑橘产区分离得到的病原菌不一样，国内已知有12种。主要是金黄尖镰孢霉*Fusarium oxysporum* Schlect. var. *aurantiacum*（LK.）Wollenw，柑橘疫霉*Phytophthora cactorum*（Lebert et Cohn）Schröter，寄生腐霉菌*Phytophythora parasitica* var. *nicotranae* Tucker等。据报道，四川主要是金黄尖镰孢霉和寄生疫霉*Phytophthora parasitica* Dastur，湖南主要是柑橘褐腐疫霉*Phytophthora citrophthora*（R.et E.Smith）Leonian。

【发生规律】 病菌以菌丝体或厚垣孢子在病树和土壤中的病残体上越冬，成为初侵染源。次年气温升高、雨量增加时，病斑中的菌丝除继续为害健康组织外，疫霉产生孢子囊，释放游动孢子，镰孢霉菌产生分生孢子，由雨水传播，伤口侵入。生长发育温度为10～35℃，最适温度为25～28℃。高温多雨利于此病发生流行，土壤黏重、板结、排水不良、种植过密的园区发病重。虫害的伤口或人为导致主干基部皮层损伤均有利此病侵染。

【防治方法】

（1）选用耐病砧木　以枳、红橘、酸橘、酸橙为砧木，适当提高嫁接口位置，较少发病；地下水位较高或密植的柑橘园，不宜选用红橘作砧木。

（2）加强栽培管理　防治蛀干害虫，可减少病害的发生。保护树冠下部果实，当果实近着色时，用竹竿将近地面的果实撑起，防止土壤中的病菌被雨水击溅到果实和枝叶上，涝害或大雨后在地面及下部树冠喷布杀菌剂。

（3）病树治疗　发现病树，及时把腐烂部分及病部周围一些健康组织刮除，然后涂敷25%瑞毒霉可湿性粉剂100～200倍液，90%三乙膦酸铝（乙磷铝）可湿性粉剂200倍液，21%过氧乙酸20倍液，80%赛得福可湿性粉剂25倍液，或用1：1：10波尔多浆涂敷，也可用石硫合剂渣加入新鲜牛粪及少量碎毛发敷病部。药剂处理后，应常巡视果园，发现新病株或处理不彻底的，及早重行药剂治疗。

脚腐病初期症状

椪柑脚腐病症状

甜橙幼年树脚腐病（植株枯死）

环割导致感染脚腐病

脚腐病引起枝条发黄

11.柑橘流胶病

流胶病是柑橘生产中的重要病害。在柑橘产区均有发生，柠檬受害甚烈，也为害红橘、柚、橙类等。

【症状】 为害柑橘的主干、大枝，也可在小枝条上发生。初发病时，皮层出现红褐色小点，疏松变软，中央开裂，流出露珠状的胶液。以后病斑扩大，不定形，病部皮层变褐色，有酒糟味，流胶增多，病斑沿皮层纵横扩展。病皮下产生白色层，病皮干枯卷翘脱落或下陷，剥去外皮层可见白色菌丝层中有许多黑褐色、钉头状突起小点。在潮湿条件下，小黑点顶部淡黄色。病树叶片淡黄色、失去光泽、早落，枝条枯死，树势弱，开花多，结果少，产量低，果质劣，严重时，主干皮层全部受害，导致植株死亡。苗木发病，多在嫁接口、根颈部表现症状，病斑周围流胶，树皮和木质部易腐烂，导致苗木枯死。与树脂病引起的流胶型症状主要区别是：柑橘流胶病不深入树干木质部为害。

【病原】 四川安岳引起流胶病的病原菌有5种，以疫菌*Phytophthora* sp.感染和扩散最快，还有两种镰刀菌*Fusarium*和两种黑蒂腐菌*Diplodia* sp.。四川金堂报道，柑橘流胶病病原菌为壳囊孢菌*Cytospora* sp.，属半知菌类壳囊孢属病菌。分生孢子器扁球形或不规则形，内有1～6个腔室，有一共同孔口伸出表皮。分生孢子腊肠形，稍弯，两端圆，无色，单胞。分生孢子萌发温度为15～25℃，最适温度为20℃。也有人认为流胶病为多种病原表现的同型现象，如树脂病、脚腐病、炭疽病、黑色蒂腐病、菌核病等。另外，日灼、冻害、虫伤等均可导致流胶病发生。

甜橙流胶病后期导致树体衰弱

树干流胶病初期的病斑

树干流胶病

尤力克柠檬流胶病

树干流胶病中期症状

树干流胶病后期症状

枝条流胶病症状

【发生规律】 全年均有发生，病菌在病组织中越冬为次年的侵染源。以高温多雨的季节发病较重，菌核引起的流胶以冬季为重。果园长期积水、土壤黏重、树冠郁闭有利其发生，昆虫侵害、机械伤、化学物质的刺激及其他生理失调，都会引起树干及枝条流胶。

【防治方法】 参考脚腐病的防治。

12.柑橘脂点黄斑病

柑橘脂点黄斑病又称黄斑病、脂斑病、褐色小圆星病等。全国柑橘产区均有发生。

【症状】 由于感染时期、寄主组织发育阶段以及寄主的生理状态差异，可分为：

（1）脂点黄斑型　发病初期叶背上出现针头大小的褪绿小点，半透明，后扩展为大小不一的黄斑，在叶背出现疱疹状淡黄色突起的小粒点，几个或十几个群生在一起，随着叶片长大，病斑变为褐色至黑褐色的脂斑。病斑相对应的叶片正面亦可见到不规则的黄斑，边缘不明显。主要发生在春梢叶片上，常引起大量落叶。

（2）褐色小圆星型　发病初期在叶片正、背面出现赤褐色芝麻粒大小的近圆形斑点，随后稍扩大，变成圆形或椭圆形的斑点，病斑边缘凸起、色深，中间凹陷、色稍淡，再后变成灰白色，并在其上密生黑色小粒点。多发生在秋梢叶片上。

（3）混合型　是在同一张叶片上发生脂点黄斑型的病斑，又有褐色小圆星型病斑，表现在夏梢叶片上。

（4）果上症状　病斑常发生在向阳的果实上，仅侵染外果皮，初期症状为疱疹状污黄色小突粒，随病斑不断扩展和老化，点粒颜色变深，从病部分泌的脂胶状透明物被氧化成污褐色，形成1～2厘米的病健组织分界不明显的大块脂斑。

【病原】 病原为柑橘球腔菌*Mycosphaerella citri* Whiteside 侵染所致，属于子囊菌亚门，座囊菌目，座囊菌科，球腔菌属。其无性阶段有两种：一是柑橘灰色疣丝孢菌*Stenella citri-grisea*（Fisher）Sivanesan，属子囊菌亚门，疣丝孢属；二是叶点霉*Phyllosticta* sp. 属半知菌亚门，叶点霉属。

【发生规律】 病菌以菌丝体在病叶和落叶中越冬。第二年春气温回升到20℃以上时，子囊壳吸水膨胀释放子囊孢子，借风雨等传播。子囊孢子萌发后并不立即侵入叶片，芽管附着在叶片表面伸长发育成表生菌丝，产生分生孢子后再从气孔侵入叶片，经2～4个月潜伏期后才表现症状。病菌生长的温度范围为10～35℃，适宜温度为25～30℃。5～6月温暖多雨，最有利子囊孢子的形成、释放和传播，是发病的高峰期。以橘类、蕉柑感病较重，甜橙、温州蜜柑等品种较轻。栽培管理粗放的果园会加重发病。

在广东每年6～7月是侵染的主要季节，发病的高峰期在9～10月。

【防治方法】

（1）农业措施　加强栽培管理，增施有机肥，采用配方施肥，增强树势，提高抗病力；冬季清园结合修剪，剪除严重发病枝条，疏通郁闭部位，使果园通透性良好，扫除地上落叶，集中烧毁，以减少初侵染源。

（2）化学防治　结果树在谢花2/3时、未结果树在春梢叶片展开后，喷布第一次药剂，隔20天后喷第二次药，30天后再喷药1次，共2～3次。可选用70%甲基托布津可湿性粉剂800倍液，或75%百菌清可湿性粉剂500～700倍液。也可在梅雨之前2～3天喷第一次药剂，隔1个月左右再喷一次多菌灵和百菌清混合剂（按6：4的比例混配）600～

年橘脂点黄斑病病叶

春甜橘脂点黄斑病病叶

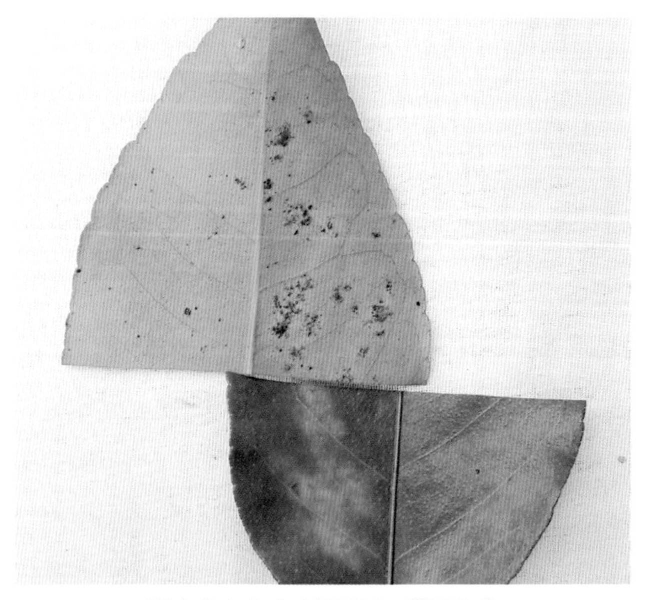
脂点黄斑病病叶的正面、背面症状

甜橙脂点黄斑病病叶

脂点黄斑病（褐色小圆星型）

沙糖橘脂点黄斑病病叶

800倍液，亦可选用70%代森锰锌可湿性粉剂500倍液，53.8%可杀得干悬浮剂900～1 000倍液或20%龙克菌（噻菌铜）悬浮剂500倍液。

13. 柑橘拟脂点黄斑病

柑橘拟脂点黄斑病又称脂斑病或腻斑病，因与脂点黄斑病十分近似，故称拟脂点黄斑病。柑、橘、橙、柚等均有此病发生。

拟脂点黄斑病病叶

【症状】 一般于6～7月在叶背面出现许多小点，其后周围变黄，病斑不断扩展老化，病部隆起，小点可相连成不规则的大小不一的病斑，或稍隆起，黑褐色，病斑相对应的叶面可出现黄斑或无黄斑，受害叶片叶龄短，早落叶。

【病原】 病原为*Sporobomyces roseus* Kluyrer et van Nied和短梗霉属*Aureobasidiun pallulans*（de Bary）Arnand。

【发生规律】 此病在叶片含铜低，且长期无喷布含铜药剂时发病较重。或连年多施用含镁石灰而叶片缺锰时，也发生多。在田间的发生与螨类严重为害有一定相关性。春梢叶片被螨类严重为害，叶片油胞遭破坏后，也易发生此症状。

【防治方法】 参照脂点黄斑病的防治。及时防治螨害，可减轻此病。

拟脂点黄斑病病叶

右：脂点黄斑病，左：拟脂点黄斑病

14. 柑橘黑斑病

柑橘黑斑病又名黑星病、炭腐病。我国柑橘产区均有分布，为害柑橘的果实、叶片和枝梢，以果实受害最重。

【症状】 此病有两种症状。一是黑斑型，在果面上初呈淡黄色或橙色的斑点，后扩大成圆形或不规则形的黑色或黑褐色大病斑，直径1～3厘米。严重时，多个病斑联合，甚至扩大到整个果面。贮藏期的病果腐烂后瓤囊僵化，呈黑色。二是黑星型，在近成熟的果面出现红褐色的圆形小斑，扩大后呈红褐色至黑褐色，后期边缘稍隆起，红褐色至黑色，中间灰褐色至灰白色，略凹陷，其上生有少量小黑粒点的分生孢子器。病斑2～3毫米，一个果上可发生数个至数十个病斑，常导致落果。在贮运期间，病害会继续发生，引致全果腐烂。枝梢和叶片也能受害，其症状与果实的相似。

【病原】 本病的无性阶段为柑果茎点霉菌*Phoma citricarpa* McAlpine，属半知菌亚门，球壳孢目；有性阶段为柑果球座菌*Guignardia citricarpa*（McAlpine）Kiehly，属子囊菌亚门。其常见的无性阶段为柑果茎点霉菌*Phoma citricarpa* MeAlpine。病斑上的小黑点是病原菌无性世代的分生孢子器，黑色，扁球形，分生孢子器产生两种类型的分生孢子，一种为长椭圆形或椭圆形，单胞，无色；另一种为圆形，短杆状，两端略大，单胞，无色。两种分生孢子不产生在同一分生孢子器里。病菌的发育温度为15～38℃，适宜温度为25℃。

【发生规律】 在病枝叶和病果上越冬的假囊壳和分生孢子器是初侵染源，在地面的病落叶中的子囊壳和分生孢子器则是初侵染源的主要菌源。次年春季当温度、湿度适宜时，子囊果内和分生孢子器内各自释放出子囊孢子和分生孢子，借风、雨和昆虫传播，散落在幼果、嫩叶上，发展成菌丝体，菌丝体侵入后，潜育期长达3～12个月，至果实和叶片近成熟时才呈现症状。广东、福建、四川，病菌一般在谢花后的一个半月内侵入幼果，在7月底至9月上旬为果实发病高峰期。病原具有与炭疽病菌相类似的两个特性，一是寄生性较弱，二是潜伏侵染。此病在高温多湿的条件下发病重，闷热的天气尤甚；7年以上的中、老龄树发病较多；栽培管理粗放、树势衰弱、种植密度大的果园发病较重；橘类和一部分柑类较感病，而橙类发病较少。

【防治方法】

（1）农业措施 加强管理，增强树势，提高抗病力；冬季剪除病枝病叶，将落叶、落果收集烧毁，减少菌源。

（2）化学防治 在谢花后半个月内开始喷药保护幼果，每隔10～15天喷1次，连续2～3次。在果实膨大期的7～8月，每月喷杀菌剂1～2次。药剂选用：70%甲基托布津可湿性粉剂800～1 000倍液，75%百菌清可湿性粉剂600～800倍液，或苯醚甲环唑药剂的10%世高水分散粒剂1 000～1 200倍液、10%世鹰水剂1 500～2 000倍液，80%喷克可湿性粉剂500～800倍液，80%大生M-45可湿性粉剂600倍液，53.8%可杀得干悬浮剂1 000倍液等多种杀菌剂。

春甜橘黑斑病（黑星型）

年橘黑斑病（黑星型）

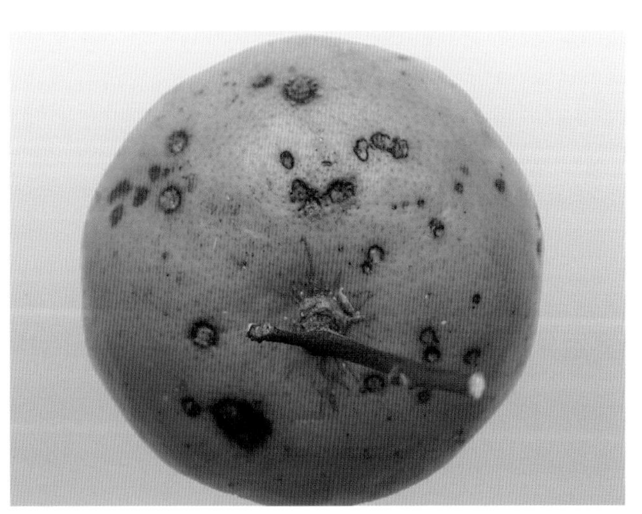

黑斑病（黑星型）

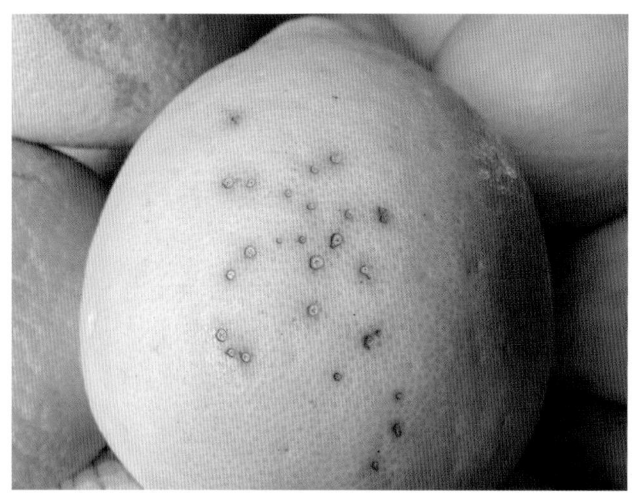

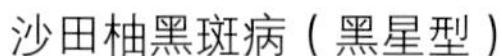

沙田柚黑斑病（黑星型）

黑斑病（黑斑型）

15.柑橘芽枝霉斑病

据报道，芽枝霉斑病为西南柑橘产区一种新病害。21世纪始，广东部分柑橘产区也发现此病，并有蔓延的趋势。

【症状】 以为害年橘、甜橙叶片为主。初期叶面散生具黄色晕环的圆形褐色小点，后病斑扩大，边缘稍隆起，深褐色，中部黄褐色，微凹；后期病斑中部生出污绿色霉状物，为病原分生孢子梗和孢子，病斑圆形或近圆形，穿透叶的两面，其外围无黄色晕圈，病、健组织界限明显，这是本病与溃疡病和棒孢霉斑病的区别点。发生严重时，叶片脱落，枝条光秃。

【病原】 病原菌为芽枝霉属的一种真菌*Cladosporium* sp.，分生孢子呈短链状，串生或单生，椭圆形至短杆形，光滑，淡色或近无色。

【发生规律】 病菌以菌丝在病组织内越冬，于次年4月左右产生分生孢子，风雨传播，在温湿度适宜的环境下，孢子萌芽，从气孔侵入，6～7月和9～10月是主要发病期。广东局部地区对秋梢叶片造成为害，导致秋季叶片脱落，为炭疽病菌侵害提供了叶痕处伤口。甜橙较易发病，老龄树和树势弱的容易感病。

【防治方法】

（1）农业措施 加强栽培管理，增强树势，合理修剪，同时注意排灌等措施，有助于减轻本病的发生。

（2）化学防治 喷布药剂预防，可选用70%甲基托布津可湿性粉剂800倍液，或锰锌类药剂，或0.5%等量式波尔多液，连喷2～3次，能获得良好的防治效果。

年橘芽枝霉斑病病斑

冰糖橙芽枝霉斑病病斑

16. 柑橘棒孢霉褐斑病

柑橘棒孢霉褐斑病又名柑橘霉斑病、叶斑病、落叶枯枝病。20世纪90年代已知分布于四川、重庆、贵州、广西、湖南，或已扩大到全国其他柑橘产区。2008年广东博罗也发现此病为害年橘。

【症状】 主要发生于叶片，也可在春梢枝条上和果实上发生。发病初期，叶面散生圆形褐色小点，随后病斑逐渐扩大，穿透叶片两面，病斑外围有明显的黄色晕环，边缘稍有隆起，深褐色，缘内侧黄褐色至灰褐色或褐色，或有霉点，稍凹陷，无火山裂口。枝条上的病斑微凹陷，外围黄晕较淡或无黄晕，中央深褐色。果面的病斑由于扩大可多个相连，褐色，外围淡褐色或少数显不连续的淡绿色纹，后期病斑表面稍带皱缩、凹陷，木栓化，但无火山裂口。由于叶片病斑外围黄晕明显，在溃疡病发生地区易与溃疡病相混淆。一叶上有3～5个病斑，少数叶片多时可达10余个。果面病斑数量不等。

【病原】 此病为棒孢霉菌*Corynespora citricola* M. B. Ellis，属半知菌亚门，棒孢属。室内培养，菌丝埋生于基物内，外生菌丝分枝多，无色光滑，有隔膜。群体生长时，菌落灰白色，疏松，生长迅速。分生孢子梗棍棒状，直或稍弯曲，橄榄褐色，端部钝圆，顶部有一圆孔。基部膨大呈球形，孢子梗多丛生，2～24根不等。

【发生规律】 病菌在病组织中以菌丝体或分生孢子梗越冬，有的地区也可以分生孢子越冬。于次年春季温、湿度适宜时产生子实体散发新一代分生孢子，从寄主叶片的气孔侵入繁殖，因地区环境各异，发病时期亦有不同，春末夏初和8～9月为发病期。此后在病斑上产生分生孢子进行反复侵染。多雨或果园通风透光不良、低洼积水园发病较重，大树和老树发病普遍，管理差、树势弱，蚧类、螨类严重的果园发病重。橙类发病较重，橘类次之。

【防治方法】 参照芽枝霉斑病防治。

春甜橘棒孢霉褐斑病叶片病斑

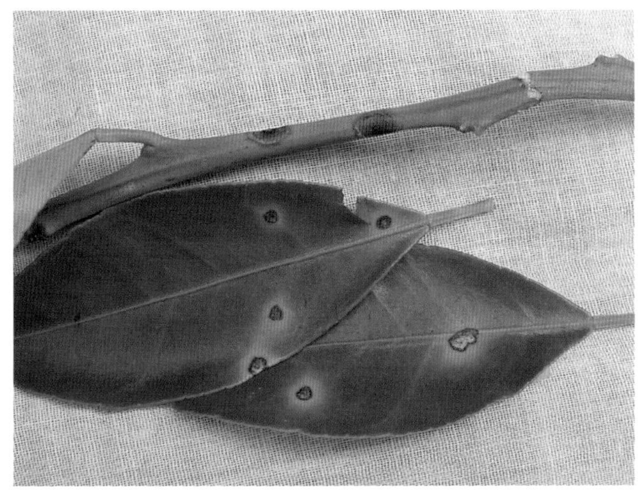

年橘棒孢霉褐斑病病枝、叶

年橘棒孢霉褐斑病果实病斑

17.柑橘煤烟病

煤烟病又称煤病、煤污病。在全国柑橘产区普遍发生。

【症状】 在叶片、枝梢或果实表面最初出现灰黑色的小煤斑，以后扩大形成黑色或暗褐色霉层，但不侵入寄主。不同病原种类有不同的症状。刺盾炱属的霉层似黑灰，多在叶面发生，煤层较厚，绒状，用手擦时可成片脱落；煤炱属的煤层为黑色薄纸状，易撕下或在干燥气候条件下自然脱落；小煤炱属的霉层呈放射状小煤斑，散生于叶片两面和果实表面，常有数十个至上百个不等的小斑，其菌丝产生吸胞，牢牢附在寄主表面，不易剥落。严重发生时，全株大部分枝叶变成黑色，影响光合作用，树势下降，开花少，果品差。

【病原】 病原菌有30多种，除小煤炱属产生吸胞为纯寄生外，其他各属均为表面附生菌。病菌形态各异，菌丝体均为暗褐色，形成子囊孢子和分生孢子，子囊孢子形状因种类而异，无色或暗褐色，有1至数个分隔，具横隔膜或纵隔膜。常见的病原菌有柑橘煤炱 *Capnodium citri* Berk.et Desm，巴特勒小煤炱 *Meliola butleri* Syd，刺盾炱 *Chaetothyrium spinigerum*（Höbn）Yam.。

【发生规律】 病菌以菌丝体、子囊壳或分生孢子器在病部越冬，次年春天长出子囊孢子或分生孢子，随风雨传播，散落在蚜虫、介壳虫或粉虱等害虫的分泌物上，以此为营养，进行繁殖发展，引起发病。蚜虫、介壳虫、粉虱防治不力的柑橘园，煤烟病随之严重，尤以粉虱类为甚。

【防治方法】

（1）农业措施　合理密植和施肥，适当修剪，改善果园通风透光条件，减轻发病；及时防治粉虱、蚜虫、介壳虫、蜡蝉等害虫，尤其是柑橘粉虱、黑刺粉虱。

（2）保护天敌　保护寄生柑橘粉虱、黑刺粉虱的天敌，可减轻煤烟病发病程度。

（3）化学防治　已经发生煤烟病的果园，可在冬春清园期喷布95%机油乳剂150～250倍液或松脂合剂8～10倍液，也可在晴天喷布煮制的10～12倍面粉液（面粉1千克加水3～4千克煮沸制成）除煤污。还可在春季叶面有水湿时，对着叶片撒布石灰粉除煤污。

绵蚧引起的煤烟病

柑橘粉虱引起叶面煤烟病

柑橘粉虱引起的煤烟病

蚜虫致煤烟病

柑橘堆蜡粉蚧引起的煤烟病

叶面上的小煤炱煤烟病病斑

小煤炱煤烟病果面病斑

阳山橘小煤炱煤烟病后期症状

小煤炱煤烟病为害状

18. 柑橘灰霉病

柑橘灰霉病在我国柑橘产区多有发生，为花期病害，也为害嫩叶、枝条和幼果。

【症状】 开花期间遇阴雨天气，花瓣上先出现水渍状小圆点，随后迅速扩大为黄褐色的病斑，引起花瓣腐烂，并长出灰黄色霉层。若天气干燥，则呈淡褐色干腐。当发病的花瓣与嫩叶、幼果或有伤口的小枝接触时，则可使其发病。嫩叶上的病斑，在潮湿天气时呈水渍状软腐，干燥时呈淡黄褐色，半透明。小枝受害后常枯萎。果上病斑常呈木栓化，或稍隆起，形状不规则，幼果受害易脱落。侵染高度成熟果实，发病部位褐色、变软，上生鼠灰色霉层，失水后干枯变硬。

【病原】 病菌为灰葡萄孢霉 *Botrytis cinerea* Pers.，属半知菌亚门，丝孢纲的一种真菌。病部鼠灰色霉层是其分生孢子梗和分生孢子。自寄主表皮、菌丝体或菌核长出分生孢子梗，密集成丛，顶端细胞膨大呈圆形，上长许多小梗，小梗上着生分生孢子。分生孢子圆形或椭圆形，单胞，无色或淡灰色。有性阶段为富氏葡萄孢盘菌 *Botryotinia fuckeliana*（de Bary）Whetael。

【发生规律】 病菌以菌核及分生孢子在病部和土壤中越冬，次年温度回升，遇多雨湿度大时即可萌动产生新的分生孢子，新、老分生孢子由气流传播到花上。初侵染发病后，又长出大量新分生孢子，再行传播侵染。阴雨连绵常严重发病。

【防治方法】

（1）农业措施 冬季清园结合修剪，剪除病枝病叶烧毁。花期发病，早晨趁露水未干时仔细摘除病花，以减少侵染源。

（2）化学防治 开花前喷1～2次药剂预防，可用50%瑞镇（嘧菌环胺）水分散粒剂600～800倍液，70%甲基托布津可湿性粉剂800倍液，50%凯泽（啶酰菌胺）水分散粒剂1 200～1 500倍液，0.5%石灰等量式波尔多液，80%大生M-45可湿性粉剂600～800倍液，20%龙克菌（噻菌铜）悬浮剂500倍液等。

蜜柚花灰霉病

橙花瓣灰霉病

年橘幼果灰霉病

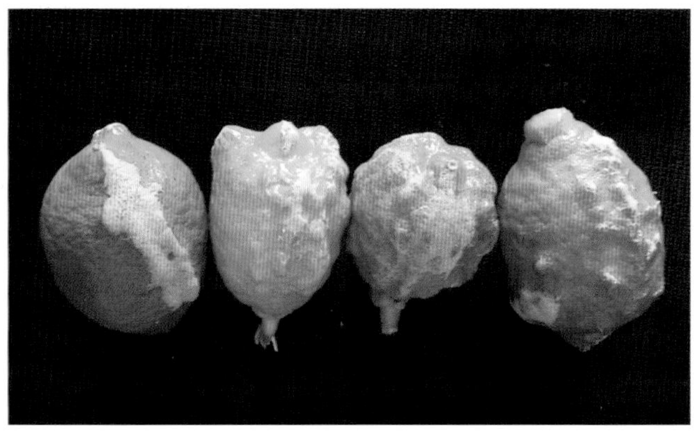

尤力克柠檬幼果灰霉病

明柳甜橘灰霉病症状

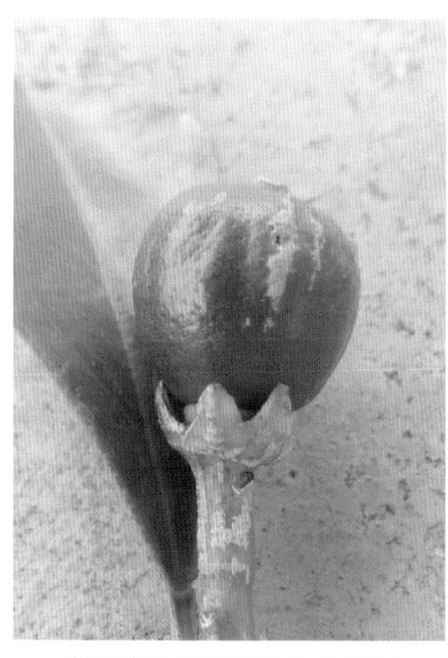

灰霉病为害幼果萼片和果柄

温州蜜柑幼果灰霉病

19.柑橘白粉病

柑橘白粉病分布于我国华南和西南柑橘产区，在福建、云南、四川、重庆等低山温凉多雨区发生严重，粤西局部橘区亦严重为害沙糖橘。

【症状】 在嫩叶正、背两面均可发生，以正面为多。呈现白色霉斑，大多近圆形，外观疏松，霉斑常由中心向外扩展。霉层下面叶片组织最初呈水渍状，后逐渐失绿，形成黄斑。严重时病斑扩及全叶，使较嫩的叶片枯萎，较老的叶片扭曲畸形。叶片老化后，病部白色霉层转为浅灰褐色。嫩枝和幼果病斑，初期与叶片上的相似，但无明显黄斑，后期病斑连片，白色菌丝覆盖整个嫩枝和幼果。受害严重时引起大量落叶、落果、枝条干枯。

【病原】 病原为一种顶孢菌*Acrosporum tingitaninum* Carter，属半知菌亚门，丝孢纲，丝孢目，丝孢科，顶孢属。分生孢子4～8个串生，圆筒形，无色。无性阶段*Oidium tingitanium* Carter。

【发生规律】 此病以菌丝在病组织中越冬，福建于5月上旬至6月下旬和10月份发生，云南一年四季均可发生，广东于4～5月份的春梢生长期发生。由风雨传播，重复侵染。温暖潮湿利于本病发生，发病的适温为18～23℃。雨季之后常引起大流行。果园阴湿、树冠郁蔽发病重，下部及内部枝梢较易染病。各品种中以椪柑、沙糖橘、红橘、四季橘、甜橙、酸橙、葡萄柚受害较重，温州蜜柑发病较轻，金柑未见发病。

柑橘白粉病为害枝、叶　　（徐长宝提供）

【防治方法】

（1）农业措施　加强栽培管理，增施有机肥和适当增施磷、钾肥，增强树势，提高抗病力；在发病初期及时剪除病梢、病叶和病果，集中烧毁，以减少侵染源。

（2）化学防治　冬季喷布0.8～1.0波美度石硫合剂液，或45%晶体石硫合剂150～200倍液，50%硫黄悬浮剂300～350倍液。春季新梢期喷布0.3～0.4波美度石硫合剂液，每隔10天喷1次，连喷3次，或喷15%粉锈宁可湿性粉剂500～800倍液等。

20.柑橘赤衣病

柑橘赤衣病在广东、广西、浙江、江西、四川、台湾、云南、贵州等省（自治区）均有发生，是山区柑橘园中的一种重要病害。

【症状】 主要为害枝干，也可为害叶片和果实。枝干上初生白色菌丝，并有少量树脂渗出，后长成条形薄膜状菌丝体，紧紧黏附在枝干的背阴面，表面光滑。菌丝老熟后呈赤褐色，可成条撕脱。菌丝可从枝干蔓延到枝梢、叶片和果实，覆盖叶片正背两面，导致叶片凋萎，果实表面赤褐色僵化。严重时，叶枯枝干，果实脱落，甚至整株枯死。

【病原】 病原菌为鲑色伏革菌*Corticium salmonicolor* Berkeley et Broome，属担子菌亚门真菌。担子棍棒形或圆筒形，顶生2～4个小梗，担孢子为单细胞，无色，卵形，顶端圆，基部有小突起。无性世代产生球形无性孢子，孢子集生，橙红色。子实体系蔷薇色薄膜状，生在树皮上。

【发生规律】 病菌以菌丝体或白色菌丛在病组织上越冬。次年随寄主萌动，菌丝开始扩展，产生红色菌丝。分生孢子借风雨传播。此病4～11月均可发生，管理不善、荫蔽潮湿、土质黏重、树龄大的柑橘园容易发生。在高温多雨季节发展快。广东第一次发病高峰于5月中旬始，延至6月中旬。而在10月下旬橘园症状严重，出现“赤衣”缠绕，枝叶干枯，果实僵化。一旦普遍发生，极难治疗，导致全园柑橘衰弱，以至于枯死。

【防治方法】

（1）农业措施　加强果园管理，雨季前搞好清沟排水，降低地下水位；合理施用氮、磷、钾肥，增施有机肥，适时使用微量元素，以增强树体的抗病力；合理修剪，使橘园通风透光，剪除病枝，刮净主干和大枝上的菌衣，集中烧毁。

（2）化学防治　冬季喷布0.8～1波美度石硫合剂，或45%晶体石硫合剂150倍液，4月上旬前连续多次喷布保护性杀菌剂，应特别注意树冠中、下部和内膛枝条的背阳面。严重病园应每隔半个月喷1次，连喷2～3次。药剂可用：0.5：1：100（硫酸铜：石灰粉：水）波尔多液，53.8%可杀得2 000干悬浮剂800～1 000倍液，57.6%冠菌铜干粒剂1 000倍液，30%醚菌酯悬浮剂（百美）2 000～2 500倍液，15%粉锈宁可湿性粉剂1 000～1 500倍液，80%大生M-45可湿性粉剂600～800倍液，也可用8%石灰水或1：2：15波尔多浆涂刷主干和主枝。另外，喷布机油乳剂防治害虫时有兼治作用。

赤衣病为害沙糖橘植株

赤衣病为害大枝

赤衣病为害枝、叶、果

赤衣病致沙糖橘叶片枯萎

赤衣病的白色膜状菌丝

赤衣病为害的沙糖橘果实

21. 柑橘膏药病

柑橘膏药病在广东、广西、福建、浙江、四川、重庆、云南、贵州、江苏、台湾等地均有分布。

【症状】 主要为害枝干和小枝，被害枝干有圆形或不规则的白色或褐色的绒状菌丝黏附，并沿枝条横向和纵向扩展，外观如贴膏药。白色膏药病菌子实体较平滑，乳白色或灰白色，在条件适宜时，边缘常扩展新的菌膜，严重时菌膜包围枝条；褐色膏药病菌的子实体表面呈丝绒状，周围有狭窄的灰白色带，略翘起。叶片受害，从叶柄和叶基开始，渐扩大到叶片大部。果实受害，多在果柄和果肩发生。受害枝条逐渐衰弱，而后枯死。

【病原】 白色膏药病病原菌*Septobasidium citricolum* Pat. 属担子菌亚门，隔担耳属的柑橘白隔担耳菌。菌丝初无色，后变褐色，错综交织成膜状子实体，子实体白色，表面光滑，产生无数担子和担孢子，担子从棒状或球状的囊胞长出，钩状弯曲。褐色膏药病病原菌*Helicobasidium* sp.，为担子菌亚门，卷担菌属的一种真菌。其担子直接从菌丝长出，担子棒状或弯钩状。

【发生规律】 病菌以菌丝体在病枝上越冬，次年春夏间当温湿度适宜时，菌丝继续生长形成子实层。以介壳虫、蚜虫类的分泌物为养料，通过气流和介壳虫、蚜虫传播。荫蔽潮湿、山坑地的果园，管理粗放的老柑橘树，均有利于本病发生。华南柑橘产区每年于4～6月和9～10月为多。

【防治方法】

（1）农业措施　剪除过密的荫蔽枝、染病枝，使之通风透光良好，减少菌源。

（2）化学防治　在介壳虫孵化盛期和末期，以及蚜虫发生期，及时喷布药剂进行防治。

（3）涂治病部　4～5月和9～10月雨前雨后，已有膏药病的枝干，先刮除菌膜，再用1∶1∶10～15的波尔多浆，或1波美度石硫合剂，或1∶20石灰乳涂刷病部。

白色膏药病为害枝条

白色膏药病

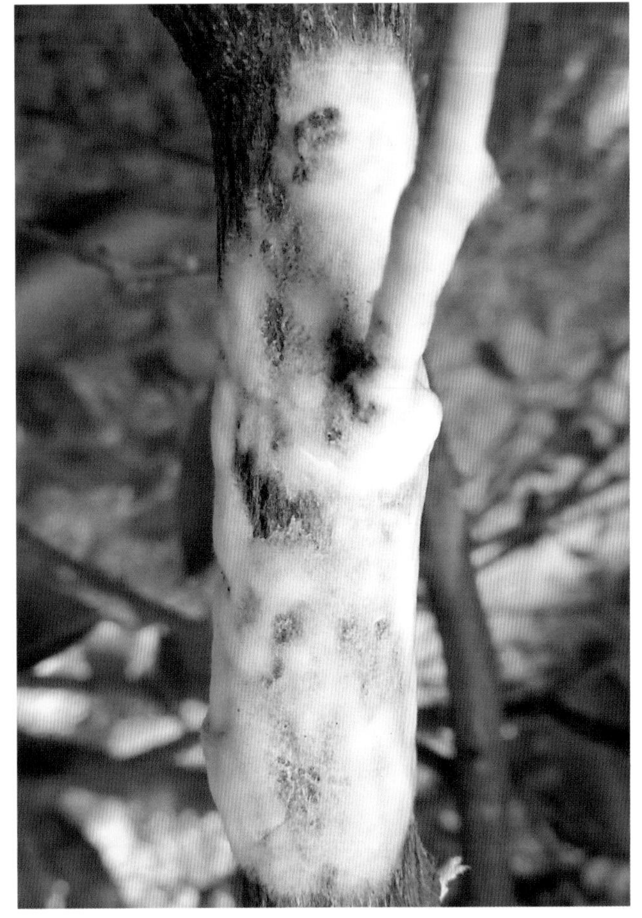
白色膏药病为害大枝

白色膏药病为害果实

22.柑橘疫菌褐腐病

柑橘疫菌褐腐病又称柑橘疫腐病，在田间和贮运期间均能发生，导致果烂，通称“褐腐病”。

【症状】 病斑可发生在果面的任何部位，初期病斑圆形、淡褐色。病部不断扩展，迅速蔓延至全果，呈褐色水渍状，变软腐烂，有腐臭味，受害果实很快脱落，高温高湿时，病部表面生出稀疏的白色菌丝，即病原菌的子实体。在果园中，病菌为害柑橘主干基部，导致皮层腐烂，称“脚腐病”。蕉柑、红江橙（改良橙）、甜橙、雪柑、茶枝柑（大红柑）、年橘等多个品种均可受害。

【病原】 疫菌褐腐病病菌为多种疫霉。引起果实褐腐的主要是柑橘疫霉*Phytophthora citriphthora*（Sm.&Sm.）Lenonian，还有*Phytophthora citricola*、*Phytophthora cactorum*、*Phytophthora capsici*等。引起脚腐病的烟草疫霉寄生变种也可造成烂果。病菌发生最适温度为25～28℃，最高温度约32℃。

【发生规律】 病菌以菌丝体和厚垣孢子在病组织和土壤中越冬。次年气温升高，雨量增多时开始活动，孢子囊释放游动孢子，随雨水飞溅到近地面的果实上侵入为害，导致果实发病。水源充足的果园，灌溉水常起传播孢子的作用。发生涝害、果园低洼、排水不良、土壤黏重，可加重病情；气温高、闷热并暴雨或连续2～3天下雨即可发病；通透性差或特别丰产、果实披垂堆叠的植株和果园，原来脚腐病发生严重的果园，极易发生；偏施氮肥的果园发病重；地窖贮藏库发病重。9月中旬至10月是发病高峰期。

【防治方法】

（1）农业措施　加强栽培管理，保持果园通透性良好；避免果园积水，平衡施肥；丰产果园，及时撑起下垂到地面的果实，避免土壤中的病菌经雨水击溅到枝叶和果实上，引起发病。冬季采果后，结合修剪清洁地面的枯枝残叶，集中烧毁，并喷杀菌剂。

（2）化学防治　每年9月上旬应预先喷杀菌剂，药剂可选择70%甲基托布津可湿性粉剂800倍液，53.8%可杀得2 000干悬浮剂900倍液，57.6%冠菌铜干粒剂1 000倍液，20%龙克菌（噻菌铜）悬浮剂500倍液等，以保护柑橘果实。

明柳甜橘疫菌褐腐病

疫菌褐腐病病果

挂在枝条上的疫菌褐腐病病果

疫菌褐腐病病果脱落

23. 柑橘苗期立枯病

苗期立枯病是柑橘幼苗期的重要病害，我国柑橘产区均有发生。

【症状】 田间症状有3种表现。一是病苗靠近土表的基部先出现水渍状斑，随后病斑扩大，缢缩，褐色腐烂，叶片凋萎不脱落，形成青枯病株，此为典型症状。二是幼苗顶部叶片染病，产生圆形或不定形淡褐色病斑，并迅速蔓延，叶片枯死，形成枯顶病株。三是感染刚出土或尚未出土的幼芽，使病芽在土中变褐腐烂，形成芽腐。

【病原】 病原为多种真菌。其中以立枯丝核菌*Rhizoctonia solani* Kühn为主，菌丝有横隔，多油点，呈锐角分枝，老菌丝常呈一连串的桶形细胞，桶形细胞的菌丝最后交织成菌核。菌核无定形，大小不一，且可相连成壳状，内外颜色一致，浅褐色至黑褐色。丝核菌喜含氮物质。茄腐皮镰孢霉*Fusarium solani*（Mart.）App. et Woll、瓜果腐霉*Pythium aphanidermatum*（Eds.）Fitzp.和交链孢霉*Alternaria alternata* Keissl.等也是引起立枯病的病原真菌。

【发生规律】 立枯丝菌病原菌和其他3种真菌均为土壤习居菌。主要以菌核及菌丝体在土壤中、土杂肥或病残体上越冬。pH4.5～6.5为其适宜生长环境，温度范围7～40℃，以18～22℃时发病多。病原菌既可单独侵害苗木，也可以同时侵害苗木。并且可通过水流、土杂肥或管理工具传播。高温、高湿是本病发生的基本条件。广东在4～5月的连绵阴雨或大雨后晴天，极易造成本病大发生。地势低洼、土质黏重、排水不良、播种过密、种子质量差、苗床连作以及前作为豆类、蔬菜等都有利于本病的发生。同时，播种圃施用未充分腐熟的有机肥或播种后用原土或菜园地表土覆盖都可能增加本病的发生。1～2片真叶的幼苗容易发病，当苗龄达60天后不易感病。不同品种的柑橘幼苗抗病性也有差异，橘类最不抗病，柚类次之，枳较抗病。

【防治方法】

（1）农业措施 选择地势较高、排灌良好的沙质壤土或前作为水稻的田块作苗圃；用作播种圃的有机肥应充分腐熟，采用苗槽播种时，苗槽的混合基料应腐熟并进行消毒。同时，苗槽内的旧基料应全部清除，空槽喷药消毒；播种不宜过密，覆盖宜用洁净的河沙；育苗地应实行轮作，整地应精细，管理要专工；有条件的地方可采用网棚育苗，改春播为秋播，以避开发病高峰季节或采用无菌土营养袋育苗。

（2）化学防治 播种前20天整地后用95%棉隆粉剂，以每平方米30～50克的用药量，混合适量细土，均匀撒于土面，与土壤翻拌均匀后泼水、踏实，封闭20天后再松土播种。发病期可选用0.5%等量式波尔多液，或80%大生M-45可湿性粉剂600～800倍液，70%安泰生可湿性粉剂600倍液，30%氧氯化铜悬浮剂300～400倍液。每5天喷药1次，连续3次。

柑橘苗期立枯病枯萎病株

柑橘苗期立枯病症状

24.柑橘苗疫病

苗疫病为害幼苗的嫩茎、嫩梢或嫩叶，各地柑橘苗圃中均有发生，为常见病害。

【症状】 病菌从幼苗基部侵入，引致茎基腐烂呈立枯状枯死或猝倒。嫩梢发病，整条嫩梢变成深褐色而枯死。嫩叶发病，初为暗绿色水渍状小斑，后迅速扩大成灰绿色或黑褐色的近圆形或不规则形病斑。病部长出白色的霉层，为病原菌的孢囊梗及孢子囊。

【病原】 柑橘苗疫病是疫霉菌引起。广东主要为寄生疫霉*Phytophthora nicotianae* Breda var. *parasitica*（Dast.）Waterh.（= *Phytophthora parasitica* Dastur），柑橘褐腐疫霉*Phytophthora citrophthora*（R.et E.Smith）Leonian和棕榈疫霉*Phytophthora palmivora* Butler。

【发生规律】 病菌以菌丝体在病组织内越冬，土壤中的卵孢子也可越冬。在次年环境条件适宜时，即形成孢子囊，经风雨传播，萌发侵入后引起发病，并循环侵染。此病在适温、高湿的条件下发生严重，而湿度影响最大。春天湿度大时，病害发生早且严重。大棚内营养筒育苗，密度大，通透性差，湿度大，常严重发病。实生苗以红檬檬苗感病，酸橘苗次之，枳抗病；嫁接苗则以甜橙苗最感病，其次是年橘和一部分杂柑品种，蕉柑苗较抗病。低洼的苗圃地常因排水不畅，沙壤土或施用未腐熟有机肥的苗圃发生多，连作苗圃地发病也重。

【防治方法】

（1）农业措施 选择地势较高、土质疏松、排灌方便的水稻田作苗圃，基肥应充分腐熟；营养筒育苗，基料配制应合理，原料应先行堆沤充分腐熟，已经使用过的旧基料，尤其是曾发生过苗疫病的旧基料，禁止再用；播种和移植不能过密，保持通透性良好；追肥应薄施，以水肥为主，肥料充分沤熟；发病季节常检查，随时清除病株，集中烧毁。

（2）化学防治 清除病株后及时喷药，每隔10～12天喷1次，共喷2～3次。有效的药剂有58%瑞毒霉·锰锌可湿性粉剂600～800倍液，64%杀毒矾可湿性粉剂500～600倍液，80%大生M-45可湿性粉剂或70%安泰生可湿性粉剂600～800倍液，90%乙磷铝可湿性粉剂500倍液，0.5%等量式波尔多液或80%代森锰锌可湿性粉剂600倍液。

苗疫病为害状

25.柑橘根结线虫病

【症状】 病原线虫为害柑橘根部。侵入须根，在根皮与中柱之间，刺激根组织细胞过度增长，形成大小不等的根瘤，新生根瘤初呈乳白色，后渐转为黄褐色。严重时，出现次生根瘤，并生出数条次生根，小根扭曲，盘结成团，其后老根瘤腐烂。被害植株生长缓慢，树势衰弱，受害严重时，树冠矮小，枝条短弱，叶片可呈缺素状，开花少，坐果低，受干旱时叶卷，甚至枯死。

【病原】 张绍升等报道，福建为害柑橘的根结线虫有5种，即柑橘根结线虫*Meloidogyne citri* Zhang & Gao & Weng、闽南根结线虫*M. mingnanica* Zhang、花生根结线虫*M. arenaria* Chitwood、苹果根结线虫*M. mali* Itoh. Ohshima & Ichinohe、短小根结线虫*M. exigua* Chitwood。广东的根结线虫多为花生根结线虫，而四川简阳根结线虫则为新种*Melicdogyne jianyangensis* Yang，Hu，Chen & Zhu。闽南根结线虫和柑橘根结线虫为福建发现的新种，亦为优势种。四川简阳根结线虫雌虫的会阴花纹细，尾尖处向两侧有脊状放射形条纹，条纹间的线纹有时不连贯，似有很多小刻点；成熟雌虫体近球形，乳白色至黄色，雄虫线状，无色透明或乳白色；卵椭圆形。柑橘根结线虫会阴花纹近圆形或略呈方形，肛门上方有横纹或短纵纹，无阴门纹；会阴花纹内层同质膜加厚，隆起，有稀疏的粗纹，粗纹间有由细纹交织而成的索状纹。闽南根结线虫会阴花纹内层呈“8”形，在肛门上方有1～2横纹将会阴区和尾区分开；背弓中等，弓呈方形或半圆形。

【发生规律】 病原线虫以卵及雌虫随病根在土壤中越冬。卵在卵囊内发育，孵出一龄幼虫在卵壳内，蜕皮后出壳，二龄幼虫活动在土壤中，成为侵染幼虫。春季新根发生时，即侵入新根为害，导致幼根肿大，形成大小不一的根瘤。幼虫在根内发育，再经3次蜕皮，发育为成虫，雌、雄虫成熟后交尾产卵。卵聚集在雌虫后端的胶质卵囊内。幼虫出壳后向土壤转移，一年中可发生多代，能多次再侵染。此病的侵染来源，主要是带病原的土壤、病根和混有病原的土杂肥料。无病区的侵染源则是带病的苗木和根部土壤，病苗是远距离传播的主要途径。其次是水流和土地耕作。农具、人畜也可传播病原。广东一年有2次为害严重期，一是春季新根发生期，二是秋季新根萌发期。根结线虫病在各类土壤均可发生，在通气性良好的沙质土中较重。砧木不同品种有一定差异，而以酒饼簕为高抗。

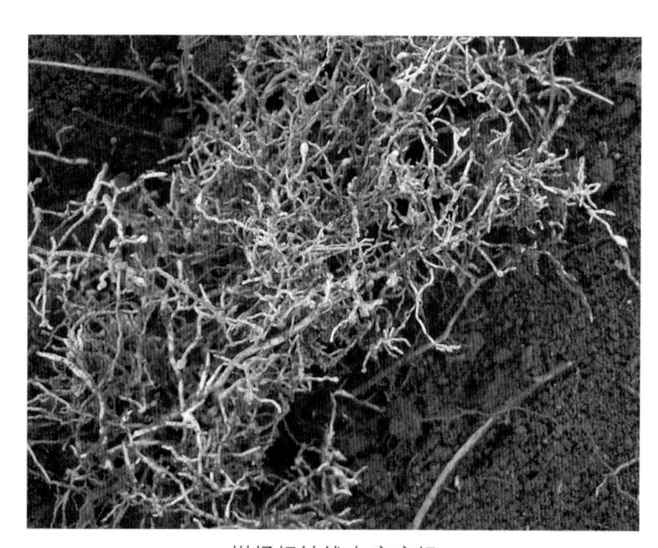

柑橘根结线虫病病根

【防治方法】

（1）检疫 严格实行检疫，防止带病苗木连同泥土进入无病区及新区。

柑橘根结线虫病病根和次生根

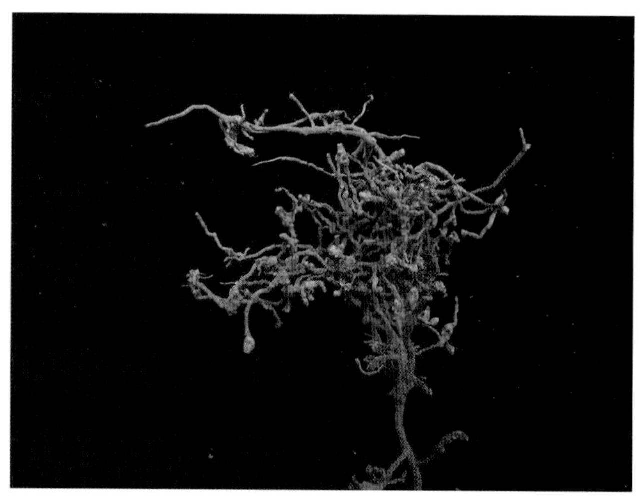

柑橘根结线虫为害的后期根瘤

（2）培育无病苗木　苗圃地选择前作为禾本科或水稻田的地块，整地播种前和苗木移栽前，先用杀线虫剂进行土壤消毒；发现带病苗木，又必须种植时，先用48℃热水浸根15分钟，杀死根部和根瘤内的线虫。

（3）病树处理　在2月下旬及7月下旬新根萌发期，扒开病树树冠下的表土清除病根，均匀撒施杀线虫药剂，然后覆土。有效的杀线剂有10%克线丹（硫线磷）颗粒剂、3%米乐尔颗粒剂，视树冠大小，每株20～50克不等，或每667米^{2}施用米乐尔颗粒剂6～7千克，或10%克线丹颗粒剂4千克。

26.桑寄生

桑寄生［*Loranthus parasiticus* (Linn.) Merr］在许多柑橘园中，尤其是老树和山区柑橘树为常见的寄生植物。

【症状】 以吸器盘吸在柑橘的大枝条上，借此吸取树体的养分、水分，导致树体变弱，严重时，植株枯死。

【形态特征】 桑寄生为常绿寄生小灌木。老枝无毛，有凸起灰黄色皮孔，小枝被暗灰色短毛。叶互生或近于对生，革质，卵形，长3～8厘米，宽2～5厘米，先端钝圆，全缘，幼时被毛，略带淡紫红色；叶柄长1～1.5厘米。聚伞花序1～3个聚生叶腋，花梗、花萼和花冠均被红褐色星状短柔毛；花两性，花萼杯状，与子房合生；花冠狭筒形、紫红色，先端4裂；雄蕊4；子房下位，1室。浆果橘红色，椭圆形，具瘤状突起。种子有黏性。花期8～9月，果期9～10月。在次年2月仍可在植株上见到果实。

【发生规律】 桑寄生通过鸟类取食其果实，经粪便排出，黏附在枝干上萌发而传播，有的果实则在原株上脱落，附在枝桠上或枝条凹陷处，然后萌发，长出胚根和胚芽，胚根形成吸盘，由吸盘长出吸根，穿过寄主的皮层，侵入木质部，其导管与寄主的导管相连，吸收寄主的水分和营养物质，长成枝叶。其根部还能长出许多不定枝而呈丛生状。从茎的基部长出匍匐茎，产生新的吸根再侵入寄主和形成新的茎叶，重复蔓生，延续不断为害。

【防治方法】 加强果园管理，经常检查果园，及早发现被桑寄生的植株，将被害枝条连同寄生植物一并剪切清除。在桑寄生果实成熟之前进行，才能收到良好的效果。

柑橘树上桑寄生

桑寄生的吸盘和落在枝上的红色果实

年橘树的桑寄生

27.菟丝子

菟丝子又有豆寄生、无根草、黄丝、金黄丝子、马冷丝、金丝藤、黄鳝藤、金灯藤等名。为害柑橘的菟丝子有南方菟丝子和日本菟丝了。

南方菟丝子（*Cuscuta australis* R. Br.），属旋花科，菟丝子属。又称无头藤。分布于广西、广东、海南、福建、云南、贵州、四川、重庆、湖南、台湾等省（自治区、直辖市），主要发生在山区柑橘园。日本菟丝子（*Cuscuta japonica* Choisy），属菟丝子科，菟丝子属。菟丝子为一种恶性寄生性杂草，且能传播病毒病害。是检疫对象。

【症状】 以藤茎缠绕寄主植物，导致寄主枝条缢缩，并在缢痕处形成吸盘，吸取寄主体内营养物质和水分，生长迅速，形成许多分枝，继续缠绕并覆盖寄主植物树冠。造成光合作用减弱，新梢不能抽生，产量减少，树势被削弱，最后枯死。

【形成特征】 南方菟丝子为寄生性草本植物，茎细，黄绿色，无叶。花序球形，花淡黄色，有短梗，花萼杯状，浅裂，4～5裂。子房2室，蒴果球形，种子3～4粒，淡褐色或暗褐色，表面粗糙。遇寄主向上缠绕。

日本菟丝子茎肉质，多分枝，直径1~2毫米，黄白色至枯黄色或稍带紫红色，上具有突起紫斑，无根无叶。花蕾与花穗轴均为白色，穗状花序，苞片和萼片卵形，5裂，背面常有紫红色瘤状突；花冠钟状，绿白色至淡红色，顶端分5裂，裂片稍立或微反折；雄蕊5枚，花丝极短，花药长筒形，橘黄色。蒴果，略呈柠檬形，内有种子1～4粒，卵圆或椭圆形，多数略扁平，初为淡黄色，渐转淡绿色，后变为淡紫红色，无毛无光泽，一端钝圆，一端稍尖。与中国菟丝子的主要区别：茎粗，花序穗状，花柱单一，柱头2裂。

发生规律 一年生寄生性草本植物，以种子在土壤中越冬，4月下旬至5月上旬发芽，茎尖在空中呈左旋，遇杂草或下垂柑橘枝条即攀缠其上。一般寄生柑橘1～2年生枝条，有时也可2～3根或多根茎作绳索状自我缠绕，向上生长，再行分开。以藤茎在寄主枝干处向上攀缘缠绕，被缠的枝条产生缢痕，藤茎在缢痕处形成吸盘，吸取树体的营养物质，藤茎生长迅速，不断分枝攀缠，并彼此交织覆盖整个树冠。在南方温暖湿润的夏季，适合南方菟丝子生长。花期6～9月，果期7～10月。在冬季，南方菟丝子生长缓慢，甚至停止生长，似干枯状，但不被冻死，等到次年春天又恢复生机。菟丝子的传播速度惊人，在二三年内，即可侵害成片柑橘。

【防治方法】 人工清除菟丝子，特别是要在菟丝子开花结果前彻底清除，务必将吸盘和缠绕的藤茎彻底剥离枝条，然后把清除下来的藤茎集中烧毁。

南方菟丝子

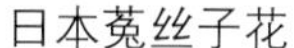
日本菟丝子花　　（引自任伊森等）

日本菟丝子茎绕在柑橘树枝上　（引自任伊森等）

28.柑橘地衣病

地衣病（*Alectoria* spp., *Parmelia* spp.）在我国柑橘产区多有分布。

【症状】 常见的有叶状地衣（*Sticta platyphylla* Ngl.）、壳状地衣、枝状地衣（*Usnea diffracta* Vain.）。叶状地衣的营养体形状似叶片，平铺、扁平，边缘卷曲，灰白色或淡绿色，有深褐色的假根，常多个连结成不定形的薄片，附着在枝干的树皮上，容易剥离。壳状地衣的营养体形态不一，紧贴在枝干上，灰绿色，不易剥离。有的着生在叶片上，形成灰绿色，大小不一的小圆斑。枝状地衣的营养体为枝状，着生在树干、枝条或叶片上，淡绿色，有分枝，直立或下垂。发生地衣的植株，由于假根进入皮层内吸取营养，使树势逐渐衰弱，产量降低，严重时，枝条枯死。

【发生规律】 地衣以营养体在柑橘枝干及叶上越冬，次年春季分裂成碎片的方式进行繁殖，通过风雨传播。树龄大小、种植环境、栽培管理与地衣病的发生程度有密切关系。而温度、湿度对其生长影响最大，温度在10℃左右时开始发生，晚春和初夏发生较盛，炎热高温天气发展缓慢，秋凉继续生长，冬季逐渐停止生长。老柑橘园管理粗放、通风透光不良、湿度较大，均有利于地衣发生蔓延。在柑橘树上发生的地衣多为壳状地衣，其次是叶状地衣。

【防治方法】 初发病的果树，可用刀刮净枝干上的地衣，并用3～5波美度石硫合剂或1：1：10波尔多浆涂刷病部，连续2次有较好的效果；易发生地衣病的果园，在冬季清园期可用草木灰浸出液，煮沸浓缩后涂干，或喷布机油乳剂、松脂合剂或松脂酸钠水剂。

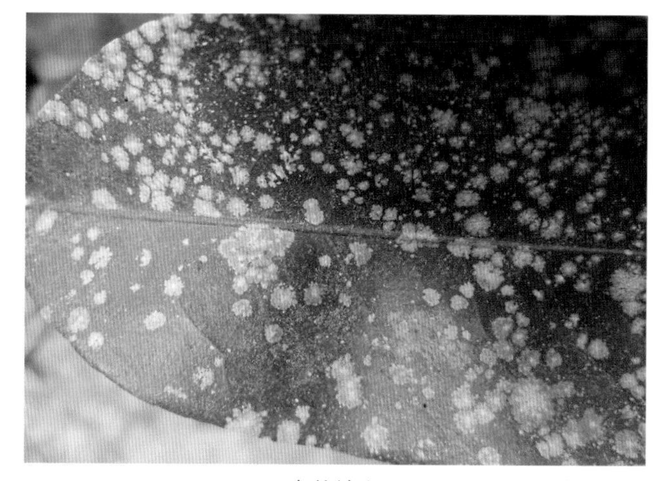

壳状地衣

在老树树干和大枝上的壳状地衣

叶状地衣

29.苔藓

苔藓植物分为苔和藓两大类，主要区别是：苔类为扁平的叶状体或植物体，两侧对称、茎叶分化、有背腹面之分，而藓类多是辐射对称、茎叶分化、无背腹面之分；苔类的原丝体不发达，而藓类的原丝体常常是发达的。植物无花、无种子，以孢子繁殖。我国各柑橘产区均有分布。

【症状】 苔的外形为黄绿色青苔状，藓为簇生的毛发状或丝状体。以假根附于枝干上吸收寄主体内的水分和养分。器官表面最初紧贴一层绿色绒毛状、块状或不规则的表皮寄生物，后逐渐扩大，最终包围着整个树干及枝条或布满整张叶片，削弱了植株的光合作用，致使树体生长不良，树势衰退。

【发生规律】 苔藓以营养体在寄主的枝干上越冬。环境条件适宜时产生成熟的孢子，随风飞散传播。遇到适宜的寄主产生配子体进行为害。潮湿、温暖的环境有利于繁殖蔓延。柑园管理粗放、树龄老化、树势衰弱、通风透光不良、阴湿的环境均有利于苔藓的发生。

【防治方法】

(1) 农业措施 冬季修剪，剪除发病枝条；雨后用刀、竹片等刮除树干上的苔藓；合理修剪，使树冠通风透光。

(2) 化学防治 在苔藓发展蔓延时喷布松碱合剂(10～12倍)或0.8%～1%等量式波尔多液或1%～1.5%硫酸亚铁溶液；在患部涂抹3～5波美度石硫合剂或10%波尔多浆或20%石灰乳有一定效果。

老树枝干上的苔藓

壳状地衣及苔藓

30. 附生绿球藻

附生绿球藻（*Chlorococcum* sp.）为柑橘园中普遍发生的一种藻类。

【症状】 附生绿球藻附生于树干、枝条和树冠下部的老叶上，严重发生时，可蔓延至中上部叶片。在叶上密生一层草绿色藻体，覆盖整个叶面，抑制光合作用，树体变弱，产量下降。

【发生规律】 附生绿球藻的发生与环境条件有密切关系。果园湿度大，园内树冠交叉郁闭是主因。施肥不当、树势偏弱，也增加发生的因素。附生绿球藻一旦发生，扩大蔓延迅速，树冠中下部的叶片正面附着一层厚的草绿色粉状物，随生长季节，藻体渐老化，变成灰绿色、灰白色至灰污色。树干、枝条上的藻体与叶片上相同。严重发生时，一些果实表面也可着生，导致果实外观低劣。

【防治方法】

（1）农业措施　以有机肥为主肥，不偏施氮肥，适量施用微肥，适度使用叶面肥料，增强树势；正确排灌和适度修剪，降低果园湿度，增强园内通透性，以减轻发病程度。

（2）化学防治　已经发生为害的果园，喷布石灰水或在叶片上撒布石灰粉。湖南常德罗永兰等防治试验，应用1%～5%醋酸液进行叶面喷布，效果为85.8%～94.7%，喷布浓度超过5%对嫩梢有药害。另据报道，初夏期采用“易除”噻霉酮800倍液，相隔10～15天，连续喷布2次，有较好的防效。

树干上的附生绿球藻

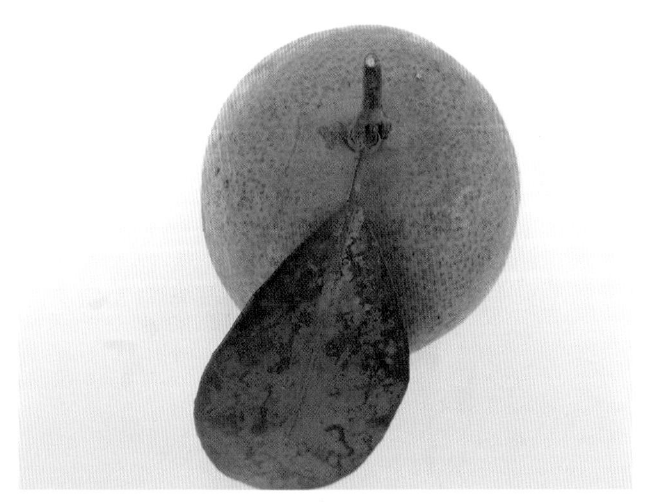

附生绿球藻为害蕉柑

附生绿球藻为害叶片

春甜橘附生绿球藻为害状

贮藏期病害

1.柑橘绿霉病

绿霉病是柑橘贮藏运输期间发生最普遍的一种病害。在果园，成熟的果实若有伤口，当气候条件适宜时也可发生此病。

【症状】 绿霉病从采收时所造成的伤口处或果蒂部开始发生。初期果面出现水渍状淡褐色小圆斑，病部组织软腐，后迅速扩大，表面皱缩，病部中央逐渐长出白色霉状物（菌丝体），霉状物不断增厚并向周围扩大蔓延，中间的菌丝体渐转灰绿色或暗灰色，外缘的白色菌丝环较宽，约8～15毫米，略带黏性，微有皱纹。病部边缘水渍状，但不规则，不明显。病果与包装物或包果纸接触的部位黏得紧，不易分开。果面菌丝体厚密，细腻。病果有芳香味。

【病原】 病原为柑橘绿霉病菌*Penicillium digitatum*（Saccardo.），分生孢子梗无色，有隔膜，顶部分枝帚状，小梗顶部渐细，顶端平截，细长纺锤形。小梗2～6枝，分生孢子串生，多为近球形，或卵形、椭圆形、圆柱形。单胞，无色。

【发生规律】 病原菌可在各种有机物质上营腐生生长，并产生大量分生孢子扩散到空气中，借气流传播，病菌萌芽后必须通过果皮上的伤口才能侵入为害，引起果实腐烂。病部产生大量分生孢子进行再侵染，采果和运输时造成的伤口是初期感染源，导致果实腐烂。在贮藏库中，病原菌侵入果皮后，能分泌一种挥发性物质，将接触到的健果果皮损伤，引起接触传染。贮藏期绿霉菌生长最适温度为25～27℃，多在贮藏后期发生重。

【防治方法】

（1）采果前 喷布一次杀菌剂，以减少病源。

（2）贮藏库在果实进库前进行消毒 可用硫黄粉按5～10克/米^{3}进行熏蒸，或用40%福尔马林按每立方米空间10～15毫升对水喷布，密闭熏蒸3～4天，然后打开门窗2～3天，待药气散尽后果实方可入库贮藏。

（3）采果时期 适时采果和适当提早采果，可减少多种贮藏病害的发生。

（4）避免机械损伤 采果时轻采轻放，剪果不伤萼片及果肩皮部，剪口与萼片平齐，果梗不突出。

（5）改进包装方法 采用单果包装可减少病菌传染。

（6）及时处理采后果实 采果后24小时内进行浸果处理。药剂有25%施保克（咪鲜胺）乳油500～1 000倍液，或50%施保功（咪鲜胺锰盐）可湿性粉剂1 500～2 000倍液，45%咪鲜胺乳油1 000～1 500倍液，45%特克多（噻菌灵）悬浮剂300～450倍液，25%戴唑霉乳油1 000～1 500倍液。

绿霉病初发期症状

绿霉病后期症状

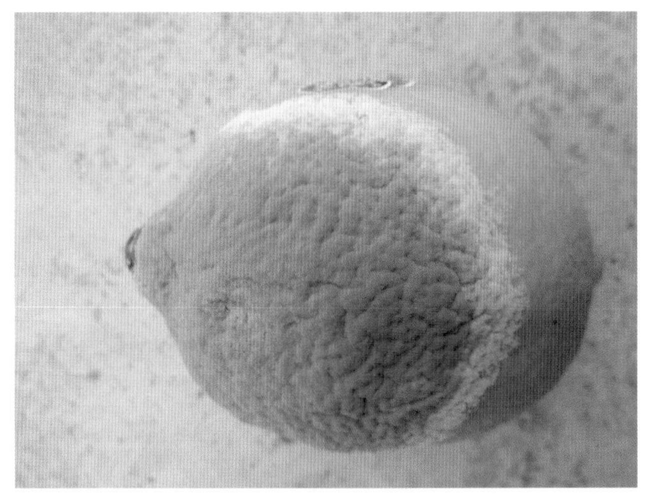

柠檬绿霉病

绿霉病病果

2.柑橘青霉病

青霉病是柑橘果实贮藏期普遍发生的病害。常与绿霉病菌同时侵染，称为青绿霉病。发病导致果实腐烂，在田间也常见落地果实发生青霉病。

【症状】 青霉病菌从伤口侵入，初期为水渍状淡褐色的圆形病斑，随后果实变软腐烂，2～3日后病部产生白色霉状物，斑点状松散分布在病部，随后中间部位白色霉斑转变成灰蓝色或灰青色，并不断向周围扩大蔓延并加厚，外缘的白色菌丝环较狭且松散，约1～2毫米，呈粉状。病部边缘水渍状，规则而明显。其腐烂速度较慢，病果与包装物或包装纸接触处不相黏合，容易取出。菌丝体表面不平，较粗糙。

【病原】 病原为柑橘青霉病菌*Penicillium italicum*（Wehmer），分生孢子梗无色，具隔膜，顶端有2～3次分枝，呈帚状，孢子小梗无色，单胞，尖端渐趋尖细，呈瓶状，小梗上串生分生孢子。分生孢子单胞，无色，近球形至卵圆形，近球形者居多。

【发生规律】 田间果实发病一般始于果蒂及附近处，贮藏期发病部位无一定规律。温度和湿度亦是发病的因素，菌丝发育最适温度为27℃，分生孢子形成最适温度为20℃，发病的最适温度为18～26℃，在相对湿度达95%以上时发病迅速。青霉菌亦在各种有机物质上营腐生生长，并产生大量分生孢子，靠气流传播，通过果皮上的伤口侵入，多发生在贮藏初期。

【防治方法】 可与绿霉病一同进行防治。

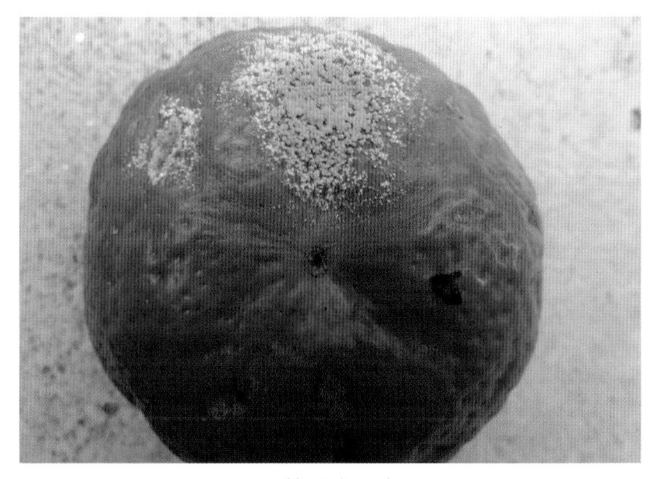

沙糖橘青霉病

田间青霉病病果

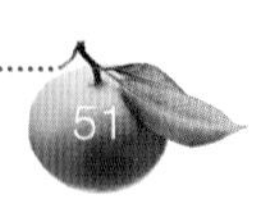

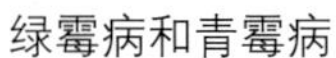
绿霉病和青霉病

青霉病(左)和绿霉病(右)

3.褐色蒂腐病

褐色蒂腐病是由柑橘树脂病菌侵染成熟果实引起的病害，果实在贮藏期极为普遍发生。

【症状】 发病多在果蒂部位开始，初呈水渍状腐烂，圆形斑，黄褐色，并逐渐向果肩、果腰扩展，与黑色蒂腐病很相似。后变为褐色至深褐色，病部果皮革质，有韧性，手指轻压不易破裂，通常无黏液流出。病斑边缘呈波纹状，深褐色。在向脐部扩展中，果心腐烂较果皮快，当果皮变色扩大至果面的1/3～1/2时，果心已全部腐烂，故称“穿心烂”，最后全果腐烂。病果味酸苦。在病部表面，有时生长白色菌丝体，并散生黑色小粒（分生孢子器）。

【病原】 病原真菌与树脂病相同。

【发生规律】 柑橘褐色蒂腐病以菌丝体和分生孢子器在病枯枝、病树干及死树皮上越冬，病部上的分生孢子器为次年病害的初侵染源。由风雨和昆虫传播。当果蒂形成离层的时候，病菌从蒂中部的维管束侵入或从果柄的剪口侵入，贮藏运输期间的病果，是来自田间已被侵染的果实。高温高湿条件下，发病快且严重。该病发生的最适温度为27～28℃，在20℃以下或35℃以上，腐烂较慢，在5～8℃时不易腐烂。

【防治方法】 加强栽培管理，增强树势，并做好防寒、防晒等，是预防此病的主要措施。参考树脂病的防治和黑色蒂腐病的防治。

甜橙褐色蒂腐病

甜橙褐色蒂腐病

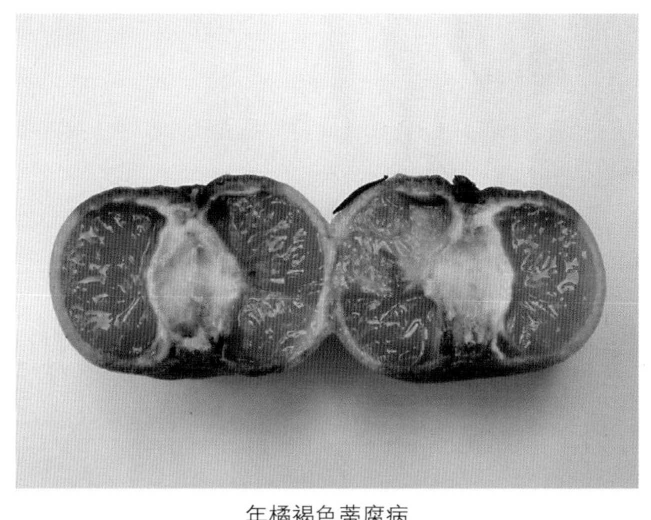
年橘褐色蒂腐病

冰糖橙褐色蒂腐病

4. 黑色蒂腐病

黑色蒂腐病又称焦腐病、枝条凋萎病、黏滑蒂腐病，全国各柑橘产区均有发生。甜橙、宽皮柑橘类、柚、柠檬均可受害，是柑橘贮藏运输期间发生的重要病害，亦可为害枝梢。

【症状】 果实发病于果蒂或果蒂周围的伤口处，初为水渍状，淡褐色，无光泽，随后病部迅速扩展，呈暗褐色，边缘波纹状，油胞破裂处常溢出棕褐色黏液，果皮用手指易压破，果肉受害后呈红褐色并与中心柱脱离。病果在干燥情况下成为僵果，暗褐色或黑色。潮湿时病果表面出现污白色绒毛状菌丝，后呈橄榄色，并产生许多小黑粒(分生孢子器)。枝干发病常自小枝端开始，迅速向下蔓延。病部红褐色，树皮开裂，木质部变黑，流胶。发病严重时，枝干枯死，其上密生黑色小粒点。

【病原】 病原菌为*Botryodiplodia theobromae* Pat.，异名*Diplodia natalensis* Pole-Evans，属半知菌亚门，球壳孢目。分生孢子器单生或聚生，洋梨形或扁圆形，黑色，光滑，革质，有孔口。分生孢子梗单生，圆柱形。未成熟的孢子为单胞，近卵形，无色；成熟孢子椭圆形，或近椭圆形，暗褐色，隔膜处稍缢缩，壁稍厚而平滑，有纵纹。有性世代为*Physalospora rhodina* Berk. et Curt. apud Cke.，属子囊菌纲，Shoemaker将其易名为*Botryosphaeria rhodina*（Berk. et Curt.）Shoemaker，我国迄今未在柑橘上发现。

【发生规律】 病原菌以菌丝体和分生孢子器在枝干及其病组织上越冬，次年当环境条件适宜时，分生孢子经雨水传播给附近健康的枝条或果实上潜伏，也可在坏死组织上腐生，能耐较长时间的干燥环境。在适宜条件下由果实伤口侵入，特别是果蒂的剪口侵入。所以，机械损伤、虫伤、自然伤口都是发病的条件。本病发生的最适温度为27～28℃。在20℃以下或35℃以上腐烂较慢，在5～8℃时不易腐烂。营养不良、树势衰弱、挂果过多、冬季冻害的树，易使枝干染病；果实过熟或晨露未干、雨后不久即采收、采果和运输过程导致的机械伤都有利于本病的发生。

【防治方法】 加强栽培管理，以有机肥为主，配合氮磷钾和微肥施用，增强树势，提高树体抗病力；结合修剪剪除树上病枝、枯枝，以减少初侵染源。管理过程中减少虫伤和自然伤口出现。参考青霉病、绿霉病的防治。

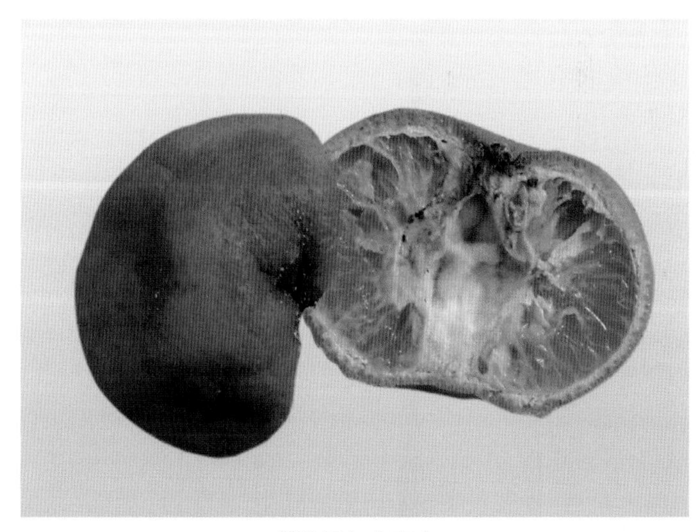
椪柑黑色蒂腐病

沙糖橘黑色蒂腐病

尤力克柠檬黑色蒂腐病

5. 黑腐病

黑腐病又称黑心病。主要为害成熟果实，在贮藏期发生多，也为害田间幼果和枝、叶。我国柑橘产区均有分布。

【症状】 田间幼果发病，多在蒂部开始，通过果柄向枝条蔓延，枝条干枯后幼果成为黑色僵果。成熟果实受害，症状变化很大，可分有黑心型、黑腐型、蒂腐型、干疤型4种。

黑心型 病菌自果蒂部伤口侵入果心（中心柱），引起心腐。病果外表无明显症状，但果心内部，特别是中心柱空隙处长出大量深墨绿色绒毛状霉。橘类和柠檬多为此类症状。

黑腐型 病菌从伤口或脐部侵入。初呈黑褐色或褐色圆形病斑，扩大后略凹陷，边缘不规则，中央部常呈黑色，干燥时病部果皮柔韧、革质。在高温、高湿条件下，病部生长灰白色菌丝，后变为墨绿色绒毛状霉层，果肉腐烂，果心亦长出墨绿色绒毛状霉。以温州蜜柑和甜橙为多。

蒂腐型 病菌从果蒂部伤口侵入，症状与黑心型类似，但果蒂部位呈圆形、褐色、软腐的病斑，大小不一，通常直径1厘米左右，轻则仅蒂部软腐，重则果实中心柱部位长出灰白色至墨绿色霉层。甜橙类多有此类型发生，常误为褐色蒂腐病。

干疤型 发生于果皮(包括蒂部)，病斑圆形，深褐色，直径约1.5厘米，病健交界明显，革质，干腐状，手指压而不破，病斑上极少见绒毛状霉，易与炭疽病干疤症状混淆，多发生于失水较多的果实。主要为害温州蜜柑。

【病原】 病原为柑橘链格孢菌*Alternaria citri* Ellis et Pierce，属半知菌亚门，丝孢纲，暗色孢科，链格孢属。分生孢子梗暗褐色，不分枝，1～7个隔膜，顶端曲膝状。分生孢子常2～4个串生在分生孢子梗上，长椭圆形、褐色或暗橄榄色，有1～6个横隔膜和0～5个纵隔膜，横隔处稍缢缩。病部长出的墨绿色绒毛状霉层是病菌的分生孢子梗及分生孢子。病原菌生长适宜温度为25℃，12～14℃时生长缓慢。

【发生规律】 以分生孢子附着在病果上越冬，也可以菌丝体潜伏在病枝叶组织内越冬，当温、湿度条件适宜时便产生分生孢子，靠气流或雨水传播。病菌可从花柱痕或果面的任何伤口侵入，侵入后以菌丝体潜伏在组织内，到后期或贮藏期才破坏木栓层侵害果实，引起腐烂。高温、高湿有利此病发生，排灌不良、栽培管理较差、树势衰弱或遭受日灼、虫伤、机械损伤的果实，易被病菌侵染。在贮藏后期，果实抗病力降低且温度适宜时大量发病，以后在腐烂果实上产生分生孢子，进行再侵染。

【防治方法】 采果前的防治参照树脂病进行，采收过程及采后参照青霉病、绿霉病的防治。

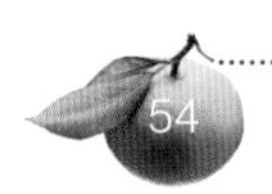

椪柑黑腐病外观

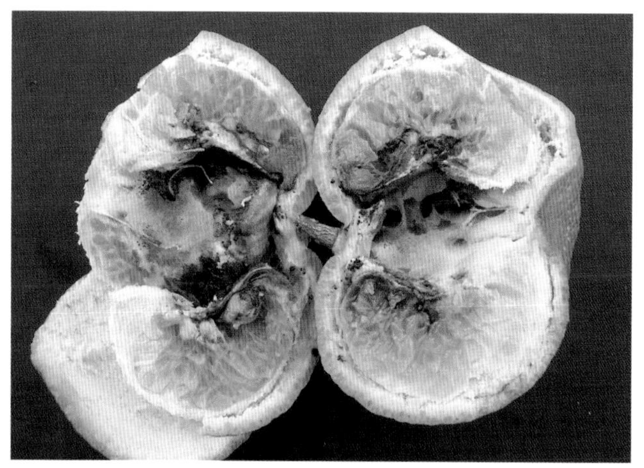

椪柑黑腐病

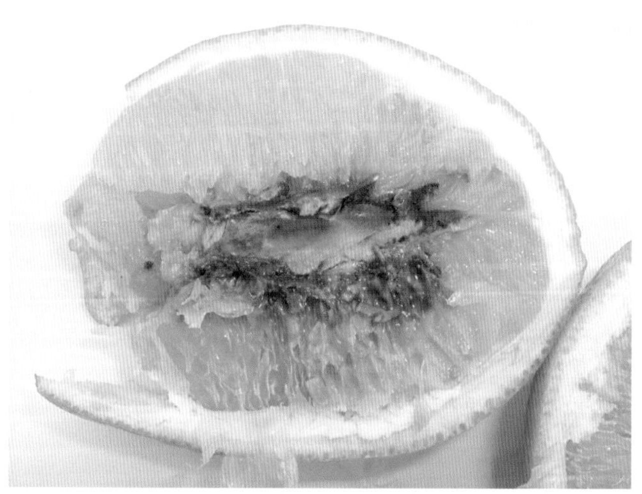

脐橙黑腐病

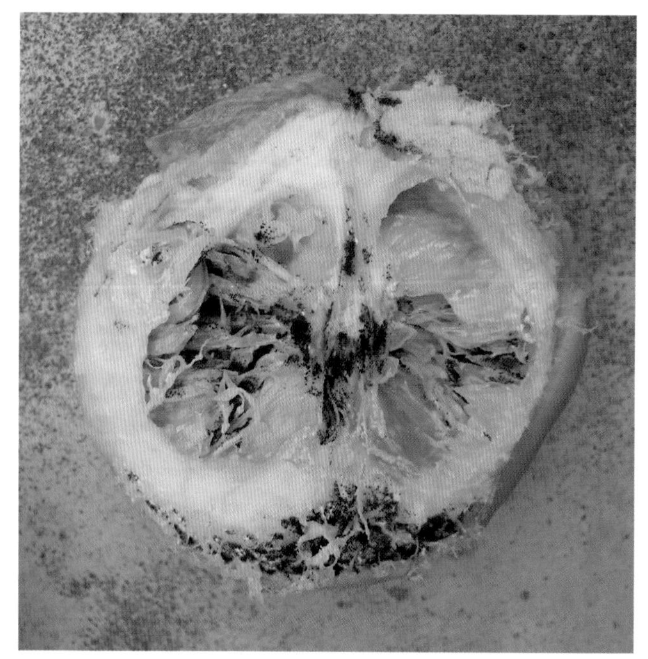

葡萄柚黑腐病

黑腐病后期症状

6.褐斑病

褐斑病又称干疤病，是柑橘类果实贮藏中常见的生理病害，以甜橙类多见。

【症状】 病斑多发生在果蒂周围、果肩或果腰处。初期果皮出现浅褐色不规则斑点，后病斑扩大、颜色变深，病斑处油胞破裂，干缩凹陷、硬革质状。可深达白皮层甚至果肉，使果肉产生异味或腐烂，失去商品价值。

【病因】 多数研究认为，褐斑病是低温生理失调病害，低温较常温下贮藏的果实有较高的发病率。甜橙在3～5℃和常温下贮藏120天，褐斑病果率分别为72.2%和8.1%。但也有报道指出，甜橙在1～3℃褐斑病发病率最低，4～8℃发病率最高，7～9℃以上发病率则随温度升高而降低。此外，褐斑病与品种、采收成熟度及贮藏湿度等有关。贮藏环境湿度较低，果皮易失水皱缩，易发病；较高湿度可降低发病率。

【防治方法】 贮藏用果采收时间适当提早，采收过程尽量减少机械损伤；采用塑料薄膜袋单果包装；维持适宜的贮藏温度和湿度，均有利于降低褐斑病发病率。

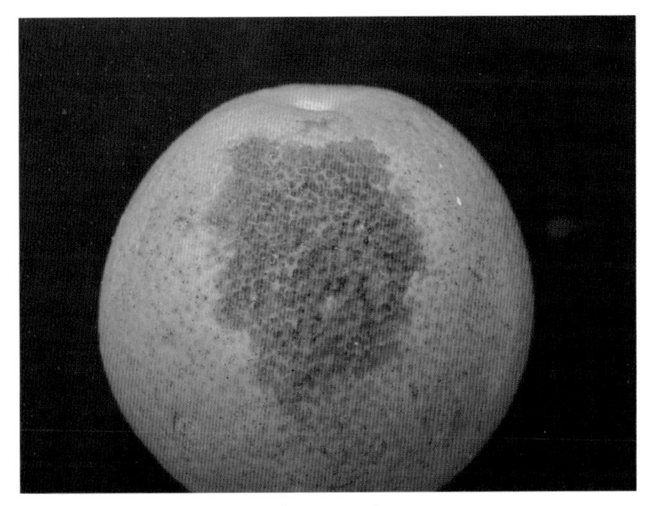
脐橙褐斑病

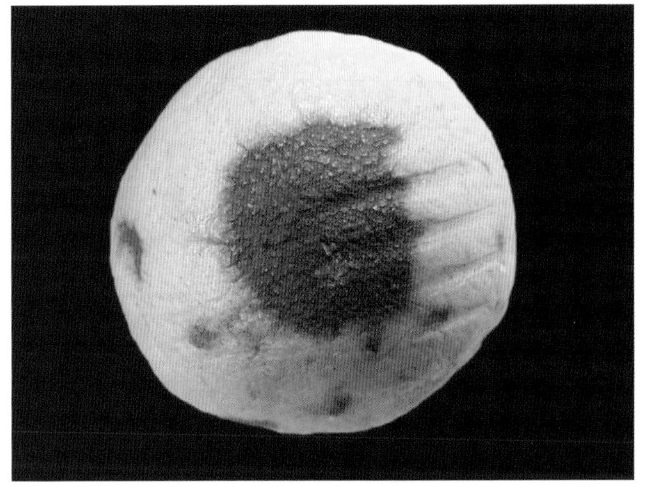
甜橙褐斑病

褐斑(干疤)病

尤力克柠檬褐斑病

7.酸腐病

酸腐病又称白霉病，为柑橘贮藏期的常见病害，是较难防治的病害。

【症状】 多发生于成熟的果实，尤其是贮藏较久的果实。受侵染后，病部初呈水渍状软化，初期浅褐色，后转橘黄色，迅速扩大至全果腐烂。极度软腐，手触即破，流出酸臭汁液。病果表面或长出致密的白色霉状菌丝膜，此是病菌的分生孢子。

【病原】 病原菌为半知菌亚门丝孢属地霉科，无性阶段为白地霉*Geotrichum candidum* Link，分生孢子梗侧生于菌丝上，分枝少，无色。分生孢子长椭圆形至圆筒形，有时为球形，单胞，无色，含有油球和颗粒状物，10～20个伴生在分生孢子梗上，老熟的菌丝分裂为无数球形至圆筒形孢子状细胞。

【发生规律】 病菌为腐生菌，广泛分布于土壤中。分生孢子借风、雨或昆虫传播，采收时的工具接触也能传播。病菌需要相对较高的温度，15℃以上才引起腐烂，10℃以下腐烂发展很慢。在高温密闭条件下，腐烂果的汁液流出并污染健果，可引起健果发病。通常，青果期较抗病，果实成熟度越高越容易感病。窖藏和薄膜袋贮藏发生较多，贮藏时间越长，发病越多。采后防腐保鲜用水不洁净，亦可导致贮藏期果实严重发病。高温、高湿、缺氧及伤口都有利于本病发生，刺吸式口器昆虫为害越烈，发病率越高。

【防治方法】

（1）积极防治吸果夜蛾类、椿象等刺吸式口器害虫；适时采果，在晴天和晨露干后采果；果实采收、装运和贮藏过程避免机械损伤，果实贮藏保鲜前先剔除伤果；实行低温贮运，根据各品种的贮藏要求，调整贮藏保鲜的温度、湿度和贮存期，避免酸腐病的不正常发生。

（2）采用75%抑霉唑2 000倍液或45%特克多乳剂1 000倍液浸果，对酸腐病有一定的预防效果，配药用水应洁净无污染。

酸腐病病果

金柑酸腐病

（二）非传染性病害

缺 素 症

1.柑橘缺氮

柑橘缺氮一般发生在土壤瘦瘠的垦殖区、有机质含量低、管理不当、施肥很少、偏重磷钾肥的果园。

【症状】 柑橘缺氮时，新梢纤细，叶小而薄，淡绿色至淡黄色，叶片硬直或丛生，或提早脱落，落花落果明显增加。严重缺氮时，新梢全部发黄，花少或无花。氮由正常转入缺乏时，树冠下部老叶先发生不同程度的黄化，部分绿叶表现不规则的黄绿交织的杂斑，随后全叶发黄脱落。长期严重缺氮时，植株矮小，新梢少而纤弱，叶均匀黄化，小枝枯死，花少果小，果皮黄白光滑，常早熟，风味差。

【发生原因】 缺氮是土壤氮的贮藏少，有机质含量不足，氮肥又施用不足；夏季降雨量大，土壤保肥力差，使氮素流失、渗漏和挥发；果园积水，土壤硝化作用不良，致使可给态氮减少；施用过多的磷肥、钾肥，或酸性土壤中施用过多的石灰，诱发缺氮；柑橘根群受伤害使吸收能力降低；斜坡地柑橘根系分布受到限制，施肥量又不足时会出现缺氮现象；初冬气温骤降，地上部仍继续生长而根系的吸收能力锐减，使氮的供应不足，造成树体缺氮，导致叶脉黄化提前落叶；大量施用未腐熟的有机肥，土壤微生物在分解有机质过程中，消耗了土壤中原有的一部分氮素，造成柑橘吸收氮素减少而出现暂时性缺氮。缺氮与一般性营养缺乏（营养失调）可同时出现。缺氮与土壤长期干旱也有一定的相关性。

【矫治方法】

（1）按柑橘正常生长发育和结果量所需要的氮素，及时给予补充。除土壤施氮外，还可根外喷布氮肥，以0.3%～0.5%尿素溶液喷布，每隔7～10天喷1次，连续2～3次。

（2）瘦瘠土壤种植柑橘，必须每年深翻改土，增施有机肥或埋压绿肥，改良土壤，提高保肥能力。

（3）搞好果园排灌系统，避免园区积水和肥料流失。

（4）秋冬相交季节，保持土壤疏松、湿润，以利氮素正常的吸收利用。

甜橙缺氮症状

尤力克柠檬缺氮，枝短、叶小、叶色黄绿

一般性营养缺乏症：叶窄小、硬直、黄绿

甜橙幼树缺氮症状

2.柑橘缺钾

柑橘生长发育、开花结果过程中，需钾的量较大，尤其是南方土壤缺钾明显，更需随时补充钾素。

【症状】 柑橘缺钾症状变化较大而复杂，一般是在老叶的叶尖及叶缘首先变黄，随后黄化区扩大，变为黄褐色，新叶正常绿色，叶片向后微卷，新梢短弱，花期落叶严重。果小、皮薄、光滑，易裂果，甜橙一些品种的白皮层易出现裂纹，称“水裂”。严重缺钾时，梢枯、落叶，易裂果和落果。缺钾可导致抗旱、抗寒和抗病力显著降低。

【发生原因】 土壤中代换性钾含量不足和全钾含量低；沙质土、冲积土和红壤土都会出现缺钾；过多施用氮、磷、钙、镁，造成元素拮抗，使钾的有效性降低；钾易随地表水流失，有机质含量低的土壤，流失尤其严重；土壤缺水干旱和砧木品种影响也能引起缺钾，缺水不仅使土壤中钾有效性降低，还增加对钾的需要量。

【矫治方法】

（1）施用硫酸钾肥或草木灰，施量依土壤缺钾情况、树龄大小、结果量多少而定。柑橘是忌氯果树，应避免施用氯化钾肥。已经出现缺钾症状时，可叶面喷布0.4%硝酸钾溶液或98%磷酸二氢钾溶液500～800倍液，98%磷酸一钾（花果宝）1 000～1 500倍液，还可选用含钾素高的叶面肥，如高能红钾、绿芬威1号等。

（2）增施有机肥，果园种植绿肥，深翻压绿，改良土壤；实行配方施肥，避免和减轻元素间的拮抗。

（3）保持土壤湿润，干旱季节及时灌水，是防止缺钾的一项重要措施。

蕉柑缺钾症状

天草杂柑缺钾

尤力克柠檬缺钾

尤力克柠檬缺钾

3.柑橘缺钙

柑橘为喜钙果树，树体内所有矿物质营养元素，以钙素含量为最高。柑橘缺钙大多发生在酸性土壤。

【症状】 当年6月龄的春梢叶或夏梢嫩叶叶尖黄化，继而扩大到上部叶缘，并沿叶缘向下扩展，产生枯斑，病叶比正常叶片窄而小，提早脱落。树冠上和新梢出现落叶枯梢现象。病树开花多，幼果易脱落，着果率低。果小而常畸形，淡绿色，汁胞皱缩，味酸。根系生长细弱，新根数量明显减少。

【发生原因】 主要原因是土壤含钙量低，尤其酸性土壤，当pH为4.5以下时，常表现缺钙症状；山坡地，或土质差、有机质含量低，在酸性淋溶下钙素流失严重，导致土壤缺钙；大量施用生理酸性的化肥，使土壤酸化，加速钙的流失；铵态氮肥施用过多，或土壤中的钾、镁、锌、硼含量多，以及土壤干旱，均会影响钙的吸收。

【矫治方法】

（1）施用石灰或碳酸钙，酸性土壤应有计划一年撒施1次，可结合松土将石灰混合在土壤中。

（2）合理施肥，减少钾素的用量，减轻元素间的相互拮抗，以提高钙的吸收。

（3）保持土壤湿润，干旱季节及时灌水。

（4）在新叶期叶面喷布0.3%～0.5%的硝酸钙或0.3%的磷酸二氢钙，视缺钙程度决定喷布次数。

缺钙叶片症状

4.柑橘缺镁

柑橘缺镁为十分普遍的现象，世界柑橘产区均存在，我国丘陵山地柑橘园十分普遍。缺镁严重影响树势和开花结果，老叶和结果枝条上的叶片表现尤为突出，缺镁植株往往在秋末以后会出现落叶和枯梢。

【症状】 柑橘缺镁从果实膨大到果皮着色均会发生。挂果越多的树缺镁愈为严重。缺镁时，叶片沿中脉两侧发生不规则的黄色斑块，黄色斑向两侧叶缘扩展，使叶片大部分黄化，仅存中脉和基部的叶组织呈三角形的绿色。缺镁严重时，叶片全部黄化。果实附近的叶片和老叶首先表现症状。病叶易落，落叶的枝条弱，常在次年春天枯死。

【发生原因】 土壤中镁含量低，或酸性土壤和沙质土壤镁的流失，使土壤中的代换性镁含量降低；钾或磷施用过多，影响镁的吸收；果园长期使用化学肥料又不施用镁肥，使土壤呈酸性，或过多使用硫黄制剂农药，亦容易出现缺镁；一般果实多核的品种比少核或无核品种更容易缺镁；一些砧木品种如用红檬檬作砧木的甜橙、蕉柑极易表现缺镁。

【矫治方法】

（1）土壤施镁　酸性土壤选用钙镁磷肥，也可施用钙镁肥（含镁石灰），每667米^2 50～65千克，或氧化镁10～20千克。微酸性土壤施用硫酸镁。镁肥可混合在有机肥（腐熟厩肥）中施用。

（2）叶面喷施　发生初期或发生较轻的柑橘树，可喷布0.4%硝酸镁溶液，或0.5%～1%硫酸镁与0.2%尿素混液，每隔10～15天喷1次，连喷3～5次。

（3）调节土壤酸碱度　使土壤pH提高至5.5～6.0。

甜橙缺镁叶片症状

缺镁症状

沙糖橘缺镁叶片症状

实生柚叶片缺镁症状

5.柑橘缺硼

柑橘缺硼在我国相当普遍，尤其在南方的红壤柑橘园症状突出。

【症状】　柑橘的成叶和老叶开始暗淡黄化，无光泽，向后卷曲，叶肉较厚，主、侧脉木栓化，严重时开裂。叶肉有暗褐色斑点，缺硼嫩叶出现黄色不定形的水渍状斑点，有时在叶背主脉基部有黑色水渍状斑点，叶片扭曲。严重时叶片大量早落，枝条枯死。花畸形，柱头外露。幼果果皮呈现乳白色微凸小斑，严重时斑点变黑下陷，中果皮和果心出现褐色的胶质物，此症状从花瓣脱落至幼果横径1.5厘米时陆续发生，引起幼果大量脱落。残留的果实小而坚硬，畸形，皮粗汁少，种子败育。

【发生原因】 在酸性黄、红壤的丘陵山地，有机质含量少，以新开垦的园区缺硼突出；红壤土因高温多雨淋失会造成普遍缺硼；过多施用氮、磷、钙肥或土壤中含钙过高，均易引起缺硼；高温干旱和降雨过多，会降低柑橘根系对硼的吸收能力，特别是在多雨季节过后接着干旱，常会突然引起缺硼；柑橘品种中甜橙类表现普遍缺硼，沙糖橘的缺硼也极明显，且多与缺镁同时发生，表现为缺镁、缺硼综合症状。以红檬檬作砧木的许多甜橙品种、蕉柑缺硼极为明显。酸橙砧对硼的吸收能力较弱。

蕉柑幼果缺硼症状

甜橙幼果缺硼症状

马水橘幼果和叶片缺硼症状

沙糖橘果实缺硼症状

改良橙叶片和果实缺硼症状

香炉橘果实缺硼症状

年橘果实缺硼症状

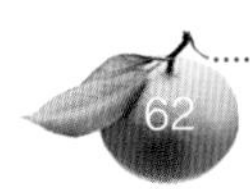

龙门橘果实缺硼症状

沙田柚叶片缺硼症状

甜橙叶片缺硼症状

【矫治方法】

（1）施用硼肥　可将硼肥混入人粪尿中，在树冠下挖沟施入，盖上有机肥后再覆土。也可在深翻改土时，与有机肥混合施入。施用硼肥应根据树龄、缺硼程度而定，幼年树一般为10～20克，成年树为30～50克。或施用新型硼肥“持力硼”。一次施硼不能过量，避免因硼过剩而发生硼毒。

（2）叶面喷施　第一次在采果后结合冬季清园喷布硼肥，浓度为0.3%～0.4%。第二次在谢花后，喷布浓度0.1%～0.2%（500～1 000倍液），亦可选用速乐硼、高纯硼、至信高硼、禾丰硼、金硼液等1 200～2 000倍液。

（3）避免过量施用氮、磷、钙肥　但适当施用石灰可降低土壤酸度，又有利于柑橘对硼的吸收。

（4）及时抗旱排涝

6.柑橘缺锌

锌是植物生长发育不可缺少的重要元素。缺锌症又叫斑叶病、花叶病，与黄龙病后期的花叶状极为相似。

【症状】　病树新梢上的叶片黄色或黄绿色，仅主、侧脉附近为绿色，有的叶片则在绿色的主、侧脉间呈现黄色或淡黄色斑点，随严重程度增加，黄色斑块扩大。严重时新生叶变小，直立，新梢纤细，节间缩短，呈直立的矮丛状，随后小枝枯死。果实小、皮厚，味淡、汁少。

【发生原因】　引起柑橘缺锌的因素较多，在多种土壤条件下均可发生。主要是弱酸性至强酸性的土壤，锌的含量低。在碱性和石灰性土壤中，锌的溶解度低而不易被吸收，也易表现缺锌；土壤的磷、钙、氮、钾、锰和铜过量以及其他元素不平衡，都与缺锌有关。高磷、高钾会加剧缺锌；土壤湿度高，缺乏有机质，柑橘砧穗不亲和，也会影响锌的吸收。

【矫治方法】

（1）叶面喷施　可在春梢停止生长后，采用0.1%～0.3%硫酸锌水溶液加等量石灰，或与石硫合剂混配使用，以防药害。喷1～3次，间隔期10～15天。

(2) 土壤施用硫酸锌　根据树龄大小，每株10～20克，与有机肥混合施用，或每667米^{2}不超过2千克。石灰性土壤可施用生理酸性肥料，如硫酸锌。若因缺镁而出现缺锌时，应结合施用镁肥。

(3) 增施有机肥　采用绿肥改土，补充土壤中的锌含量。

春甜橘缺锌症状

甜橙缺锌症状

年橘缺锌症状

甜橙缺锌症状

7. 柑橘缺锰

柑橘叶绿体含有较多的锰，其直接参与光合作用的光反应过程。缺锰又叫萎黄病，在浙江、福建、广东等省常有发生。但很少造成严重为害。

【症状】 新梢叶片生长正常，中脉和侧脉及其附近叶肉绿色，其余部分呈黄绿色，严重时黄斑不断扩大，与缺锌症状相似。但缺锌叶片的失绿区很黄，叶片狭而小，而缺锰的失绿部分带绿色，叶片大小和叶形基本无改变。缺锰的老叶则症状明显，严重时，病叶早期老化易脱落，产量和果品质量下降，新梢生长

受抑制，有的枯死。此外，缺锰常伴随有缺锌和缺铁两种症状发生。

【发生原因】 酸性土壤或沙质酸性土壤有效态锰容易流失。在强酸性的沙质土上，缺锰常伴随着锌、铜、镁缺乏；石灰性紫色土和滨海盐碱土等碱性土壤，锰以不溶态存在，有效态锰含量低；缺磷土、富含有机质的沙质土、长期施厩肥和石灰的老年土、黑色土和团粒土，因土壤pH超过6.5，锰化合物极难溶解而引起缺锰。过多施用氮肥或土壤中铜、锌、硼过多，影响锰的吸收利用，也诱发缺锰症。

冰糖橙缺锰症状

【矫治方法】

（1）酸性土柑橘缺锰，可将硫酸锰混在有机肥中施用，每667米^{2}用量为3.3～4.0千克。

（2）碱性土、石灰性土和中性土柑橘缺锰，以叶面喷施0.3%硫酸锰水溶液矫治效果较好，叶面喷施宜在每年春季进行数次。或施用含纯锰32%的缓释性锰肥（志信大地锰），视缺锰的程度，每株施用量为5～15克，与农家肥混合施用或混在化学肥料中追施，但不能超量，否则会造成锰过剩。

（3）喷布有机螯合锰（15%禾丰锰）3 000～5 000倍液。

纽荷尔脐橙缺锰症状

脐橙缺锰症状

8.柑橘缺铁

缺铁在柑橘产区常有不同程度发生，盐碱地的滩涂土壤发生严重。

【症状】 柑橘缺铁时，首先表现为嫩梢叶片变薄，叶肉淡黄至黄白色，叶脉仍为绿色，呈明显的绿色网状叶脉，以小枝顶端的叶片更为明显。严重时，叶片除主脉保持绿色外，其他部位均变为黄色或白色，叶片易脱落。老叶通常仍然保持绿色。同时，枝条变得纤弱，当基部大枝上抽发新梢时，上部弱枝逐渐枯死。结果少，果皮黄白色，汁少，味淡。柠檬果实小而硬，皮粗或有小褐斑，出现畸形果。

【发生原因】 碳酸钙或其他碳酸盐过高的碱性土壤，铁元素被固定为难溶性化合物，容易出现缺铁。滨海的盐碱土、内陆的石灰性紫色土，土壤呈碱性反应，有效铁含量偏低；南方红壤土一般不缺铁，但土质极差、有机质严重缺乏的尤力克柠檬易表现缺铁；冬春低温干旱时比夏季发生严重；灌水过多，可溶性铁化合物流失过多；磷肥施用过多，使吸收到体内的过剩磷与铁化合，在体内固定；过量的锌、锰和铜的吸收，使体内铁氧化而失去活性；砧木品种的耐碱性，也能导致柑橘缺铁症的发生，如在盐碱地或含钙量极高的土地种植柑橘以枳为砧木时，易发生缺铁。

【矫治方法】

（1）改良土壤　施用有机肥和绿肥，避免偏施磷肥和过量施用与铁元素相互拮抗的其他元素。

（2）选择适宜的砧木品种　因砧木引起的缺铁的柑橘树，可用耐碱枸头橙、本地早、朱栾等实生苗，春季靠接在病株主干上进行矫治。

（3）叶面喷肥　叶面喷施0.2%～0.3%硫酸亚铁水溶液，喷施时加等量石灰，以避免药害。在中性或石灰性土壤上，根际施用螯合铁有一定的效果。

土壤极为瘦瘠导致尤力克柠檬植株缺铁

石灰过量致缺铁

石灰过量致缺铁嫩梢叶片白化并脱落

土壤极为瘦瘠导致尤力克柠檬缺铁

土壤极为瘦瘠导致尤力克柠檬严重缺铁嫩叶白化

尤力克柠檬叶片和幼果缺铁症状

9.柑橘缺铜

缺铜只在一些新开垦的瘦瘠的山地柑橘园发生。

【症状】 缺铜初发期，新梢细长、柔软、具棱状，叶大而深暗绿色，叶形不规则，主脉弯曲，叶较小、扭曲。新枝向下弯曲，或呈“S”形。嫩枝的芽眼或近芽眼处，出现流胶或皮层因树胶组织压迫产生椭圆形的疱状突起，叶柄附近的疱状突呈纵向开裂，春梢裂口后期黑褐色，夏梢裂口有胶质物渗出，有的枝梢皮部表面呈不规则、大小不一的赤色污斑，严重的枝梢赤褐色、枯死。病株抽出的新芽多、短、弱，呈丛生或扫帚状，叶片硬直，部分有红锈斑。缺铜植株不结果或少果，果小、畸形、淡黄色，果皮有红褐色至黑色且带光泽的瘤。幼果常纵裂或横裂。果实横切面常看到中心柱周围出现胶状物。

【发生原因】 缺铜主要发生在淋溶的酸性沙质土、石灰性沙质土、沙质砖红壤土、酸性腐泥土上；过量施用氮或磷也会引起缺铜；严重缺锌时，缺铜症状也明显。另外，土壤瘦瘠、表土层浅薄、底层硬盘和排水不畅也能引起铜素缺乏。

【矫治方法】

（1）在新梢自剪时，喷布1 ：1 ：100波尔多液。也可在春芽萌动前喷布0.1%～0.2%硫酸铜溶液。

（2）土壤施硫酸铜也可防止缺铜，但作用较慢，效果没有喷施铜剂快。施用硫酸铜应根据树龄大小而定，不可过量。

冰糖橙缺铜枝条症状（新梢长、弯曲、叶片大）

沙糖橘缺铜叶片“S”形

沙糖橘缺铜枝条出现疱状和赤褐色斑

冰糖橙缺铜症状（褐斑和疱状）

冰糖橙缺铜症状（褐色锈斑突起）

沙糖橘缺铜枝条

沙糖橘缺铜枝条上的褐色和深褐色斑

冰糖橙缺铜株叶片大，枝徒长散乱

沙糖橘春梢缺铜有疱状斑和褐色斑

10. 柑橘缺钼

柑橘缺钼较少发生，但新垦园区，常因土壤质差而缺钼。

【症状】 在夏季萌发的新叶叶脉间出现水渍状斑，在叶脉两边略呈平行状排列。叶渐成长，病斑扩大，不规则。叶片正面病斑呈显著黄色，病斑边缘渐呈绿色，最后病斑变成褐色。叶片背面，病斑处自最初的油绿褐色至最后的锈褐色。叶表面的病斑光滑，叶背面病斑处稍肿起，且满布胶质，严重时会引起落叶。缺钼严重时，新叶呈淡黄色，并多纵卷向内抱合，结果少。

【发生原因】 强酸性红壤柑橘园，或过多施用酸性化肥，土壤中的钼与铁、铝结合成钼酸铁和钼酸铝而被固定，不能被柑橘根系吸收。土壤中磷不足时，钼的吸收率降低。

【矫治方法】

（1）叶面喷施0.01%～0.05%的钼酸铵或钼酸钠溶液，一般在新梢老熟后喷施为宜。

（2）每667米^{2}用20～35克钼酸铵与过磷酸钙混施于根部。

（3）强酸性土壤可增施石灰，降低土壤酸度，提高钼的有效性。

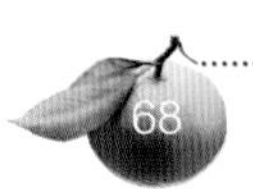

甜橙缺钼症状

年橘缺钼症状

缺钼的新梢嫩叶抱合呈筒状　（潘文力提供）

自然灾害

1.水害

柑橘园排水不畅，水长期积集，地下水位升高，土壤长时间处于水分饱和状态，柑橘根系缺乏空气导致缺氧而窒息坏死、腐烂。

【症状】　水害先发生在根系，首先为须根变褐、腐烂，随之侧根皮层腐烂，木质部腐朽。地上部生势衰弱，叶片变黄、新梢短弱，叶片脱落，部分新梢枯死。当连续下雨而严重积水时，幼年树叶片转黄，有的脱落，抽生的嫩芽枯死，有的枝干皮部腐烂，发出酸臭气味，导致全株死亡。结果树果园积水，根系因缺氧窒息可使幼果变黑和脱落。膨大期的果实干瘪、最后脱落。根系被水淹48小时后，吸收根开始出现坏死，随淹水时间的延长，根系坏死率不断增加。水害还与果园土质、土壤含氧量、淹水的水质、水流及淹水后的天气等有关。

【预防措施】

（1）水田、平地或河涌坝地开辟柑橘园时，应建设排灌系统，或筑土墩种植。地下水位高的园地，应深挖排水沟。

（2）橘园坚持每年修理排灌系统，防止淤塞和杂草堵水，保证雨季排水畅通。

（3）根据土质改良土壤，促进柑橘根系生长，树势壮旺，提高抗逆能力。

（4）受水淹的柑橘，当淹水退去时，及时清洗枝叶上的淤泥，以利叶片进行光合作用；地面疏通沟渠，降低地下水位；疏松板结的土壤可扒土晾根，增加土壤通透性。对水害严重，已出现新梢萎蔫、老叶卷缩、落叶落果的植株，应摘除果实，剪除部分枝梢，且做好树体涂白、伤口保护。喷施叶面肥，逐步恢复树势。水淹后树冠和根系受到一定伤害，易使病菌入侵，可用70%甲基托布津或50%多菌灵800倍液喷树冠；地面用1 ∶ 1 ∶ 100的波尔多液消毒。

沙糖橘园积水致叶片变黄

严重积水致树枝烂皮

积水导致烂根

积水引起树枯果落

积水后暴晒致叶片伤害

积水致主干腐烂

2.旱害

柑橘园因较长时间缺水干旱，导致树体生长受阻，影响产量和果实品质，严重的会使柑橘树枯死。

【症状】 干旱在一年中各个时期都可能发生，从季节分，有春旱、夏旱、秋旱和冬旱。开花时受旱称为花期干旱。春旱发生在前期，春梢不能依期萌发，已发春梢则短弱，叶小，叶色淡绿。严重春旱时春梢不能抽发，在叶腋处直接显露花蕾，花蕾短圆、弱小，花瓣僵硬、赤色，干缩至干枯，雄蕊短，花药发育不良，受粉率差，坐果率低。夏旱使夏梢不能正常抽生，树势下降，果实发育和膨大严重受阻，还加剧日灼病的发生。秋旱导致秋梢抽发受阻，新叶变小扭曲，叶片灰绿，甚至无法抽出秋梢。秋旱连着冬旱时，全株叶片呈卷筒、灰绿色、无光泽，果实失水萎缩、软化、挂树不落。有冻害时，则受害极重。

【预防措施】

（1）山地果园应做好水土保持工程，并做好深翻改土、中耕松土、除草覆盖等防旱保湿工作。

（2）具备灌溉条件的果园，遇干旱应及时灌水。杨村柑橘场红壤土的灌溉生理指标为土壤绝对含水量21%～22%，春季花期连续7天干旱无雨，土壤基础较干旱时，即应淋水或适当灌水。

（3）提倡节水管理，采用树冠范围滴灌保湿新方法，或施用吸湿剂、抗蒸剂等达到保水、保湿作用。

秋冬连旱的受旱树

春甜橘受旱害的结果枝

干旱致冰糖橙嫩梢叶片卷曲

甜橙花受干旱状

干旱导致果实枯水软化

3.冻害

柑橘冻害在我国时有发生。2007年至2008年冬春和2010年晚春各地的冻害，使柑橘生产出现不同程度损失。广东柑橘冻害多发于两个时期，一是以每年的9月下旬至10月中旬，寒露风造成果园骤然降温，导致秋梢受害，此次冻害为轻微伤害；二是每年冬至前后的低温霜冻，甚至冰冻，或偶有早春冻害和晚春冻害发生，对迟熟品种影响大。

【症状】 轻微冻害，只在较迟抽发又未完全老熟的秋梢上发生，或秋梢叶片被螨类为害且土壤瘠薄、根系浅生、缺水干旱的植株。叶片局部出现形状、大小不一的叶肉塌陷斑，初为灰青色，后转浅褐色至灰白色，后期极易感染炭疽病；严重者，整片叶片凋萎，纵卷，赤褐色，多数脱落；枝梢变黄，部分落叶的叶痕褐色，流胶，最后枝梢枯死。严重冻害，枝干和大枝条裂皮或枯死，以至于树干皮层腐烂，地上部死亡，幼树全株枯死。果实受冻，一般在树冠上部和外围明显，果实囊瓣枯水收缩，与果皮脱离，汁胞干瘪，粒化，汁少渣多，味淡；严重时，囊瓣如同开水烫熟，汁液外渗，随后变味，果实腐烂。

冻害的原因较为复杂，受多种因素共同影响。与柑橘品种、砧木、树体生理状况、抗寒遗传特性、挂果量、果实采收时间、果园管理、防冻措施和枝条、叶片、果实等器官的成熟程度有关。但主要与低温强度和持续时间、当时的风速、土壤水分、光照、地理位置、地形地势、坡度坡向、附近水体丰缺等因素相关。气象降温分平流降温和辐射降温，广东以辐射降温造成的冻害为主。在外界气温下降至0℃以下时，柑橘树体某些器官的细胞间隙结冰，造成细胞内水分不断向细胞间移动，导致细胞脱水，细胞内原生质浓缩，同时，冰晶产生机械压力，使受害器官失绿透明。当气温回升融冰后，这些器官出现水渍伤害，组织坏死。在长江中下游地区，柑橘受轻度冻害的低温指标是：金柑 −10℃，温州蜜柑 −9℃，椪柑和槾橘为 −8℃，甜橙（以雪柑为代表）为 −7℃。枳最耐寒，不耐寒品种为柠檬、枸橼。

【预防措施】

（1）建园 根据当地的生态区划，选择适宜的品种和抗寒性强的砧穗组合。在山区发展柑橘，山谷果园常发生冻害，应选择砧穗组合抗寒力都强并在寒流到来之前果实即可采收的品种。

（2）加强管理，提高抗寒力 营造防风林，建设水系，改善园区生态；立冬开始，保持园区土壤湿度，冻害来临前果园灌水。计划促放秋梢，使秋梢在寒害之前已经充实，并保证叶色青绿不受螨类为害。施好有机肥，使根系深生，以避免表土温度变幅大而冻伤根系。适当提早施用基肥，增施钾肥，选择一些具防寒作用的叶面剂喷布，增强树体抗寒力。

（3）覆盖保温 地面采用杂草、稻草等覆盖，在树冠下向外扩大至滴水线外侧约30厘米范围。或捆草帘和树干包草保温，树干刷白。结果树在冻害来临前及时采收果实，减少冻害损失；留果过冬树，在树冠上搭棚架盖黑色网纱。霜冻来临时在果园迎风面布点熏烟也有一定的防冻效果。

（4）冻害后补救 及时淋水或灌水，及时进行一次中耕松土。叶片凋萎而枝梢不干枯的，可在气温回暖稳定后的春初摘除干叶；枝条已干枯的，应抓紧剪除，伤口和存留的枝条均要涂白保护，同时，及时施用春季萌芽肥和防治病害，尤其流胶病、炭疽病。新芽抽出后，适期喷施叶面肥，适当控制花果量。

沙糖橘严重冻害症状

甜橙受冻害部分枝叶干枯与落果

冰糖橙叶片上结冰

冰糖橙花蕾和叶片结冰

尤力克柠檬冬梢冻害

尤力克柠檬早冬梢受冻枝条爆裂

年橘冻伤后枝条裂皮

年橘果实冻害

金柑果实冻害

春甜橘冻害果实果皮与果肉分离

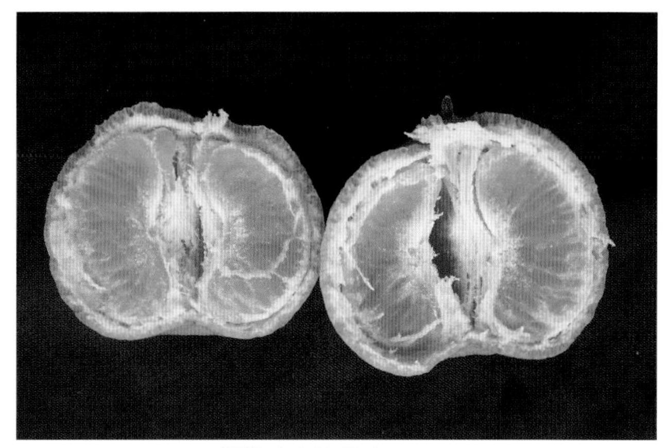

椪柑冻害的果肉

4.雾害

【症状】 雾笼罩在柑橘园区，长时间不流动消散，在叶片、果实表面生成水珠，对一些品种的果皮造成伤害，受害果实达及树冠内外。其症状似农药灼伤，果皮油胞坏死，呈无规则的赤褐色斑疤或软化，多发生在宽皮类柑橘。严重时果皮出现斑疤，淡褐色，塌陷，随后斑疤软化，透过果皮伤及果肉，果皮破裂，果实落地。伤及果实可达80%～90%，几乎无收。雾害常在改良橙（红江橙）、脐橙、金柑等品种发生。

雾害在9月白露之后的一段时间发生较多。此时昼夜温差转大，早晨凝雾，雾霭中夹带着许多粉尘、酸、氨和霾中杂质，果皮在这种混杂物的作用下，受到伤害。尤其在一些工厂或以煤炭作燃料的电厂。其烟尘杂质连同雾一同下沉笼罩柑橘果园，可迅速损伤果皮。

【预防方法】 选择园地时，应远离工厂，在果园周围种植防风林带，改善环境和改变空气环流，选择较适宜该地区栽培的品种。

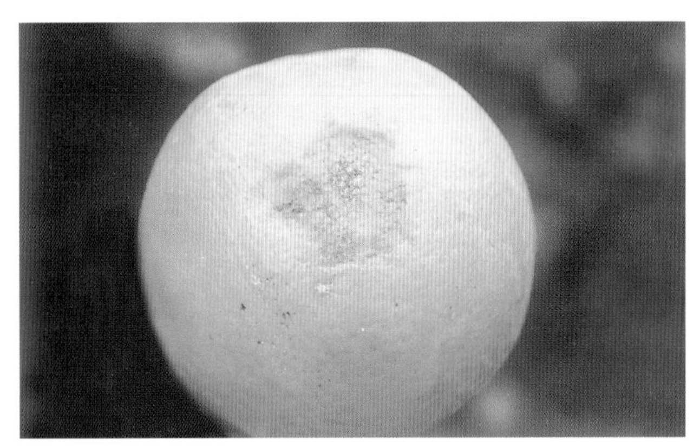

改良橙雾害状

雾害致春甜橘果皮褐斑

改良橙雾害落果

金柑雾害裂果

5. 日灼病

日灼病又叫日烧病、日焦病。当发生此病时，果实不能正常发育膨大，果实变形，品质变劣。全国柑橘产区均有发生，以宽皮柑橘类较多。

【症状】 发生初期，果实向阳部位出现蜡黄色斑，多为圆形，后表皮较大的油胞破裂，呈点分布，随日灼程度加重，逐渐扩大连成片，轻者产生黄褐色硬斑，如遇连续阴雨天气，日灼轻的病果表皮能产生愈伤组织，基本上可恢复正常生长。发病中后期，出现近圆形下陷的枯死干疤，呈深褐色凹斑，病部果皮停止生长且粗糙硬化，果实畸形。伤及果肉时，囊瓣汁胞干缩、粒化。气候干燥、日照强烈时发生严重，此时，若喷布农药防治病虫，会加重日灼。一般于7月份开始，8～9月多发，尤以西南方位的中上部果实受害最重，西向坡地的果园或无防护林的果园发生也较严重。以温州蜜柑早熟系和椪柑、大红柑受害重，温州蜜柑中、晚熟系和蕉柑、福橘次之，甜橙、柚类受害最轻。

【预防方法】

（1）果园规划时，根据地形和方位营造防护林带，以减少烈日直接照射。选择日灼病较少的品种种植。

（2）幼年结果树和一些枝条粗硬，果实顶部向上的品种，在第二次生理落果基本结束时，促放迟夏梢，借梢遮果，减少日灼程度。温州蜜柑抹春梢保果时，在适当位置保留少量营养枝。

（3）果园生草栽培或种植高秆绿肥，改善园区生态环境，调节果园小气候。树盘覆盖和园内松土以减少水分蒸发。适时灌水，保持土壤含水量，使树体生长正常。

（4）防治病虫害时，避免太阳猛烈的中午时段（上午10时半至下午3时）喷药。减少使用较易发生日灼的药剂，如石硫合剂、硫黄胶悬剂、敌百虫、机油乳剂等。

（5）对易发生日灼病的园区或品种，在高温季节喷洒石灰乳液（500克加清水5千克，过滤去渣）。已经出现日灼果时，可在病部贴白纸，或刷抹20倍的石灰浆，有一定的恢复能力。

（6）果实套袋可避免日灼。

椪柑果实日灼病

椪柑日灼病

日灼+药伤

葡萄柚日灼病

日灼果伤及果肉

尤力克柠檬半老熟叶片日灼病

嫩叶被烈日灼伤

尤力克柠檬未完全老熟的叶片被烈日灼伤

6.裂果病

柑橘裂果是常见的生理病害之一。裂果引起采前落果、腐烂，严重影响产量。

【症状】 裂果是果皮开裂，瓤瓣相应破裂，露出汁胞，多为横向或纵向开裂，也有不规则开裂，最后裂果脱落。裂果主要发生在果实膨大期久旱骤雨之后，果肉迅速膨大，果皮不能相应地生长而胀裂。一般发生于9～10月，11月偶有发生。早熟、薄皮品种易裂果，果顶部果皮较薄的品种裂果多，温州蜜柑的一些品种裂果常见，改良橙、清见脐橙和玉环柚裂果普遍，广东春甜橘、阳山橘也是易裂果品种。同一品种中，幼年结果树裂果比老龄树多。土壤管理不善、干湿不匀时裂果多。

【预防方法】

（1）加强栽培管理　深翻改土，增施有机肥，合理施用氮、磷、钾、钙肥，适当配搭微肥，提高土壤肥力，促进根系生长，增强树势，减少裂果发生。

（2）覆盖树盘　减少土壤水分蒸发，或采用生草栽培方法，改善和调节土壤含水的稳定性。

（3）及时灌溉　在果实膨大期均衡地供应水分和养分是防止裂果的有效措施。

（4）选用发生裂果较少的品种或不发生裂果的品种种植。

（5）喷防裂药液　裂果前10～15天用果实防裂剂800～1 000倍液喷幼果1次，连喷3次；或喷尿素150克、氯化钾100克、食醋100克、石灰100克、对水25千克配制成的药液，有防裂效果。

冰糖橙裂果

春甜橘雨后裂果

土壤干旱后骤湿导致改良橙裂果

金柑采前遇雨裂果、脱落

改良橙裂果

冰糖橙裂果

7.油斑病

油斑病又称虎斑病，浙江黄岩叫熟印病、四川称干疤病。为柑橘果实的重要病害之一，我国各柑橘产区均有发生。

【症状】 油斑病多数发生在果实采收前，成熟和接近成熟的果实易发生，也可发生在采收后贮藏初期。果皮上出现形状不规则的淡黄色或淡绿色疤斑，病、健处界限明显，病斑内油胞突出，油胞间组织塌陷，后变为黄褐色或深褐色，油胞萎缩，柠檬病斑的塌陷处褐色，果皮破裂，流出胶状物，病斑紫褐色。若病斑处感染炭疽病菌后，可引起果实腐烂。

油斑病的发生是因油胞破裂的橘皮油外渗侵蚀果皮细胞引起的。果实采收前，日夜温差大和露水重；果实机械损伤、降霜、冰雹等；椪柑近成熟时被小绿叶蝉为害严重；果实生长后期喷布碱性农药，如松脂合剂、石硫合剂、胶体硫制剂等；贮藏在不适宜的温度、湿度和气体成分等均可引起果皮油胞向外渗油发生油斑病。果皮细密的品种，发生较重，广东的沙糖橘、湖北的甜橙，浙江黄岩晚熟的槾橘和朱红橘发生都较重，尤力克柠檬在近年也有发生。

【预防方法】

（1）适当提早采果，避免在下雨后和晨露未干前即行采果。

（2）在采收、挑选、装箱、运输和贮藏等操作过程中，避免人为损伤。贮藏入库的果实，应先摊开放置2～3天，晾干后再贮藏。

（3）采用套袋技术，既可防油斑病发生，也可防治夜蛾。

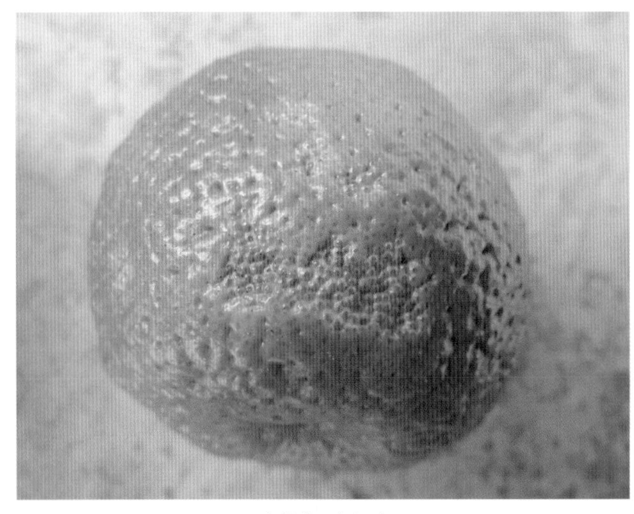

沙糖橘油斑病

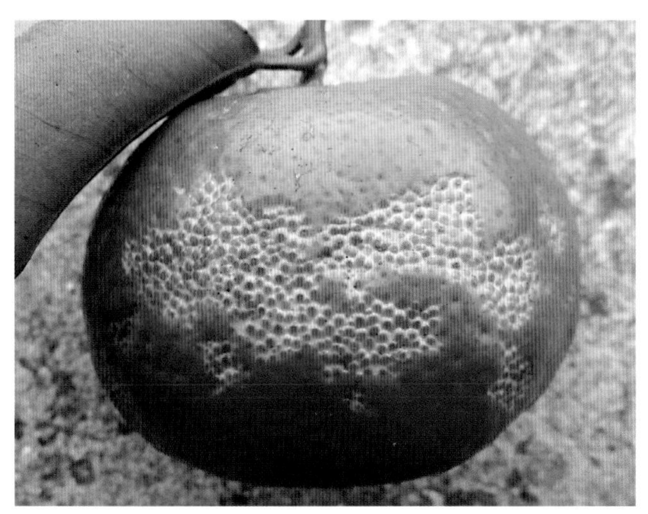

沙糖橘油斑病

尤力克柠檬油斑病

柠檬油斑病

8.水纹病

水纹病又叫果皮内裂果，是生理病害。

【症状】 20世纪60年代初，广东杨村柑橘场普通甜橙果皮的白皮层不规则状龟裂，龟裂纹上的外皮层凹陷，严重时，裂纹色深，状如水纹线，当时称这种果为“水纹果”。该果实不耐贮藏，易腐烂。近年在广东多发生于树上留果的沙糖橘和年橘果实上，尤其是沙糖橘水纹病相当严重。发生水纹病与土壤瘠薄、钾和钙贫缺、水分供应不平衡、生长调节剂使用不规范、采收过迟等有关。

【预防方法】

（1）加强果园管理，增施有机肥，增施钾、钙肥，均衡供应水分与养分。

（2）7～8月在傍晚或早上露水干后喷施20毫克/千克赤霉素以促进白皮层的发育，减少内裂果的发生。

（3）7月份喷施2次2%硝酸钾，也可促进白皮层发育，减少内裂症状。

（4）适时采果，避免过迟采收。

沙糖橘水纹病病果

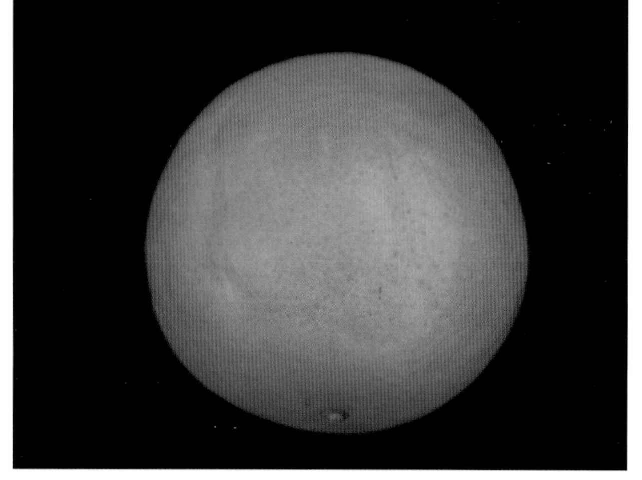

甜橙水纹病病果

9.枯水病

柑橘枯水病又称浮皮病，主要发生在宽皮柑橘类。

【症状】 果皮发泡，果皮和果肉分离，囊瓣汁胞失水干缩，无汁味淡，果重减轻，果肉糖含量降低，失去食用价值。甜橙类果皮呈现不正常的饱满，果皮凹凸不平，油胞突出，色淡无光泽。

发病条件与柑橘种类、果园气候、贮藏期的温度、湿度有密切关系。宽皮柑橘类在贮藏后期易发生枯水，其中早熟、皮薄、白皮层明显龟裂的品种发生早且多；果皮紧实、白皮层较厚的品种发生较晚而较轻。幼树果实和采果迟的发生重；采果后果实发汗预贮时间短的易发生；贮藏期湿度超过90%，果皮会继续增厚，使气孔张开，加速果汁消耗，发病增多；高温和湿度不稳定有利此病发生。采果过迟，果实营养转化，果皮返青也导致枯水发生。

【预防方法】

（1）加强果园管理，施有机肥为主，改良土壤，保持健壮树势，使果实发育平衡。秋季适度灌水，保持土壤水分稳定。

（2）适当提早采收，分期采果，分批贮藏，并适当延长预贮时间。库内保持适宜湿度，适期出仓销售。

（3）采前15～20天喷布10～20毫克/千克赤霉素或采后用50～100毫克/千克赤霉素浸果，可减少果实枯水的发生。

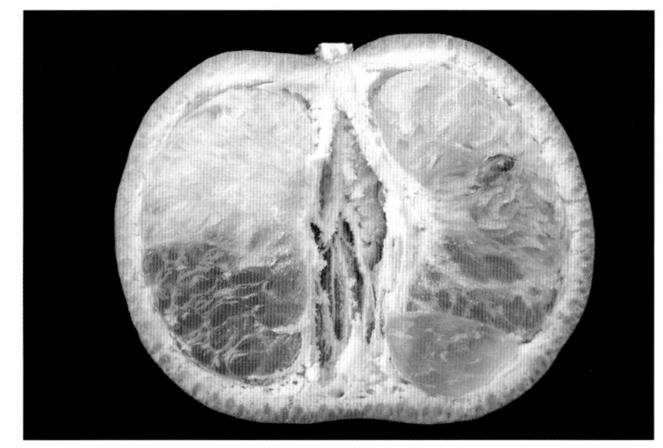

果肉枯水

蕉柑留树果果肉枯水状

春甜橘果实枯水状

10.水肿病

水肿病是柑橘冷库贮藏的一种主要生理病害，易发生于椪柑、红橘果实上，蕉柑、甜橙等品种也有发生。

【症状】 发病初期果实外表无明显病状，仅果皮失去光泽，颜色变淡，整个果皮组织呈浅褐浮肿，以手指触之有松软感，后期果实由浅褐色变为深褐色，果皮松散软绵，易剥离，果肉有浓厚的酒精味，但不表现软腐症状。在冷藏库内温度过低时，果实受到“冷害”而发生水肿，椪柑在3～5℃条件下贮藏90天，便可发生水肿，而在7～9℃条件下贮藏同样的时间，则无水肿发生；在贮藏库和窖内通风不良，二氧化碳浓度超过5%时，也导致果实发生水肿；不同品种对二氧化碳的反应不一，椪柑、红橘最易受其毒害发病，蕉柑次之，甜橙则发病较少；果实随着贮藏时间延长，其内部生理代谢逐渐发生变化，从而增加其发病率，所以，贮藏时间愈长，发病愈重。

【预防方法】

（1）调节适宜贮藏温度，避免在容易造成水肿的低温中贮藏。

（2）加强贮藏库、窖内的通风换气，保持适宜的氧气含量，降低二氧化碳积累浓度。

（3）贮藏期间发现水肿病时，应及时处理果实，不宜继续贮放。

3℃冷藏致尤力克柠檬伤害（水肿）

3℃冷藏致尤力克柠檬伤害（水肿）

11.风害

风害包括寒风害、干热风害和台风风害三种。

【症状】 寒风使营养不良和受病虫为害的柑橘树出现严重落叶，树上果实冻伤，导致春季新芽迟发，枝梢生长纤弱，花量减少，花质差，影响坐果率，树体生长势下降。干热风导致柑橘受伤害，一般出现在温州蜜柑开花和生理落果时期，造成花器受害，着果差，幼果脱落。台风不但造成果皮伤害，新梢嫩叶破裂，严重的折断枝干，叶果脱落，甚至吹倒树体，折断树干。台风伴随暴雨，造成果园积水或水淹，导致黄叶、卷叶、焦叶、落叶，甚至植株死亡。同时，还使土壤流失和加剧病害发生。

【预防方法】

（1）营造防护林，减缓风速，改善柑橘园小气候。既可防台风，又可防干热风害危害。

（2）深翻改土，创造良好的土壤环境，促进深、广、密的发达根系，提高抗逆能力。

（3）春季花期或生理落果期出现干热异常气候，应进行园区适当灌溉“跑马水”或淋水，保持土壤湿度，严重时，早、晚对树冠喷水。

（4）寒风过后及时处理受伤树，防止病害侵染。台风暴雨后，及早排除积水，扶正树体，清理落叶落果，喷布药剂，防止病害发生。

（5）根据当地频发风害的种类，选择相适应的柑橘品种和砧穗组合。

风害造成果皮疤斑

尤力克柠檬春梢嫩叶风害状

12.光害

光害是强烈的太阳光直接照射在柑橘叶片的背面或枝条上引起的伤害。

【症状】 枝条伤害后造成伤口，易受病菌侵染，导致流胶，使树势衰弱；叶片受害，叶背表面出现褐色至深褐色胶质物覆盖，叶片提早老化，失去光合作用能力，影响树势。冬季丰产柑橘树挂果负荷过重而树体养分不足，根系较弱，吸收能力差，或土壤干旱无法供应养分，挂果枝条下垂，采果后枝叶无法复原生长位置，叶背面向阳暴晒时间长，会引起叶背伤害，若有露水沾在叶背，在太阳光作用下，会加重症状；初春种植的幼树，缺乏正常管理，尤其肥水供应缺乏时，在夏季高温烈日下，部分枝梢叶片处在卷叶和下垂，容易受害；管理正常，枝梢叶片嫩绿，偶遇夏季较长时间的高温干燥和干风、太阳猛烈暴晒，叶片蒸腾不足而萎蔫，也容易引起伤害。

【预防方法】 针对发生的原因，采取相关技术措施。如适度挂果，下垂的丰产枝条及早撑起，避免阳光直接晒在叶背，防治螨类，合理灌水，合理施肥，幼树覆盖，保持土壤湿润等，可减轻或避免光害发生。

光害症状

光害后期症状

柠檬未充实春叶光害状

13.大气污染

大气污染导致柑橘树受害，甚至死亡，已经成为柑橘种植业的一种威胁。

【症状】 大气污染物包括二氧化硫、氟化物、氮的氧化物、氯气、臭氧等20多种。这些气体在大气达到一定的浓度时可以破坏植物细胞结构，阻碍水分和养分的吸收，破坏叶绿素，影响树体的光合作用，致使花、叶片和果实脱落。粉尘、烟尘降落到果树的叶片上，正常的光合作用受阻，蒸腾和呼吸等生理作用不正常，花期污染，影响授粉和坐果。砖厂排出的气体污染，使近处的柑橘春梢叶片受害，叶片小，

硬化，从叶尖开始黄化，逐渐向下扩大，随后叶缘枯焦，叶片脱落，枝梢渐干枯，开花少，结果差，树势渐衰。大气污染还破坏生态环境，引起病虫害种类和天敌种群发生变化，增加防治难度，增大用药成本等。

【预防方法】 最主要的预防方法是不要在有污染源的地方建园。

大气污染致年橘叶片受害

砖厂烟尘污染蕉柑叶片症状

二、柑橘螨害

蜱 螨 目

叶 螨 科

1.柑橘全爪螨

柑橘全爪螨（*Panonychus citri* McGregor），又名柑橘红蜘蛛、柑橘红叶螨、红蜱，潮汕地区称“红蚊”。我国柑橘产区均有分布。

【为害状】 以成螨、若螨和幼螨刺吸柑橘叶片、绿色枝梢和果实汁液，破坏叶绿体。被害处呈现出许多灰白色小斑点，严重时，叶片和果面灰白色，叶片提早脱落，甚至导致落果，树势衰弱，直接影响产量和品质。

【形态特征】 雌成螨约长0.39毫米，宽约0.26毫米，近椭圆形，紫红色，背面有13对瘤状小突起，每一突起上着生1根白色刚毛，足4对。雄成螨鲜红色，体略小，长约0.34毫米，宽约0.16毫米，腹部后端较尖，近楔形，足较长。卵扁球形，直径约0.13毫米，鲜红色，顶部有一垂直的长柄，柄端有10～12根向四周辐射的细丝，可附着枝叶表面。幼螨体长0.2毫米，色较淡，足3对，若螨与成螨相似，体较小，一龄若螨体长0.2～0.25毫米，二龄若螨体长0.25～0.3毫米，均有足4对。

【发生规律】 一年发生的代数与年平均温度有关。在年平均温度22℃以上的地区，年发生30代左右；年均温度20℃左右的地区，年发生代数可达20代；年均温度18℃的地区，年发生约16代；年均温度15～17℃的地区，年发生12～15代。田间世代重叠，各虫态并存。以成虫和卵越冬，暖冬年份可见若螨。在近叶柄处、枝条棱沟处、柑橘潜叶蛾为害的僵叶或枝条裂缝处越冬。其发生密度与温度、湿度、食料、天敌种群和人为等因素相关。一般气温在12～26℃有利发生。发育和繁殖的适宜温度为20～30℃。当相对湿度为85%时，25℃时完成1个世代约需16天，30℃时则为13～14天；冬季完成1代需63～71天。一年中春秋两季是发生严重期，或称“两个高峰”期。夏季高温对其生长不利，虫口密度有所下降。全爪螨行两性生殖，也可行孤雌生殖，孤雌生殖的后代为雄性。每雌可产卵30～60粒，春季世代卵量最多。卵主要产于叶背主脉两侧、叶面、嫩梢和果实上。

【防治方法】

（1）农业措施 冬季彻底清园，清理僵叶卷叶集中烧毁，以减少越冬虫源；园区实行生草栽培，保护园内藿香蓟类杂草和其他有益草类，或间种豆科类绿肥植物，调节园区温度、湿度，改善田间小气候，有利于捕食螨等天敌的栖息繁衍。

（2）生物防治 保护和利用自然天敌，如捕食螨、食螨瓢虫等食量大的天敌；人工引移释放捕食螨，“以螨治螨”。福建报道：释放胡瓜钝绥螨，每株脐橙挂1袋（1 000头），半个月红蜘蛛虫口减退率93.7%～97.6%，一个月虫口减退率达100%。释放时间广东地区一般为4月至5月上旬，8月中下旬至9月上旬。根据树冠大小，每株树挂1～2袋。释放捕食螨前必须控制红蜘蛛虫口数每叶在2虫以下时才能有明显效果，同时，禁止喷布杀伤捕食螨的农药。

（3）化学防治　加强虫情检查，局部性发生时实行挑治，减少全园喷药次数，当100片叶平均虫口在1～2头时，进行全面喷药防治；轮换使用农药，不滥用农药；采果后至春芽前喷73%克螨特乳油1 500倍液，松脂合剂8～10倍液，95%机油乳剂或99%绿颖矿物油100～200倍液，30%松脂酸钠水乳剂（虫螨清）1 500～2 500倍液。春芽和幼果期后应选用防治效果良好的专一性农药，药剂可选用20%哒螨灵可湿性粉剂1 500～2 000倍液，25%单甲脒水剂1 000～1 500倍液，1.8%阿维菌素乳油2 000～2 500倍液，24%螨危悬浮剂3 000～4 000倍液，印楝素“绿晶”或“全敌”0.3%乳油1 000倍液或川楝素0.5%乳油500倍液，苦参碱0.3%水剂500～800倍液等。

红蜘蛛为害叶面状

红蜘蛛为害春叶

红蜘蛛为害叶背状

果实受害状

贮藏脐橙被红蜘蛛为害状

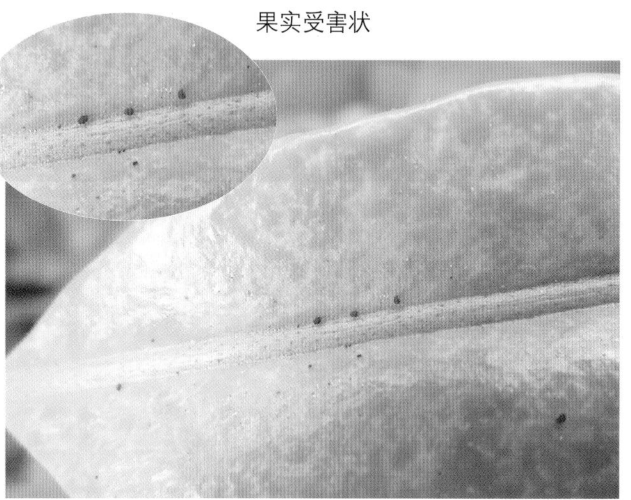

红蜘蛛成螨

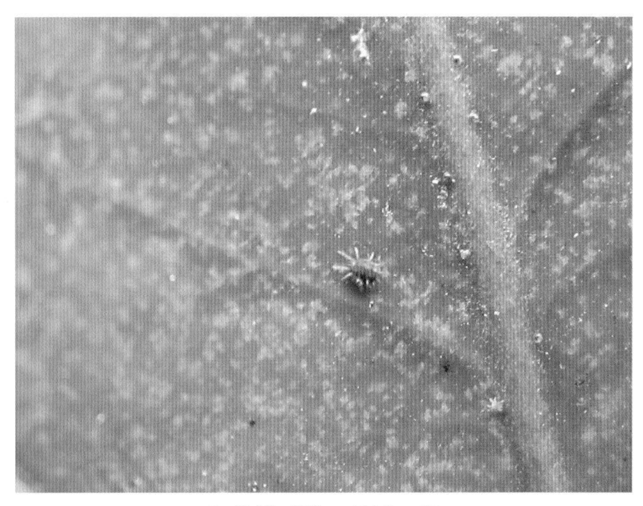

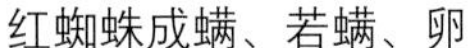

红蜘蛛成螨、若螨、卵

红蜘蛛成螨和卵

2.柑橘始叶螨

柑橘始叶螨（*Eotetranychus kankitus* Ehran），又称柑橘黄蜘蛛、柑橘四斑黄蜘蛛、柑橘六点黄蜘蛛。

【为害状】 成螨、若螨和幼螨常集中于叶背中脉或侧脉和叶缘处吸取寄主汁液，春梢嫩叶受害最重。受害叶片形成向上面突起、下面凹陷的黄色斑块，并有丝膜覆盖其上，严重发生时，叶片畸形扭曲，出现大量落叶、落花、落果和嫩梢枯死等现象，不但影响当年产量，而且导致树势衰退。

【形态特征】 雌成螨长椭圆形，长0.35～0.42毫米，体前端较小，后端肥大，足4对；体色随环境而异，有淡黄、橙黄和橘黄色，冬季体色较深；体背有7条横列的白色刚毛，背面有4个多角形黑斑。雄成螨较狭长，尾部尖削，足较长。卵圆球形表面光滑，初为淡黄渐变为橙黄色，上有1根丝状卵柄。幼螨初孵时淡黄色近圆形，足3对，约1天后雌体背面即可见4个黑斑；若螨足4对，前若螨似幼螨，后若螨似成螨，但比成螨略小，体色较深。

【发生规律】 年平均气温18℃左右的柑橘区年发生18代左右，世代重叠。除冬季外，田间各虫态并存。以卵和成螨在树冠内膛和中下部的叶背越冬。越冬成螨在气温1～2℃时停止活动，3℃以上开始活动取食，5℃左右能照常产卵，无明显的越冬现象，但卵多不孵化。早春开始繁殖，2～5月间大发生，3～4月最重，严重为害春梢。盛夏高温，虫口急剧减少，秋末开始虫口回升，而冬季低温对虫口数量的减少影响不大。气温在14～15℃时繁殖最快，生长发育适宜的温度为20～25℃，相对湿度为65%～80%。

【防治方法】 勤查果园，及时发现，及早防治。药剂选用可参考柑橘全爪螨。

黄蜘蛛为害状　　（郭俊提供）

黄蜘蛛为害状　　（郭俊提供）

柑橘黄蜘蛛为害状　　（郭俊提供）

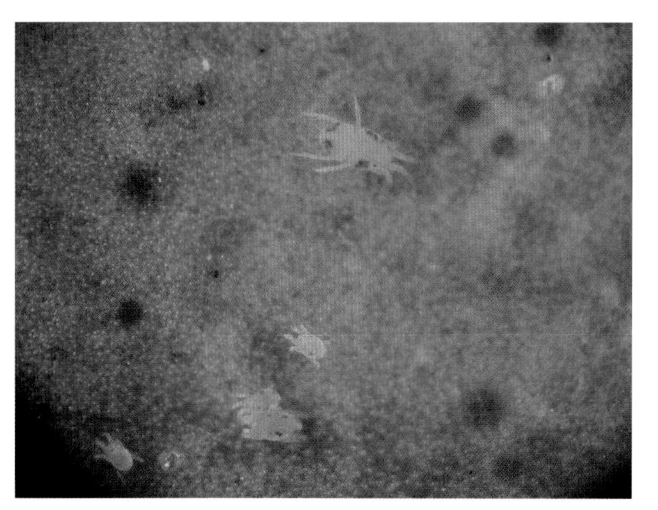

黄蜘蛛　　（郭俊提供）

3.柑橘裂爪螨

柑橘裂爪螨（*Schizotetranychus baltazarae* Rimando），在我国部分柑橘产区有发生。

【为害状】 以成螨、若螨刺吸叶片、果实表皮，吸取汁液，导致表皮失绿变成灰白色的圆形斑点或较大的斑块。

【形态特征】 雌成螨体长0.36毫米，椭圆形；浅黄色或淡黄绿色，体背两侧各有1行依体缘排列的4个暗绿色斑，背中部有3对浅色小斑，体毛短，足4对；体前部两侧有红色眼点1对。雄成螨体长0.3毫米，后部较尖削，体两侧各有5个暗绿色背斑，足4对。卵扁球形，乳白色，后淡黄色，表面光滑，顶端有1细长的卵柄。幼螨卵圆形，初期灰黄色，足3对。若螨体形似成螨，较小，黄色或黄绿色，可见体侧有深色斑点，足4对。

【发生规律】 在广东、福建、台湾1年可发生多代，完成1代约需24天。广东以成螨和卵越冬，次年春梢转绿期开始转移新叶为害，在叶片背面主脉两侧和叶缘处缀结白色丝膜，螨虫在该处栖息、产卵，尤以主脉两侧为多。春梢后渐向夏梢叶片转移，夏秋为盛发季节，叶片上成螨、若螨、幼螨和卵并存，至11月下旬仍见成螨为害。裂爪螨喜在树冠下部、荫蔽的枝叶和果实上取食，造成表面许多白色小斑，严重时小斑相连，斑斑点点。影响光合作用和树势。一旦发生，极难杜绝。

【防治方法】 参照柑橘始叶螨。

裂爪螨为害春甜橘果实

裂爪螨为害橘叶

裂爪螨成螨与卵

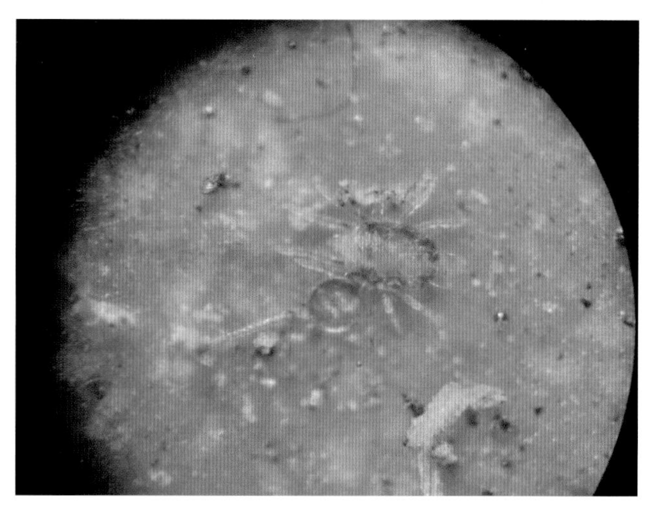

为害十里香的裂爪螨体色淡红（显微拍）

瘿螨科

1.柑橘锈瘿螨

柑橘锈瘿螨［*Phyllocoptruta deivora*（Ashmead）］，又名柑橘锈壁虱、柑橘锈螨、锈蜘蛛、柑橘刺叶瘿螨，俗称牛皮果、象皮柑、黑炭丸、黑皮果、铜病、乌皮蚊（潮汕）等。只为害柑橘，以柑、橘、橙、柚和柠檬受害普遍。

【为害状】 以成、若螨群集在柑橘叶片、果实、枝条上，以口器刺入表皮细胞吸食汁液。叶片、果实受害后油胞破坏，内含芳香油溢出被氧化而呈黄褐色或古铜色，故称黑炭丸、黑皮果、焙叶，或叶背成黑褐色网状纹。严重被害时，引起叶片硬化、畸形和幼果大量脱落，树势下降，果实品质低劣。

【形态特征】 成螨体长0.1～0.16毫米，楔形或胡萝卜形，初呈淡黄色，后渐变为橙黄色或橘黄色；头小向前方伸出，具颚须2对；头胸部背面平滑，足2对，腹部有许多环纹，腹末端有纤毛1对。卵圆球形，表面光滑，灰白色透明。若螨的形体似成螨，较小，腹部光滑，环纹不明显，腹末尖细，具足2对。第一龄若螨体灰白色，半透明；第二龄若螨体淡黄色。

【发生规律】 柑橘锈瘿螨每年发生的代数，随地区及气候的不同而异。在我国北亚热带橘区一年发生约18代，中亚热带橘区一年发生22代，南亚热带橘区一年发生24～30代。有明显的世代重叠。以成螨在柑橘枝梢的腋芽缝隙和害虫卷叶内越冬，也在柠檬秋花果的萼片下越冬，广东常在秋梢叶片上越冬。越冬成螨在春季气温上升到15℃左右时，即开始取食为害和产卵等活动。雌成螨为孤雌生殖，卵多分散产于叶背和果面凹陷处，也可产在枝梢上。当虫口密度大时也有数粒产在一起。每一雌螨产卵量可多至30～40粒。幼螨经两次蜕皮变为成螨。广东每年4月中旬锈螨逐渐向春梢叶片转移取食和产卵，5月上旬向幼果迁移，先在果萼周围为害，引起幼果大量脱落。锈螨的发生先在树冠下部和内膛叶片及果蒂部位，然后向树冠外围叶片和果实的朝阴面蔓延，繁殖增加，密度增大。高温的夏季和干旱的秋季是猖獗为害期。夏季高温干旱后降雨，有利于大发生，甚至可爆发成灾。

【防治方法】

（1）农业措施 果园生草，旱季适时灌溉，以减轻锈壁虱的发生与为害。

（2）生物防治 在多毛菌流行季节，减少或避免使用杀菌剂，特别是铜制剂防治柑橘病害，尽量使用选择性农药，以保护天敌，并使用多毛菌粉（每克700万菌落）300～400倍液喷布，增加益菌数量，控制锈壁虱为害。

（3）化学防治 定期用10倍放大镜检查叶背，若每个视野平均有锈瘿螨2头时，应立即喷药防治。药剂可选用70%安泰生（丙森锌）可湿性粉剂或80%大生M-45（代森锰锌）可湿性粉剂600～800倍液，65%代森锌可湿性粉剂600～800倍液，1.8%阿维菌素乳油3 000～4 000倍液，绿晶0.3%印楝素乳油1 000倍液，5%霸螨灵（唑螨酯）悬浮剂1 500～2 000倍液，45%晶体石硫合剂200～300倍液，液体石硫合剂

春季0.2～0.3波美度、夏季0.1～0.2波美度、秋季0.2～0.4波美度、冬季0.8～1波美度。喷药要均匀细致，树冠内膛和果实向阴面一定要充分、均匀着药。

锈瘿螨为害膨大期果实

沙糖橘锈瘿螨为害状

锈瘿螨为害叶片，背面呈“焙叶”

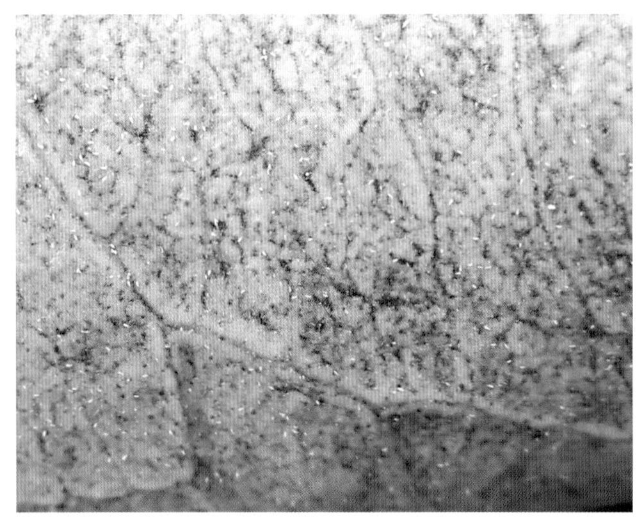

锈瘿螨为害叶片背面

锈瘿螨为害状

锈瘿螨虫体

黑皮果

锈瘿螨为害前期症状（未黑皮）

阳山橘黑皮果

*2.*柑橘瘿螨

柑橘瘿螨（*Eriophyes sheldoni* Ewing），又名柑橘瘤壁虱、柑橘瘤瘿螨，俗称胡椒子。仅分布在部分管理差的柑橘园。是国内的重要检疫对象。寄主植物只有柑橘类，主要为害红橘、甜橙、柚、四季橘及柠檬。

【为害状】 主要为害当年春梢嫩芽、嫩叶、花蕾、果柄及萼片等器官。嫩芽受害后，生长点被破坏，使其不能抽生，而形成3～4毫米直径的虫瘿，严重时春芽几乎全为虫瘿，致使柑橘不能开花结果，树势逐渐衰退。

【形态特征】 成螨体长0.12～0.20毫米，体色淡黄至橙黄，似胡萝卜形，头、胸合并，短而宽；头胸部前方有下颚须1对，各分3节，下颚须侧方有短足2对，各由5节组成；头胸背板上的花纹模糊，有3条纵线，中线间断，侧中线完整；腹部至尾板有环纹65～70环，腹、背面的环数相等；生殖器在腹面前端。卵长球形，长0.05毫米，宽0.03毫米，白色透明。幼螨初孵化时呈三角形，背面有环纹50环。若螨长0.12～0.13毫米，体形极似成虫，背面环纹约65环，腹面约46环。

【发生规律】 全年可见各虫态在瘿内生活，世代不详，但在冬季则以成螨占绝大多数。越冬成螨在次年2月下旬至3月中旬春芽抽出1～2厘米时，从旧瘿内爬迁至新芽上为害，形成新虫瘿。因新芽先后抽出，为害可延至4月。4月下旬，当春梢自剪后，虫瘿形成数量大为减少。而旧虫瘿内的虫口亦很少。新瘿内的虫口，在4～7月随着气温的增高而逐渐增多；在7月以后，则随气温的下降而渐减。一虫瘿常有数穴，瘤螨多群居在穴内，每瘿最多虫数达682头。夏秋梢的腋芽受害很轻。

柑橘瘿螨为害状

【防治方法】

（1）检疫　禁止从疫区调运苗木和接穗，如确系必需的繁殖材料，应将虫瘿剪除，并用50～55℃的热水浸5分钟，杀死虫瘿内外活螨。

（2）农业措施　初夏(5月)对被害植株进行重修剪，将带有虫瘿的枝条剪除销毁，并随即施肥，以促进新梢萌发；采果后进行冬季修剪。坚持几年，可基本控制柑橘瘤壁虱的发生为害。

（3）化学防治　春梢萌发期，每隔10天左右喷药1次，连续2～3次。药剂可选用50%辛硫磷乳油1 000～1 500倍液，40.7%乐斯本乳油1 000～1 200倍液，35%克蛾宝（阿·辛）乳油1 500倍液，45%晶体石硫合剂200倍液等。

跗线螨科

侧多食跗线螨

侧多食跗线螨［*Polyphagotarsonemus latus*（Banks)］，又名茶黄螨、嫩叶螨、白蜘蛛、半跗线螨。为害柑橘等，广东多在柑橘苗木上为害。

【为害状】 可为害柑橘的嫩梢、腋芽及幼果。嫩梢受害后生长细长而弱，枝梢表皮白色龟裂，在湿度大的情况下诱发炭疽病引起枯梢。嫩梢叶片受害后呈增生状畸形，叶片在伸展前期受害，无法展开而硬化内卷，害螨聚集于其中；伸展中期受害，叶片形成不规则畸形，畸形多从叶尖或叶缘向叶基发展，被害部位叶肉增厚，僵硬，停止生长，表皮白色龟裂状，失去光泽，易脆、易落。田间可见与潜叶蛾复合为害，加重叶片畸形。叶片转绿老熟后不再出现被害状。腋芽受害使其抽梢受阻，轻者抽生推迟，梢丛生，重者不能抽生，芽节肿大。幼果受害造成果皮细线状开裂，后期愈合成龟裂状疤痕。

【形态特征】 雌成螨椭圆形，体长0.20～0.25毫米，宽0.11～0.16毫米，淡黄色至黄色或黄绿色，半透明，具光泽；沿背中线有一白色条纹，由前向后逐渐增宽；足4对，第4对足细而退化。雄成螨近棱形，扁平，尾部稍尖，长0.12～0.20毫米，宽0.05～0.12毫米，淡黄色至黄绿色；前足体、后足体和末体上分别有背毛3～4对、3对和2对；4对足大而粗壮。卵椭圆形，底部扁平，长0.10～0.13毫米，宽0.05～0.09毫米，无色透明，表面有6～8列纵横排列整齐的乳白色突起。幼螨体近椭圆形，末端渐尖，初孵时白色，后趋透明。若螨纺锤形，淡绿色，长0.12～0.25毫米，宽0.06～0.10毫米。雌若螨体形丰满，雄若螨则较瘦长。

【发生规律】 一年发生40～50代，以成螨在绵蚧卵囊下、盾蚧类残存的介壳内或杂草等的根部越冬，5月底以前在辣椒等其他作物上为害，6月初部分迁移到柑橘上。6～7月和9～10月为盛发期，11月后显著减少。适宜发育的温度为25～30℃。卵多产于嫩叶背面、叶柄和幼芽的缝隙内。幼螨、若螨和成螨均在嫩叶背面为害。受害嫩叶变黄褐色，僵化，皱缩，叶缘反卷，如果腋芽受害，失去抽梢能力。在较密闭、潮湿的环境下最有利于该螨的发生为害。温室、网塑大棚的发生和为害尤烈。幼螨、若螨和雌成螨均不太活跃，主要借风力、苗木、昆虫和鸟类传播。雄成螨则较活泼，爬行迅速，交配时常将雌成螨背在背上不断地爬行。

【防治方法】

（1）农业措施 清除园区内外的杂草和彻底清除落果、落叶和残枝，并集中焚烧；不在柑橘园区和园内种植茄科类作物，以减少发生和传播机会；保持柑橘园通风透光，恶化其繁殖的环境条件；柑橘网棚育苗地的管理要清洁通风，及时排除积水，保持地面干爽，并及时喷药杀虫杀螨。

（2）化学防治 喷药的重点为嫩芽、嫩叶、花和幼果。药剂可选择50%硫黄胶悬剂200～300倍液，液体石硫合剂0.2～0.4波美度，晶体石硫合剂250～300倍液，70%安泰生可湿性粉剂600～800倍液，73%克螨特乳油1 500～2 000倍液，绿晶0.3%印楝素乳油1 000倍液，或其他一些杀虫杀螨兼有的混配药剂和植物源或矿物源杀虫剂。

侧多食跗线螨为害状

三、柑橘虫害

（一）同翅目

盾蚧科

1.矢尖蚧

矢尖蚧［*Unaspis yanonensis* (Kuwana)］，又名箭头介壳虫、矢尖介壳虫、矢尖盾蚧、矢根蚧、箭形纵脊介壳虫、箭羽竹壳虫等。我国各柑橘产区均有分布，是一种重要的介壳虫。

【为害状】 以成虫、若虫固定于叶片、果实和嫩梢上吸食汁液，使叶片褪绿变黄，果实被害处呈黄绿色斑，果畸形，外观差，果品劣，并诱发烟煤病。严重发生时，叶枯枝干，树势衰弱，甚至死亡。

【形态特征】 雌成虫介壳长形稍弯曲，褐色或棕色，长约2.0～3.5毫米，前端尖，形似箭头，中央有一明显纵脊，前端有两个黄褐色壳点。雌成虫橙红色，长形，胸部长腹部短。雄成虫体橙红色，复眼深黑色，触角、足和尾部淡黄色，翅一对、透明。卵椭圆形，橙黄色。初孵的活动幼蚧体扁平，椭圆形，橙黄色，复眼紫黑色，触角浅棕色，足3对淡黄色，腹末有尾毛1对；固定后体黄褐色，足和尾毛消失，触角收缩，雄虫体背有卷曲状蜡丝。二龄雌虫介壳扁平、淡黄色、半透明，中央无纵脊，壳点1个，虫体橙黄色。二龄雄虫淡橙黄色，复眼紫褐色，初期介壳上有3条白色蜡丝带形似飞鸟状，后蜡丝不断增多而覆盖虫体，形成有3条纵沟的长桶形白色介壳，前端有黄褐色壳点。预蛹和蛹长卵形，淡橙黄色，复眼红褐色，蛹的尾片突出。矢尖蚧雌虫为渐变态，有3个虫期：一、二龄若虫期和三龄成虫期。雄成虫相似于全变态，有5个虫期：游动若虫、定居型一龄若虫、预蛹、蛹和成虫。

【发生规律】 一年发生2～4代，田间世代重叠，以雌成虫和少数幼龄若虫越冬，每年4～5月当日平均气温达到19℃时，越冬雌成虫开始产卵于壳下。10月份以后当日平均气温低于17℃停止产卵，每头雌成虫平均产卵38～165粒，产卵量以越冬代最多。在田间，一龄若虫分别于5月上旬、7月中旬和9月下旬出现3次高峰，12月下旬至次年4月中旬基本绝迹。广东杨村每年4月中旬开始，可见游动若虫，由于越冬虫态不整齐，田间第一代出现了双峰但以第一峰发生最多。温暖湿润有利于矢尖蚧生存，高温干燥可使矢尖蚧幼蚧大量死亡。密植柑橘园树冠交叉郁闭、疏于管理的果园易使矢尖蚧盛发，大树发生矢尖蚧较幼树重。

【防治方法】

（1）农业措施 3月份以前及时剪除虫枝、荫蔽枝、干枯枝集中焚烧，减少虫源；改善橘园通风透光条件，减轻矢尖蚧为害；发现果面和枝梢有矢尖蚧为害，及时清除，集中处理。

（2）生物防治 矢尖蚧的主要天敌有整胸寡节瓢虫、湖北红点唇瓢虫、方头甲、矢尖蚧小蜂、花角蚜小蜂、黄金蚜小蜂和寄生菌红霉菌等，应加以保护和利用。

（3）化学防治 重点应放在第一代一、二龄若虫期。在4月中旬起经常检查当年春梢或上一年秋梢枝叶，当游动若虫出现时，应在5天内喷药防治。药剂可选用40%水胺硫磷乳油800～1 000倍液，25%喹硫磷乳油1 200倍液，50%乐果乳油800～1 000倍液，40.7%乐斯本乳油1 000倍液，相隔15～20天再喷1次，连续2次。形成介壳后，可选择40%杀扑磷乳油600～800倍液喷布。冬季清园期和春芽萌发前，可喷布松脂合剂8～10倍液，30%松脂酸钠水乳剂1 000～1 200倍液，99.1%敌死虫（机油乳剂）、99%绿颖矿物油或95%机油乳剂100～150倍液。

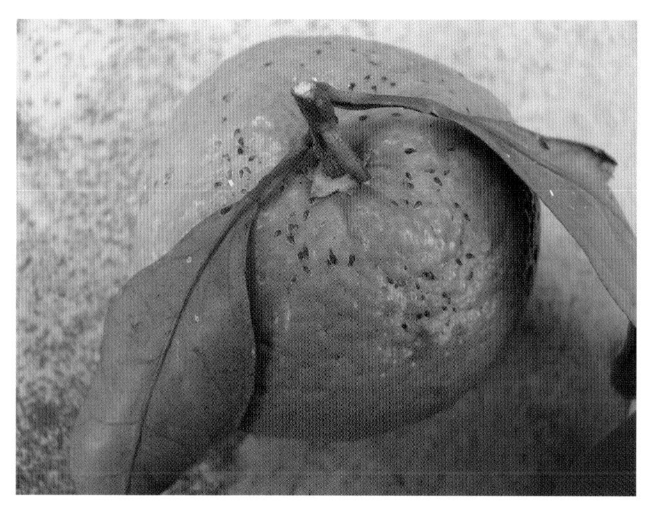

矢尖蚧为害状

矢尖蚧在果实上的为害状

果实上的矢尖蚧

甜橙果上矢尖蚧幼蚧、雌蚧和雄蚧

矢尖蚧雌蚧

受矢尖蚧严重为害的枝条

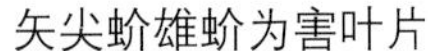
矢尖蚧雄蚧为害叶片

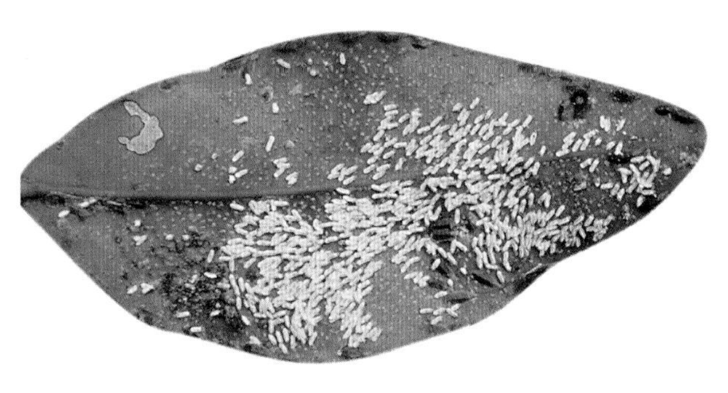

矢尖蚧雄蚧(白)和雌蚧

2.糠片蚧

糠片蚧（*Parlatoria pergandii* Comstock），又名灰点蚧、圆点蚧、龚糠蚧、广虱蚰。我国柑橘产区均有发生，寄主植物近200种。

【为害状】 成虫和若虫聚集固定在叶片、枝干和果实上吸取寄主汁液，果实被害处出现绿色斑点，严重时，引起枝枯叶落，树势衰退，产量减少，果品质劣。

【形态特征】 雌成虫介壳长1.6～2.2毫米，形状和色泽变化较大，似糠壳，边缘极不整齐；第一次蜕皮壳极小，椭圆形，暗绿褐色或暗黄绿色；第二次蜕皮壳较大，近圆形，略隆起，接近介壳边缘，深橙黄色、黄褐色或近黑褐色。雌成虫淡紫色，近圆形或宽椭圆形，长约0.8毫米，紫褐色。雄虫介壳灰白色或灰褐色，狭长形，长约1毫米；蜕皮壳1个，椭圆形，暗绿褐色，附着于介壳的前端。雄成虫淡紫色，有触角和翅各1对，翅脉动2叉，足3对，腹末有针状交尾器。卵淡紫色，椭圆形或长卵形，长约0.3毫米。若虫初孵时体扁平，长约0.3～0.5毫米，有足3对。雌若虫圆锥形，雄若虫长椭圆形，均为淡紫色。固定后触角和足均退缩。雄蛹淡紫色，略呈长方形，长约0.55毫米，宽约0.25毫米，腹末有尾毛1对，并有发达的交尾器。

【发生规律】 以雌成蚧和腹下的卵在柑橘的枝叶、树干上越冬，越冬卵在次年4月中旬开始孵出幼蚧为“爬虫”，爬向春梢枝叶为害为第一代。第二代开始向果实迁移为害，在果实上继续繁殖，使果实表面密布介壳。靠风雨、苗木运输传播。重庆各代发生盛期分别为5月下旬、7月下旬至8月上旬，9月中旬至10月上旬和11月上、中旬，世代重叠现象十分严重。从周年发生来看，雌成蚧和幼蚧主要发生在7～12月，9～10月雌成蚧密度最大，7～11月幼蚧密度始终保持在一个比较稳定的水平。4月雌成蚧和幼蚧虫口密度最低。夏秋季由于幼蚧没有介壳保护，死亡率相当高。雌成蚧周年可以产卵，四季均有幼蚧孵出，但均以雌成蚧居多，一年中唯7～8月，幼蚧数量多于雌成蚧。雌成蚧产卵孵化及腹下幼蚧高峰在5～10月，其余时间较少。糠片蚧喜欢寄生在荫蔽或光线不足的枝叶上，尤以蜘蛛网下或植株下部内膛，有尘土的枝叶上更密集；果实上多在果皮凹陷处，尤以果蒂附近较多。在温暖、潮湿、光照不足、管理粗放的柑橘园受害较重；滥用药剂或无度使用药剂，可促使糠片蚧猖獗；同一树树冠的上中下层受害依次加重，在田间分布不均一，往往是点片成灾。

大枝上的糠片蚧

叶片上的糠片蚧

糠片蚧为害甜橙果实

糠片蚧在果实上为害

糠片蚧为害状

糠片蚧为害沙糖橘

【防治方法】 参考矢尖蚧防治。

3.褐圆蚧

褐圆蚧［*Chiysomphalus aonidum*（Linnaeus)］，又名鸢紫褐圆蚧、茶褐圆蚧、黑褐圆盾蚧。我国西南、华南、东南柑橘产区发生多。

【为害状】 成虫和若虫在叶片、果实及枝条上刺吸汁液。叶片被害，呈现黄色斑点，影响光合作用；果实受害虫体黏附果面，呈现累累斑点，果品次劣，甚至引起落果。严重发生时，叶黄枝枯，树势衰弱。

【形态特征】 雌成虫介壳圆形，直径1.5～2.0毫米，紫褐色，边缘淡褐色或灰白色；中央隆起，向边缘斜低，壳面环纹密而明显，形似草帽状；壳点圆形，重叠于介壳中央，第一壳点极小，状如帽顶，为金黄色或红褐色，第二壳点暗紫红色。雌成虫体长约1.1毫米，淡橙黄色，倒卵形，头胸部最宽，腹部较长。雄成虫介壳椭圆形或卵形，长约1毫米，色泽与雌介壳相似，但蜕皮壳偏于一端。雄成虫虫体长约0.75毫米，淡橙黄色，足、触角、交尾器及胸部背面均为褐色，有翅1对、透明。卵淡橙黄色，长卵形，长约0.2毫米。若虫卵形，淡橙黄色，一龄体长0.23～0.25毫米，足3对，触角、尾毛各1对，口针较长；二龄除口针外，足、触角、尾毛均消失。雄二龄后期出现黑色眼斑，前蛹和蛹均有触角、眼、翅芽和足芽，蛹翅芽较长，腹末出现锥形突的交尾器。

【发生规律】 褐圆蚧在湖南和陕西每年发生3代，福建福州每年发生4代，台湾每年发生4～6代，广东每年发生5～6代，后期世代明显重叠。以若虫越冬为主。卵产于介壳下母体的后方，经几小时至2～3天后孵化为若虫。初孵游荡若虫(爬行期)活动力强，爬出母介壳后，转移到新梢、嫩叶或果实上取食。经1～2天即在叶面、枝条和果实上固定，并以口针刺入组织为害。雌虫若虫期蜕皮2次，第二次蜕皮后变为雌成虫；雄虫若虫期共2龄，经前蛹和蛹变为雄成虫。在福州，各代一龄若虫的始盛期为5月中旬、7月中旬、9月上旬及11月下旬，以第2代的种群增长最大。繁殖力与营养条件有密切关系，寄生于果实上的雌成虫繁殖力明显比叶片上的强。天敌的密度亦对褐圆蚧的种群有重大影响。

【防治方法】

（1）农业措施　结合冬季清园修剪，剪除带虫枝叶集中烧毁，减少虫源。

（2）生物防治　注意保护利用天敌。

（3）化学防治　以冬季清园喷药为重点，并抓好各代初孵若虫期的喷药防治，尤以第一代游动若虫期的防治为重。选用药剂可参考矢尖蚧。

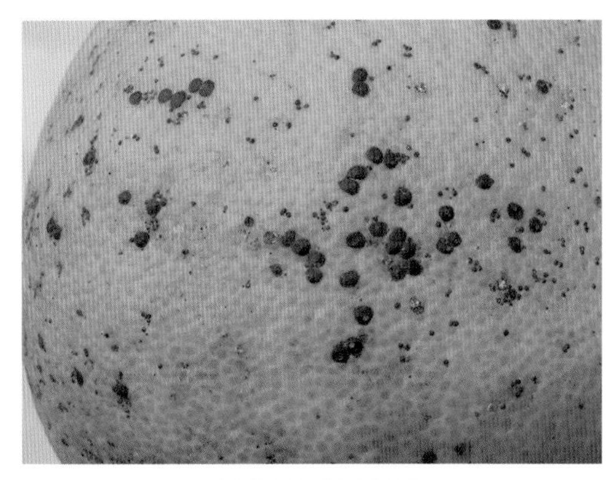
柚果面上的褐圆蚧

广佛手上的褐圆蚧

褐圆蚧为害叶片

4.红圆蚧

红圆蚧（*Aonidiella aurantii* Maskell），又称红圆蹄盾蚧、红圆介壳虫。分布于我国广东、广西、浙江、福建、台湾、四川、重庆、云南等省（自治区、直辖市），新疆、内蒙古、辽宁在温室中有发现。

【为害状】　雌成虫、若虫群集于叶片、枝条、果实上吸取汁液，以1～2年生枝为普遍，也可寄生在主枝、主干上。叶片的正背两面均可受害，致叶片出现黄斑，早落，枝梢衰弱或枯死，树势衰退。

【形态特征】　雌成虫介壳近圆形，直径1.8～2.0毫米，橙红色，半透明，隐约可见虫体；有壳点2个，为橘红色或橙褐色，不透明，第一壳点位于中央，稍隆起。雌成虫体肾脏形，体长1.0～1.2毫米，淡橙黄色。雄虫介壳椭圆形，长约1.1毫米，初为灰白色，后变为暗橙红色；有壳点1个，圆形，橘红色或黄褐色，偏于介壳前端。雄成虫体长约1毫米，橙黄色，眼紫色，有足3对，触角和翅各一对，翅展约1.8毫米，尾部有一针状交尾器。卵椭圆形，淡黄色至橙黄色。初孵的游动若虫黄色，广椭圆形，长约0.2毫米，宽约0.14毫米，有触角及足；固定后的一龄若虫近圆形，直径约0.18毫米，并分泌白色蜡质覆盖全体；二龄时其足和触角均消失，近杏仁形，橘黄色；后变为肾脏形，橙红色，介壳渐扩大变厚。

【发生规律】　以雌成虫和若虫在枝叶上越冬。年发生代数因各地气温而异，我国的主要柑橘产区为3～6代。卵期极短，产出后很快孵化，近似卵胎生。初孵的游荡若虫在母体下停留一段时间（几小时至2天）后，多于日间午前爬出介壳，游动一段时间（1～2天）后固定下来取食为害。雌虫喜欢固定在叶片的背面，雄虫则以叶片正面较多。若虫固定后1～2小时即开始分泌蜡质，逐步形成介壳。雌若虫蜕皮3次变为成虫，雄若虫蜕皮2次变为预蛹，再经蛹变为成虫。初孵若虫也可借风力、昆虫和雀鸟等活动传播。严重发生时，枝条和叶片虫口密布重叠，使叶片枯黄，枝条枯死。

【防治方法】　参照褐圆蚧和矢尖蚧。

红圆蚧为害状

红圆蚧为害枝叶

叶面上的红圆蚧

叶背面的红圆蚧

*5.*黑点蚧

黑点蚧［*Parlatoria zizyphus*（Lucus）］，又名黑片盾蚧、黑星蚧、方黑点蚧等。国内各柑橘产区均有分布。

【为害状】 以成虫和若虫群集叶片、枝条和果实上为害，严重时影响光合作用，枝叶枯干，果形不正，影响果实的外观和内在品质，导致树势衰退，产量下降。

【形态特征】 雌成虫介壳长约1.6～1.8毫米，宽约0.5～0.7毫米，近长方形，两端略圆，漆黑色，一龄若虫蜕皮壳椭圆形，位于二龄若虫蜕皮壳的前端，二龄若虫蜕皮壳大，呈长方形，背面有两条纵脊，后缘附有灰白色薄蜡片。雌成虫的虫体椭圆形，淡紫色，前胸两侧有耳状突起。雄成蚧的介壳较小而狭，长约1.0毫米，宽0.5毫米，淡黄色，一龄若虫蜕皮壳黑色，位于介壳前端，后缘附灰白色薄蜡片。雄成虫的虫体紫红色，翅1对。卵长0.25毫米，紫色。幼蚧的体长0.3毫米，固定后分泌白色绵状蜡质，体色渐深。

【发生规律】 一年3～4代，以卵在雌介壳下越冬。世代重叠，发生极不整齐。4月下旬初孵幼蚧开始向当年生春梢迁移固定为害；5月下旬开始有少数幼蚧向果实迁移为害；6～8月在叶片和果实上大量发生为害；7月上旬以后果上虫口日渐增加；8月中旬又转移到夏梢叶片上为害。每一雌成虫能孵出幼蚧50余头。初孵若虫离开母体后，迁移至叶片、果实上为害，枝条上发生较少。主要借风力传播。荫蔽园地和生长衰弱的植株，有利于其繁殖。

【防治方法】 越冬雌成蚧在每叶2头以上时，当年应注意防治。药剂防治重点在5～8月的一龄幼蚧高峰期进行。其余可参考矢尖蚧的防治方法。

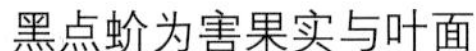
黑点蚧为害果实与叶面

黑点蚧为害果实和叶背

6. 长牡蛎蚧

长牡蛎蚧［*Lepidosaphes glouerii* (Pack.)］，分布在我国四川、重庆、福建、河北、华中各省，广东局部有少量发生。

【为害状】 主要为害枝、叶，也为害果实。受害严重者，枝枯、叶片早落。

【形态特征】 雌成虫介壳特别细长而狭，长2.5～3.25毫米，后端稍宽，两侧几乎平行或微弯，隆起，有狭的平边。壳点突出于前端，淡黄色。腹壳灰白色，有较大的裂缝，虫体明显可见。雌虫虫体狭长，长1.5～2毫米，分节明显，中胸以前部分占身体全长的一半，后端略宽，黄褐色，臀板黄色或红褐色。雄虫介壳略似雌虫，稍小，长约1.5毫米，淡黄褐色，边缘白色，壳点黄色。雄成虫虫体狭长，体长0.65毫米，翅长约0.7毫米，胸腹间同样粗细，淡紫色。卵初产时白色，后变淡紫色，椭圆形，长0.25毫米，在介壳内整齐排列成两行。若虫初龄体椭圆形，体长0.25～0.36毫米，淡紫色；二龄若虫长椭圆形，体长0.37～0.55毫米，淡紫色。

【发生规律】 一年发生2～3代，田间世代重叠。以受精雌成虫在枝叶上越冬，翌春3月产卵，第一代若虫的孵化期在5月，第一代成虫发生在7月；第二代若虫的孵化期在8月，第二代成虫发生在10月。多寄生在枝梢上和叶面上，也在果实上为害。在枝叶荫蔽部位比较集中，为害严重引起煤烟病。

【防治方法】

（1）农业措施 结合整枝，剪除有虫枝叶烧毁。当枝叶上有虫时，轻者可用毛刷刷除。

（2）生物防治 保护和利用天敌昆虫，如橘长缨蚜小蜂、红点唇瓢虫等。

（3）化学防治 若虫孵化期，喷用40.7%乐斯本（毒死蜱）乳油1 000倍液，48%乐斯本乳油1 500倍液，或25%喹硫磷乳油1 000～1 200倍液，或50%辛硫磷1 000倍液。后期介壳增厚，应改用40%杀扑磷乳油600～700倍液或喷布机油乳剂150～200倍液。

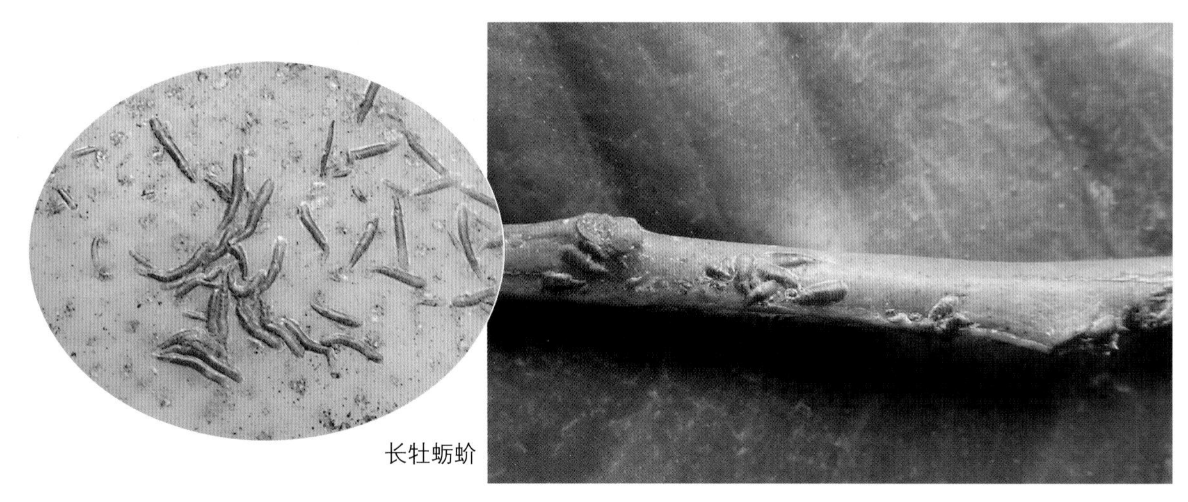

长牡蛎蚧

7. 紫牡蛎蚧

紫牡蛎蚧［*Lepidosaphes beckii* (Newm.)］，又名黄牡蛎介壳虫。

【为害状】 以若虫、成虫群集于叶片和果面上吸取汁液，果面受害出现绿色斑痕，使萼片带有污垢或干枯，在枝、叶片上为害，造成黄斑，小枝枯死，严重时引起枝条皮层开裂。

【形态特征】 雌成虫介壳长1.5～2.5毫米，背面稍隆起，前端细小，稍弯向一侧，后端圆宽，壳面有似贝壳的弧形线。雌虫体淡黄色，前窄后宽。雄成虫介壳体型略同于雌介壳，但较直而小，长约1.5毫米；虫体灰白色，眼黑色，触角、足褐色，翅透明，体长0.9毫米。卵长椭圆形，灰白色。若虫固定后，开始分泌蜡丝覆盖虫体。

【发生规律】 一年发生2～3代，每只雌虫产卵50～100粒，卵产于介壳下，排列成行。若虫孵出后，雄虫经50天左右、雌虫约经65天化为成虫。在华南地区每年3～4月、5～6月和9～10月为若虫较多发生的3个时期。此虫在广东沙田柚上常见为害。

【防治方法】 参考褐圆蚧的防治。

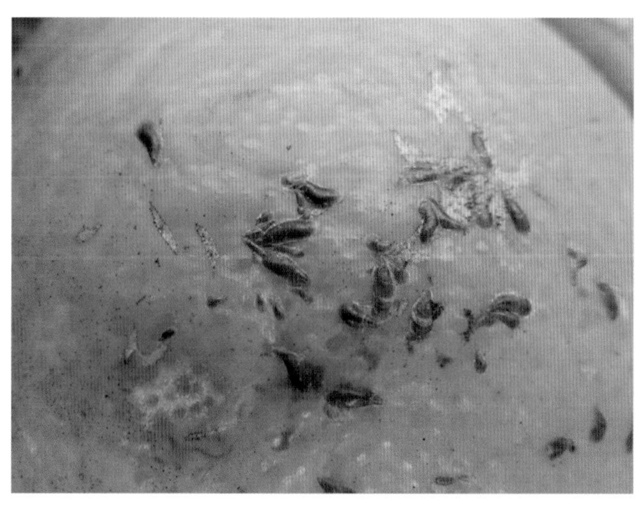

紫牡蛎蚧

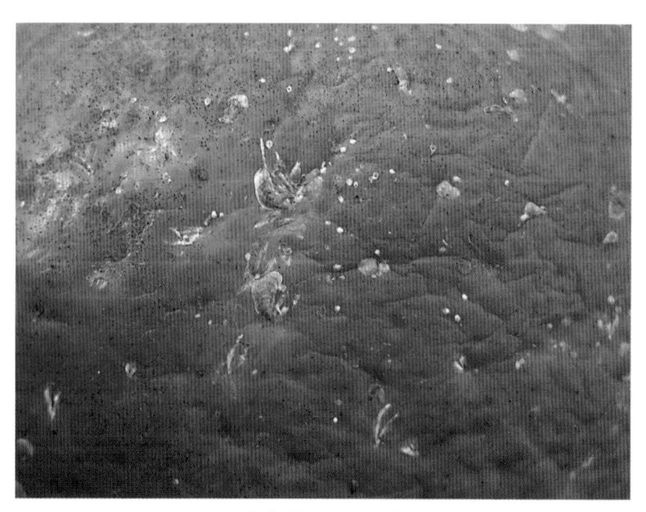

紫牡蛎蚧及白色幼蚧

8. 白轮蚧

白轮蚧（*Aulacaspis citri* Chen），又称柑橘白轮盾蚧、柑橘白轮蚧。多分布在四川、云南、江西、重庆等省（自治区、直辖市）。

【为害状】 成虫、若虫为害枝、叶和果实，造成枝梢干枯，叶片脱落，树势衰弱，果实外观差，品质下降。

【形态特征】 雌成虫介壳圆形，直径约3毫米，薄而微隆起，白色；壳点浅黄色，位于近中心处。雌成虫体长约1毫米，淡红色，头胸特别膨大，两肩角明显突出，长有长毛1根。雄成虫介壳狭长，长方形，白色，有并列的纵脊3条，壳点浅黄色。多数雄蚧聚在一起时，常见到介壳上有卷曲、稀疏的白色蜡毛。雄虫体瘦长，平均体长0.48毫米，除胸部浅黄色、复眼黑色外，均为淡橙黄色。触角10节，翅1对无色。卵长椭圆形，长约0.19毫米，紫色，表面具有网状纹。若虫初孵化时卵圆形，扁平，黄色，上有紫色斑；固定后，渐分泌卷曲蜡毛；蜕皮后，虫体呈圆形，橙色。触角缩短，腹背分节明显，背脊显著突起。

【发生规律】 四川一年发生4～5代，多以未交配的雌成虫越冬，世代发生极不整齐，田间各虫态并存。第一代初龄幼蚧于3月底至4月上旬发生；第二代初龄幼蚧于6月底至7月上旬发生；第三代于8月发生；第四代9月初发生；11月出现第五代。雌虫蜕皮两次即为成虫，雌成虫散生或数个密集在一起，时有互相重叠，多为害叶片、果实、枝梢，主干上少见。每头雌虫能产卵100余粒。雄虫群集于叶背，蜕皮1次后为前蛹，第三次蜕皮后为成虫。

【防治方法】

（1）修剪虫枝，减少虫源；加强肥水管理，增强树势。

（2）搞好虫情测报，抓准第一代若虫期喷药。在确定第一代若虫初见之后的21天、35天、56天各喷一次有效药剂。可选用40.7%乐斯本乳油或25%喹硫磷乳油1 000～1 200倍液，40%速扑杀乳油800～1 000倍液，25%优乐得（噻嗪酮）乳油1 500倍液，99.1%敌死虫（机油乳剂）、99%绿颖矿物油或95%机油乳剂100～200倍液。

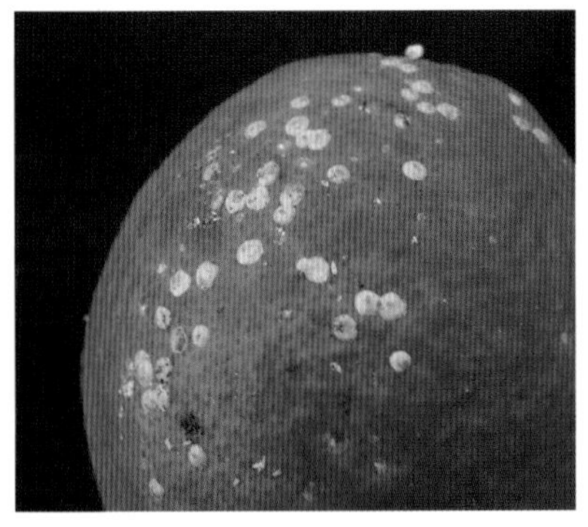
白轮蚧和雄蚧(长形)

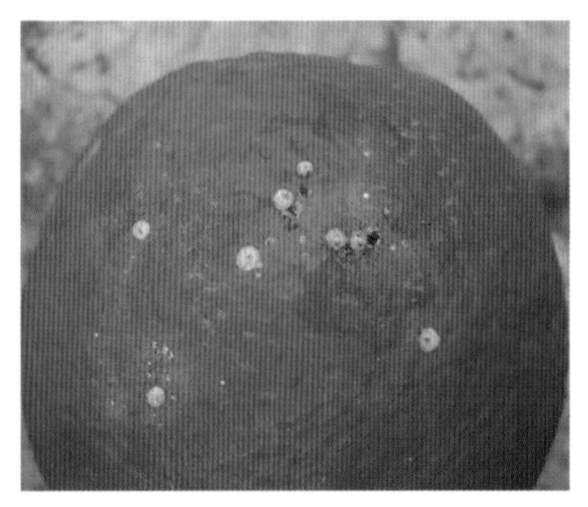
白轮蚧和卵粒

白轮蚧

蜡蚧科

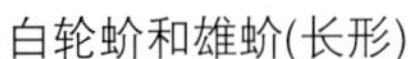

1.龟蜡蚧

龟蜡蚧（*Ceroplastes floridensis* Comstock），又称日本蜡蚧、枣龟蜡蚧。我国分布于浙江、江苏、福建、湖北、广东、陕西、重庆等省（直辖市）。日本等东亚地区均有分布。已知寄主植物多达50多种。

【为害状】 若虫和雌成虫常单头或群集在枝梢或叶片上吸取汁液，排泄蜜露致煤烟病发生，严重发生可使枝条枯死，树势衰弱。

【形态特征】 雌成虫体被一层厚的白蜡壳，呈椭圆形，长4～6毫米，背面隆起似半球形，中央隆起较高，表面具龟甲状凹纹，边缘蜡层厚且弯卷由8块组成；活虫蜡壳背面淡红，边缘乳白，死后淡红色消失；活虫体淡褐至紫红色。雄体长1.0～1.4毫米，淡红至紫红色至深褐色，头及前胸背板色较深，眼黑色，触角丝状，10节，翅1对，半透明，具2条粗脉，足细小，腹末略细。卵椭圆形，长0.2～0.3毫米，初淡橙黄色，孵化前紫红色。若虫初孵体长0.4毫米，短椭圆形，扁平，淡黄褐色。复眼黑色，触角和足发达，灰白色，腹末有1对长毛。二龄若虫体背被白色蜡壳，周缘有13个星芒状蜡角，头部较长，尾端的较短。后期蜡壳加厚增大，雌雄蜡壳形态分化，雄虫蜡壳长椭圆形，周围有13个蜡角似星芒状，雌虫蜡壳椭圆形，星芒状蜡壳逐渐消失，周围形成8个圆形蜡突。雄蛹为裸蛹，椭圆形，平均长约1.2毫米，紫褐色，翅芽色较深，性刺笔尖状。

【发生规律】 年发生1代，受精雌虫主要在1～2年生枝上越冬。福建一年发生2代，以若虫越冬。浙江金华4月下旬开始产卵，5月产卵盛期，5月下旬至6月中旬若虫出现，直至8月初结束。雌虫在7月上旬开始迁移到新梢上为害，雄虫则多寄生在叶片的叶柄和叶脉处。9月中旬至10月中旬，雌虫产卵期一般7～10天，每雌产卵达1 000～2 000粒，多者可达4 000粒。产卵量随寄主植物和营养条件不同而异。卵期21～30天，初孵若虫先在母体下停留几天后才爬出，先在小枝上活动，并爬到叶片上作短暂取食，再游荡寻找固定位置，当固定12～24小时后，体背即分泌蜡质，出现两列白色蜡点，随后蜡点相连成条状，虫体周围出现白色芒星状蜡角。雌虫在叶片上为害1～2月后再转向枝条。雄虫则在蜡壳下，经前蛹蜕皮化蛹，蛹期平均9天。雄虫羽化1～2天后，从蜡壳飞出，能多次交尾，寿命1～3天。可行孤雌生殖，子代均为雄性。

【防治方法】

（1）加强苗木、接穗、砧木检疫，防止将虫带进新区。

（2）保护和引放天敌。

龟蜡蚧

（3）严重发生时，应及时喷药杀灭。冬季清园期至春芽萌发前，选用松脂合剂8～10倍液，30%松脂酸钠水剂1 000～1 500倍液，95%机油乳剂100～150倍液，99%绿颖矿物油100～200倍液，99.1%敌死虫乳剂80～100倍液；发芽前喷含油量10%的柴油乳剂；嫩芽期或花期、幼果期，掌握游荡若虫未分泌蜡质时喷布有机磷等药剂，如50%马拉硫磷乳油600～800倍液，48%乐斯本乳油1 200～1 500倍液，40%速扑杀（杀扑磷）乳油800～1 000倍液或0.3%印楝素乳油1 000倍液。

2. 角蜡蚧

角蜡蚧（*Ceroplastes ceriferus* Green），又称角蜡虫、白蜡蚧。我国广泛分布。

【为害状】 若虫和雌成虫刺吸寄主植物的汁液，导致枝叶干枯，树势衰弱，以致死亡。严重发生时，还引起煤烟病。

【形态特征】 雌成虫蜡壳灰白色，呈半球形，背面中央呈角状突起，周围有8个角状小突，连蜡质层长约8毫米。雌虫虫体红褐色，末端肛管明显突出。雄虫蜡壳较小，呈放射状，成虫体长1.3毫米，翅1对，半透明。卵椭圆形，赤褐色。若虫长椭圆形，红褐色。也有人认为我国的角蜡蚧应为伪角蜡蚧。

【发生规律】 一年发生1代，以受精雌虫在寄主上越冬。到第二年5～6月产卵于雌虫体下，6月中旬开始孵化，经短期游荡爬行后，固着于枝梢上为害。9～10月雄虫羽化，与雌成虫交尾。雌成虫经交配后，陆续孕卵，卵产于虫体腹面，随着产卵量增加，成虫腹面渐渐凹入，用以藏卵。卵大多在白天孵化，刚孵出的若虫在蜡壳内稍作停留后，即从蜡壳腹面爬出，固定后呈放射形泌蜡，共13个蜡角，其中头端1个较粗大，腹末2个较短小。若虫蜕皮2次，第一次蜕皮后，蜕皮及蜡壳留在背部，分泌椭圆形或圆形白色蜡质，并将一龄若虫的蜡壳抬高，在中央处分泌大量白色蜡质，堆积成角状突起。3龄若虫蜡壳继续加厚，当出现弯钩状蜡角时，若虫已老熟即蜕变成成虫。

角蜡蚧

【防治方法】 参考龟蜡蚧。

3. 褐软蚧

褐软蚧（*Coccus hesperidum* Linnaeus），别名软蚧、褐软蜡蚧、歪褐软蚧。我国分布广泛。源于东亚旱区，后经日本输入美国，遂成大害。

【为害状】 若虫和雌成虫喜群集于叶片正面主脉两侧、叶柄、嫩梢上，吮吸汁液。严重时，枝叶上布满虫体，致使花、叶枯黄，早脱落。还能诱发煤烟病，造成枝叶变黑。

【形态特征】 雌成虫体扁平或背面稍有隆起，卵圆形，长3～4毫米。体两侧不对称，向一边略弯曲，体背面颜色变化很大，通常有浅黄褐色、橄榄绿色、黄色、棕色、红褐色等。体前膜质略硬化，体中央有

褐软蚧

一条纵脊隆起，绿褐色，隆起周围深褐色，边缘较浅、较薄，绿褐色，体背面具有两条褐色网状横带，并具有各种图案。气门凹陷处，附有白蜡粉；触角7～8节；足较细弱；体缘毛通常尖锐，或顶端具有齿状分裂。卵长椭圆形，扁平，淡黄色。初孵若虫体长椭圆形，扁平，淡黄褐色，长1毫米左右。

【发生规律】 此虫世代因地而异，一般一年发生2～5代。以受精雌成虫或若虫在茎叶上越冬。第一代若虫在5月中下旬孵化；第二代若虫在7月中下旬发生；第三代若虫在10月上旬出现；若虫多寄生在茎叶基部。每头雌成虫可产卵1 000～1 500粒。卵经数小时即可孵化。

【防治方法】 参考矢尖蚧。

4. 橘绿绵蜡蚧

橘绿绵蜡蚧［*Chloropulvinaria aurantii* (Cockerell)］，又名橘绿蜡绵蚧、柑橘绵蚧、橘绿绵蚧、龟形绵蚧、黄绿絮介壳虫。我国柑橘产区均有分布。20世纪70年代末至80年代初，浙江、江苏、陕西等省部分柑橘园曾猖獗成灾。

【为害状】 若虫、成虫群集在柑橘的枝条、叶片和果实上吸取汁液，被害植株生长不良，虫体排泄大量蜜露，诱发煤烟病。

有卵囊的橘绿绵蜡蚧

【形态特征】 雌成虫椭圆形，扁平，长4～5毫米；初为淡黄绿色，后渐变成棕褐色；体边缘色较暗，有绿色或褐色的斑环，在背中线有纵行褐色带纹，带纹两侧略扁平；背部龟壳状，故称龟形绵蚧；触角8节，第三节最长，第二节和第八节次之，第六节和第七节最短；气门部分凹陷甚深，气门刺3根；足细长，腿节和胫节几乎等长，但腿节较粗；体缘有排列紧密的体缘毛，部分缘毛顶端膨大而分枝；肛板似等腰三角形；背中线纵带渐消失，体末端开始形成白色蜡质卵囊，卵囊椭圆形，长5～6毫米，体周缘及背面亦常附有稀疏的白色蜡质绵状物。雄成虫体淡黄褐色，触角10节，串珠状；翅一对；腹部末端有4个管状突起及2根白色长毛。若

橘绿绵蜡蚧

橘绿绵蜡蚧各虫态：左2成虫，右白色为若虫腹面，下白丝状为卵囊内的卵粒

橘绿绵蜡蚧已孵化的幼蚧

橘绿绵蜡蚧及煤烟病

橘绿绵蜡蚧雌成虫

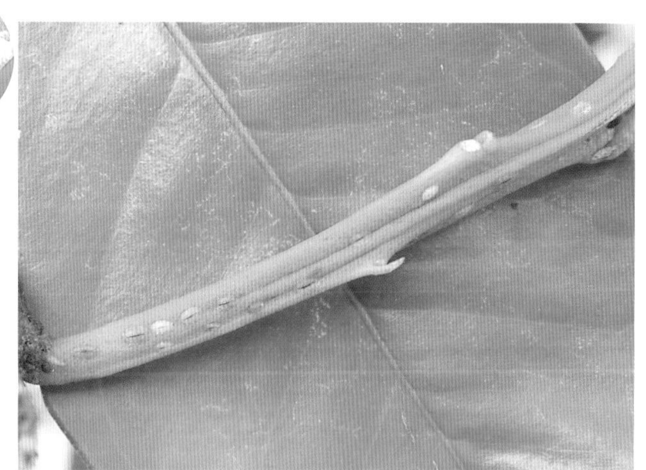

橘绿绵蜡蚧若虫

虫椭圆形，扁平，淡黄绿色，眼黑色，体中轴可见到暗色内脏，外侧左右有黄白色带，近成熟时暗褐色，眼与中轴则呈浓褐色。

【发生规律】 浙江黄岩一年发生1代，以第二龄若虫在叶片及枝干上越冬，次年3月下旬至4月下旬雄虫开始化蛹，4月中旬至5月下旬羽化，雌成虫于4月下旬至5月下旬产卵，若虫初孵期在5月中旬，盛孵期在5月下旬。广东一年发生2代，以老龄若虫越冬，虫体有黄绿色、暗绿色。次年3月下旬爬向叶背或原枝条上，在腹末开始分泌白色绵絮卵囊，产卵其中。盛期在4月中旬至5月上旬，产卵后虫体收缩干瘪死亡。一龄若虫在4月中旬即见游动。第二代成虫于7月中旬形成卵囊产卵，7月下旬若虫孵化。若虫从卵囊内爬出后，四处爬行寻找栖息处所，后固定取食，发育成长。多群聚一处吸食树液，遇惊动可迁移别处。其性较喜荫蔽，多发生在树冠浓郁的下部和内膛枝叶，常伴随严重煤烟病发生。

【防治方法】

（1）结合冬季修剪，剪除虫枝及清除枯枝落叶并烧毁。

（2）保护自然天敌种群。

（3）药剂防治掌握若虫孵化期，可选用有机磷类药剂喷布杀灭。

硕蚧科

吹绵蚧

吹绵蚧（*Icerya purchasi* Maskell），又名绵团蚧、棉籽蚧、棉花子蚧、白蚰、白橘虱。我国各柑橘产区均有分布。

【为害状】 若虫、成虫群集在柑橘的枝、干、叶片和果实上为害。使受害叶片发黄，枝梢枯死，严重时引起落叶、落果；同时诱发煤烟病，导致树势衰退，或全株枯死。

【形态特征】 雌成虫体橘红色，椭圆形，长5～6毫米，宽3.7～4.2毫米，背面隆起，有很多黑色短毛，背被白色棉状蜡质分泌物；产卵前在腹部后方分泌白色卵囊，囊上有脊状隆起线14～16条；有黑褐色的触角1对，发达的足3对。雄成虫似小蚊，长约3毫米，翅展约8毫米；胸部黑色，腹部橘红色，前翅狭长，灰褐色，后翅退化为匙形。卵长椭圆形，长约0.7毫米，宽约0.3毫米，初产时橙黄色，后变为橘红色。若虫一龄时椭圆形，体红色，眼、触角和足黑色，腹部末端有3对长毛；二龄若虫背面红褐色，上覆淡黄色蜡粉，体表多毛，雄虫明显较雌虫体形长，行动活泼；三龄若虫红褐色，触角已增长到9节，体毛更为发达。蛹长2.5～4.5毫米，橘红色，眼褐色，触角、翅芽和足均为淡褐色，腹末凹陷成叉。茧由白色疏松的蜡丝组成，长椭圆形。

【发生规律】 在华南、四川东南部和云南南部一年发生3～4代，长江流域、四川西北部和陕西南部一年发生2～3代，华北一年发生2代。年发生3～4代的地区，以成虫、卵和各龄若虫在主干和枝叶上越冬，年发生2～3代的地区主要以若虫和未带卵囊的雌成虫越冬。卵产于卵囊内，初孵若虫在卵囊内停留一段时间后爬出，分散到叶片的主脉两侧固定为害。若虫每次蜕皮后都迁移到另一地方为害，二龄后多分散至枝叶、树干和果梗等处。雌若虫经3龄后变为雌成虫。雄若虫第二次蜕皮后潜入树干缝隙和疤痕处成为前蛹，再经蛹变为成虫。吹绵蚧各代发生很不整齐。在浙江第一代卵和若虫的盛发期为5～6月，第二代为8～9月；在四川第一代卵和若虫的盛发期为4月下旬至6月，第二代为7月下旬到9月初，第三代为

吹绵蚧为害状

有卵囊的吹绵蚧成蚧

蜕皮后的吹绵蚧虫体红褐色

吹绵蚧幼蚧、成蚧及分泌的蜜露（透明圆珠状）

有卵囊的吹绵蚧成蚧与幼蚧

吹绵蚧幼蚧

9～11月。吹绵蚧适宜于温暖高湿的气候环境，尤以25～26℃最适宜发生和繁殖。

【防治方法】

（1）局部发生时用刷子或稻草等刷除枝干上的越冬成虫和若虫，并剪除有虫枝梢。在刷除枝干上的虫体时，可加入一些内吸性的药剂，以行除治。

（2）保护和引移澳洲瓢虫、大红瓢虫、小红瓢虫等天敌。引入的瓢虫可以是成虫、幼虫或蛹，集中释放在几株受害较严重的树上，释放后加强保护。

（3）在一龄若虫盛发期用药剂防治。药剂种类和使用浓度参考褐圆蚧的防治方法。

粉 蚧 科

1.堆蜡粉蚧

堆蜡粉蚧［*Nipaecoccus vastalor* (Maskell)］，又名橘鳞粉蚧。我国分布在四川、重庆、浙江、福建、江西、广东、广西、云南、贵州、湖南、湖北、陕西、山东、台湾等省（自治区、直辖市）。

【为害状】 以成虫、若虫为害嫩梢和幼果。新梢被害造成枝叶弯曲，幼果受害，常在果肩处生成肿块，凸起畸形。严重发生时，枝叶干枯，幼果黄化脱落。此外，还可诱发煤烟病，导致树势衰弱，产量降低，果品次劣。

【形态特征】 雌成虫椭圆形，长3～4毫米，体紫黑色，触角和足草黄色；足短小，爪下无小齿；全体覆盖厚白色蜡粉，在每一体节的背面都横向分为4堆，整个体背则排成明显的4列；在虫体的边缘排列着粗短的蜡丝，体末1对较长，常多头雌虫堆在一起。雄成虫体紫酱色，长约1毫米，翅1对，半透明，腹末有1对白色蜡质长尾刺。卵淡黄色至淡红色，椭圆形，长约0.3毫米，藏于淡黄白色的绵状蜡质卵囊内。若虫形似雌成虫，紫色，初孵时无蜡质，固定取食后，体背及周缘即开始分泌白色粉状蜡质，并逐渐增厚。蛹的外形似雄成虫，但触角、足和翅均未伸展。

【发生规律】 堆蜡粉蚧在广州每年发生5～6代，以若虫和成虫在树干、枝条的裂缝或洞穴及卷叶内越冬。2月初开始活动，主要为害春梢，并在3月下旬前后出现第一代卵囊。各代若虫发生盛期分别出现在4月上旬、5月中旬、7月中旬、9月上旬、10月上旬和11月中旬。但第三代以后世代明显重叠。若虫和雌成虫群集于嫩梢、果柄和果蒂上为害较多，其次是叶柄和小枝。其中第一、二代成、若虫主要为害果实，第三至六代主要为害秋梢。常年以4～5月和10～11月虫口密度最高。通常果园边缘的果树受害较重，田间世代重叠，为华南柑橘产区发生量多的重要害虫。大多数情况下，雄虫量少，多行孤雌生殖。产卵数200～500粒。堆蜡粉蚧的近距离传播主要靠虫体爬行，远距离传播主要借助于苗木和接穗运输传播。

【防治方法】

（1）及时修剪，改善果园的通风透光条件。

（2）引移和保护瓢虫、寄生蜂和寄生菌等天敌。

（3）发生严重时，应在初孵若虫盛期用药，以有机磷类药剂中的乐果乳油、喹硫磷乳油、速扑杀乳油防治效果好。可参考褐圆蚧。

堆蜡粉蚧为害并诱发煤烟病

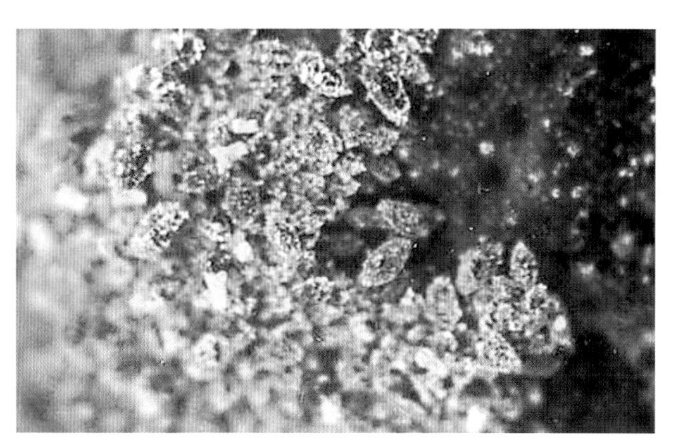

堆蜡粉蚧幼蚧

堆蜡粉蚧引起幼果脱落

堆蜡粉蚧为害致畸形果

堆蜡粉蚧

堆蜡粉蚧和幼蚧为害明柳甜橘

2.柑橘粉蚧

柑橘粉蚧［*Planococcus citri*（Risso）］，又叫橘粉蚧、橘臀纹粉蚧、紫苏粉蚧。我国各柑橘产地均有分布。

【为害状】 若虫、成虫常群集在叶背、果蒂和枝条的凹处或枝叶芽眼处为害，严重时，可引起落叶、落果，并诱发煤烟病。

【形态特征】 雌成虫淡橙色或浅粉红色，椭圆形，长3～4毫米，宽2～2.5毫米；背面体毛长而粗，腹面体毛纤细；足3对，粗大；体被白色粉状蜡质，体缘有18对粗短的白色蜡刺，腹末1对最长；将产卵时腹部末端形成白色絮状卵囊。雄成虫褐色，长约0.8毫米，有翅1对，淡蓝色，半透明，有纵脉2根，腹末有白色尾丝1对。卵淡黄色，椭圆形。若虫淡黄色，椭圆形，略扁平，腹末有尾毛1对，固定取食后即开始分泌白色蜡粉覆盖体表，并在周缘分泌出针状的蜡刺。雌若虫经3次蜕皮，变为成虫。雄若虫经4次蜕皮变为有翅成虫。蛹长椭圆形，淡褐色，长约1毫米。茧长圆筒形，被稀疏的白色蜡丝。

【发生规律】 主要以雌成虫在树皮缝隙及树洞内越冬。在华南橘区一年发生3～4代，世代重叠，全年均可发生。初孵幼蚧经一段时间的爬行后，多群集于嫩叶主脉两侧及枝梢的嫩芽、腋芽、果柄、果蒂处，或两果相接，或两叶相交处定居取食，但每次蜕皮后常稍作迁移。雌成虫多固定不动，在腹末下侧分泌蜡质状白色卵囊，产卵其中。雄若虫直至化蛹时仍会移动。该虫喜生活在阴湿稠密的柑橘树上，生长发育的适宜温度为22～25℃。

【防治方法】 参考堆蜡粉蚧的防治。

柑橘粉蚧

3.橘小粉蚧

橘小粉蚧（*Pseudococcus citriculus* Green），又名柑橘棘粉蚧。在我国柑橘产区均有分布。

【为害状】 以雌成虫、若虫集中在卷叶、有蛛网的叶片、叶柄、果蒂、叶片相接处为害，尤以叶背中脉两侧、叶柄和果蒂处为多。被害处呈黄斑，严重受害，引起落叶、落果，诱发煤病。但在西双版纳地区大多为害柑橘苗木的根部，被害柑橘苗木根系减少，发育不良，呈现缺肥症状；地上部表现干缩枯萎，严重受害时整株死亡。

【形态特征】 雌成虫长2～2.5毫米，椭圆形，淡红色或黄褐色，体外被白色蜡质物，体缘有17对白色细长蜡刺，其长度由前端向后端逐渐增长，尾端的1对最长，等于体长的1/3～2/3；触角8节，其中第二、第三节及顶节较长；足细长。雄成虫体长约1毫米，紫褐色，有翅1对，半透明，体被细毛，腹末两侧各有白色蜡丝1根，几与体等长。卵长椭圆形，淡黄色，产于母体下棉絮状的卵囊内。初孵若虫体扁椭圆形，淡黄白色，有发达的触角及足。蛹仅雄虫具有，体长1毫米，土红色。

【发生规律】 每年约发生4代，以雌成虫和部分若虫在卷叶上或在果萼处、叶背处越冬。次年4月中、下旬，越冬雌成虫在体下形成卵囊并产卵。卵期0.5～25天，若虫期雌虫17～47天，雄虫12～29天。但各代同一虫态历期的变化差异很大。雌成虫和若虫不行固定生活，终生均能活动爬行。常聚居于叶片两侧和叶柄附近，尤喜欢聚集在叶片接合的地方，在枝梢的顶部或树干叉缝处亦可见到。在云南西双版纳柑橘区苗圃，该虫随土壤湿度的变化而在地下部上下迁移。当表土干燥时多迁至土壤深层，有的可达17～20厘米深处的根际，表土湿度在90%左右时，则多靠近土表的根部为害。在接近土表的粉蚧周围，大多可以看到蚂蚁垒的小土包。为此，凡见到蚂蚁在植株周围的土表垒土，其里面就一定有粉蚧。蚂蚁还起到传播粉蚧的作用。

【防治方法】 参照褐圆蚧的防治方法。0.5%烟碱·苦参碱水剂500倍液对成虫、若虫混合群体亦有效。

橘小粉蚧

草本植物上的橘小粉蚧（左幼蚧）

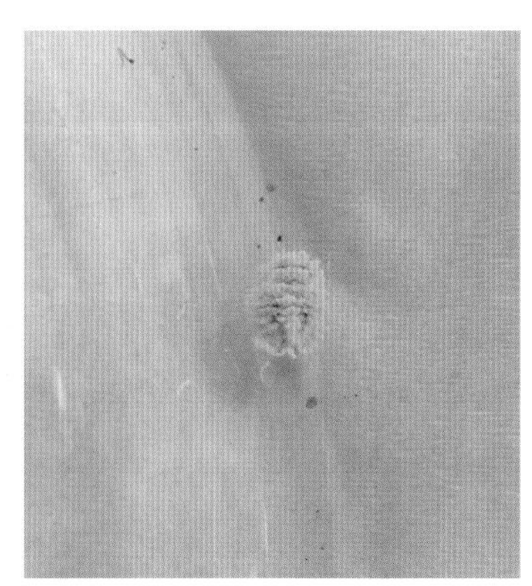

橘小粉蚧（腹后为卵囊）

粉虱科

1.黑刺粉虱

黑刺粉虱（*Aleurocanthus spiniferus* Quaintance），又名刺粉虱、橘刺粉虱、黑蛹有刺粉虱。为粉虱类中发生最普遍的一种。我国柑橘产区均有分布，东南亚各国亦发生。

【为害状】 以若虫群集在叶片背面刺吸汁液，造成黄斑。严重时，一叶可达数百头，虫体堆叠，并分泌蜜露诱发煤烟病，导致枝叶变黑，地面似"泼墨"。严重影响光合作用，枝弱叶薄，树势衰弱，开花少，产量低，果质劣。

【形态特征】 雌成虫体橙黄色，薄被白色蜡粉，体长0.88～1.36毫米，翅展2.5～3.5毫米，复眼红色，触角7节；前翅淡紫色，桨形，有6块形状不规则的白色斑，后翅较小，灰紫色，半透明，腹末背面有一管状孔。雄虫体较小，翅上白斑较大，腹末有交尾器。卵长椭圆形，长约0.2毫米，稍弯曲，顶端较尖，基部有一小柄可附在叶上，初产时乳白色，后为淡黄色，近孵化时灰黑色。近年研究认为若虫共4龄，四龄若虫在体皮下变为蛹。蛹椭圆形，漆黑色，有光泽，边缘锯齿状，背部显著隆起，周缘有较宽的白色蜡质；雌蛹体长约1毫米，背有刺毛24对，两侧缘刺毛11对；雄蛹体长约0.75毫米，背刺毛23对，两侧缘整毛10对。

【发生规律】 黑刺粉虱在重庆、贵州、台湾一年发生4～5代，福建、湖南4代，浙江3～4代。以若虫在叶背越冬。发生不整齐，田间各虫态并存。广东一年发生5～6代，越冬有卵和若虫并存，各代的1～2龄若虫盛发期为：4～5月，5月下旬至7月上旬，7月下旬至8月下旬，8月下旬至9月下旬，9月下旬至11月中旬，田间除第一代较为整齐外，世代重叠严重。若虫于2月下旬至3月化蛹，3月中旬至4月上旬羽化盛期，成虫群集在当年春梢嫩叶背面吸食汁液，交尾产卵。卵产于叶背，散产或密集排成圆弧形。

成虫喜在树冠较阴暗的新叶上栖居，有趋嫩（新）性，每代成虫盛发与新梢抽出期相一致，如无新嫩枝叶，取食和产卵仍在上一次叶的背面。初孵若虫黄白色，能爬行，但爬行不远，开始取食后营固定生活。卵的发育温度为10.3℃，有效积温为234.57℃。若虫期在平均温度24℃时为13天左右，温度21～24℃时成虫寿命6～7天。

【防治方法】

(1) 抓好清园修剪，剪除过密枝叶，改善柑橘园通风透光性；合理施肥，避免偏施氮肥，创造有利于植株生长、不利于黑刺粉虱发生的环境。

(2) 保护和利用天敌，在粉虱细蜂等天敌寄生率达50%以上时，避免施用农药，以免杀伤天敌，确需喷药时，可选择天敌的蛹期喷布，以减少杀伤。

(3) 冬季清园用95%机油乳剂150～200倍液，99.1%敌死虫乳油或99%绿颖矿物油100～150倍液，松脂合剂8～10倍液，石硫合剂0.8～1波美度。次年春梢期，成虫盛发期，喷布药剂杀灭成虫，以减少产卵量，随后常检查园区柑橘新梢叶片背面，当1～2龄若虫盛发期，选用20%扑虱灵（噻嗪酮）可湿粉2 500～3 000倍液，95%蚧螨灵乳油200倍液，90%晶体敌百虫或80%敌敌畏800倍液，50%马拉硫磷乳油或40%辛硫磷乳油或40.7%乐斯本（毒死蜱）乳油1 000倍液喷施。喷药时必须使叶片背面均匀着药，每隔10～15天喷1次，连喷2～3次。

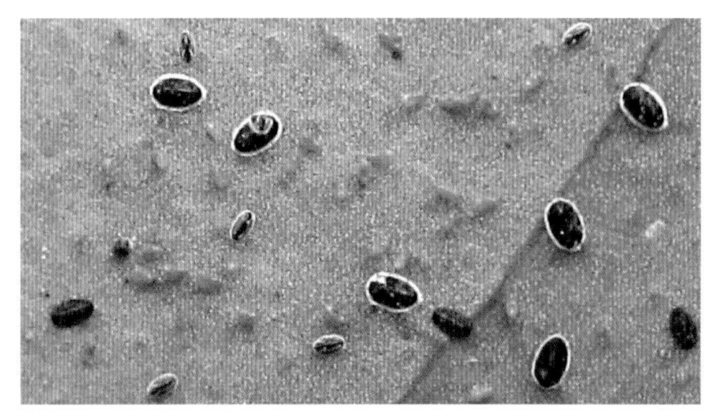

黑刺粉虱若虫和卵

黑刺粉虱若虫

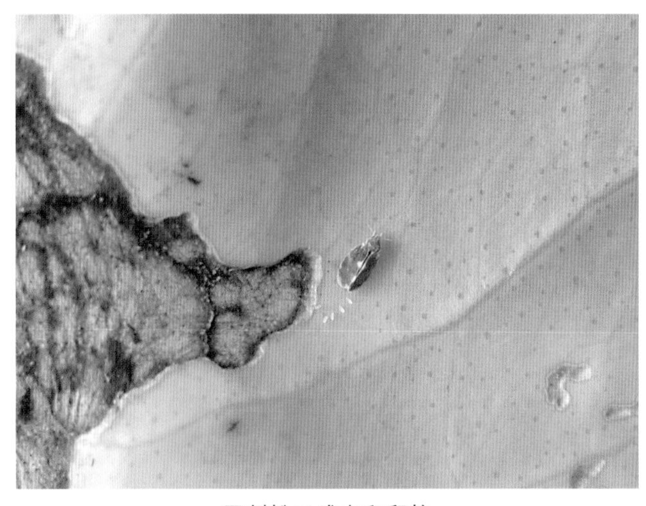

黑刺粉虱成虫和卵粒

黑刺粉虱若虫和卵粒

2.柑橘粉虱

柑橘粉虱［*Dialeurodes citri*（Ashmead)］，又名橘绿粉虱、柑橘黄粉虱、通草粉虱、橘裸粉虱、白粉虱。广泛分布于我国柑橘产区。

【为害状】 以若虫和成虫聚集在寄主叶片背面吸取汁液，并分泌蜜露，诱发严重煤烟病，致使枝叶和果实污黑，阻碍光合作用，导致树势衰弱，幼树生长不良，后期果实外观差。

【形态特征】 雌成虫体长1.2毫米，体黄色，翅2对，半透明，虫体和翅均被白色蜡粉，复眼红褐色，分上下两部，中有一小眼相连，触角7节。雄成虫体较小，体长0.96毫米，端部向上弯曲。卵椭圆形，长0.2毫米，淡黄色，卵壳平滑，以卵柄附在叶背上，初产时斜立，后平卧。若虫共4龄，初孵若虫椭圆形，淡黄色，发育中的若虫体扁平，半透明，紧贴叶片背面。成熟若虫体长0.9～1.5毫米，体宽0.7～1.1毫米，尾沟长0.15～0.25毫米，中后胸两侧显著凸出。蛹大小与4龄若虫大小一致，只背盘区稍隆起，两侧2/5胸气门处稍凹入，壳质软而透明，可见壳内虫体，未羽化成虫前呈黄绿色，羽化后蛹壳薄，白色而软。

【发生规律】 柑橘粉虱一年发生代数因产区不同而异。重庆一年5代，广西恭城一年3代，江西南昌和福建一年4代。广东年发生5～6代，田间世代重叠。广东杨村多点观察：以3龄若虫和蛹在秋梢叶背越冬，次年3月上旬羽化，为越冬代成虫，栖息于当年新抽生的春梢叶片背面吸取汁液，分泌一薄层白色蜡粉，并散产卵粒，历期长达60天，致田间世代严重重叠。第一代卵孵盛期3月下旬，第二代卵期在5月上旬，孵化期5月下旬，第三代卵孵化期7月中旬至8月中旬，第四代产卵于8月上旬，卵孵期9月上旬，第四代前期卵孵出的若虫羽化后再产卵，成为第五代若虫。

田间除越冬代成虫和第一代成虫有较明显的高峰期外，其余世代则参差不齐，有新的嫩梢就有成虫为害和产卵。羽化后的成虫当日即行交尾产卵，未交尾的成虫可行孤雌生殖，产出的卵均为雄性，初孵若虫作短距离爬行后即固定在原叶背面为害。成虫飞翔力不强，遇惊动只作短暂飞翔，又返回树上，阳光强、气温高时迁入树冠荫蔽处栖息。该虫喜阴，柑橘园栽植过密，或荫蔽潮湿时容易发生。

【防治方法】 参考黑刺粉虱的防治。

柑橘粉虱成虫

叶背密布柑橘粉虱成虫

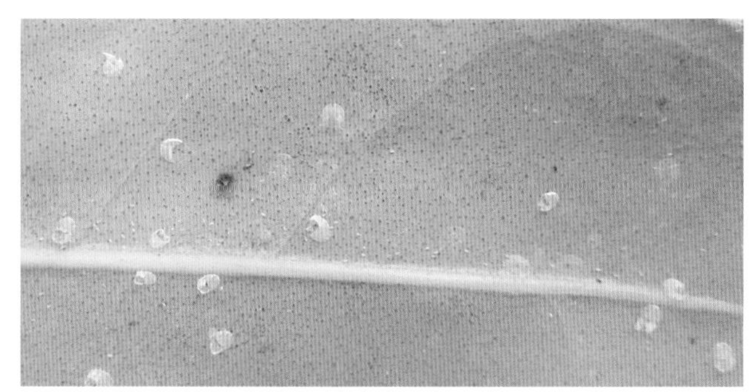

柑橘粉虱蛹及羽化后的伪蛹壳

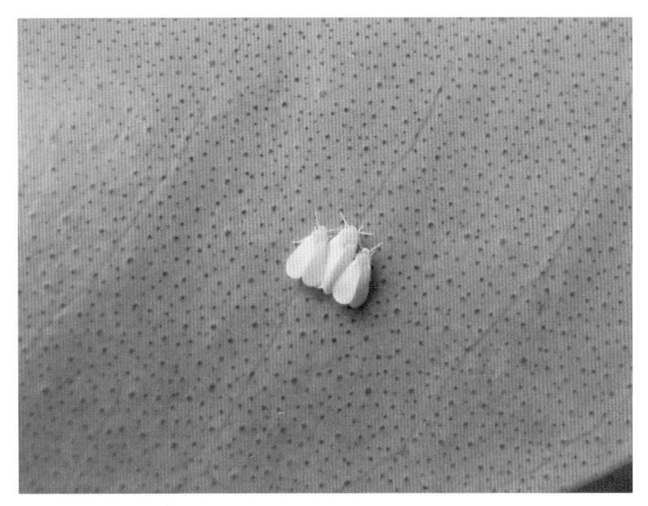

柑橘粉虱成虫(居中为雌虫）

柑橘粉虱卵粒及正在羽化的成虫

3.马氏粉虱

马氏粉虱（*Aleurolobus marlatti* Quaintance），别名橘黑粉虱、柑橘圆粉虱、柑橘无刺粉虱。在长江流域以南有不同程度发生。

【为害状】 成、若虫刺吸柑橘叶片汁液，被害叶出现黄白斑点，随为害的加重斑点扩展成片，进而全叶苍白，早落。受害严重时，可诱发煤烟病。

【形态特征】 雌成虫体长1.3毫米左右，头部黄色，有褐色斑纹；复眼红色；触角7节，第三节最长，第七节次之，第一节最短；胸部淡黄色；翅半透明，敷有白色蜡粉，前翅有不规则的7块淡紫色斑；腹部黄色。雄虫体略小。卵椭圆形，卵壳平滑，初产时淡黄绿色，孵化前淡绿色。幼虫初孵时淡黄绿色，后变褐色，体周分泌白色蜡质物，腹部外缘着生16对小突起，其上生有刚毛。老熟幼虫体长0.6毫米左右。蛹椭圆形，黑色，有光泽，体长1.2毫米，宽0.9毫米，周围有玻璃状透明的蜡丝，整齐地围绕蛹壳的边缘，在蛹壳前端有1对新月形的透明眼点，管状孔近心脏形。

【发生规律】 马氏粉虱一年发生3代，以二龄幼虫越冬。翌春5月中旬、7月上旬、9月下旬可发生各代成虫。卵产在叶的正反两面。

【防治方法】 参考黑刺粉虱的防治。

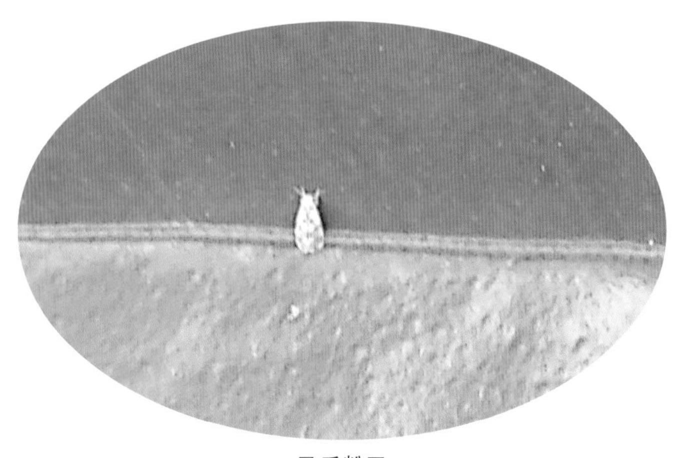

马氏粉虱

4. 双钩巢粉虱

双钩巢粉虱（*Paraleyrodes pseudonaranjae* Martin），2005年蔡明段在广东杨村华侨柑橘场发现后，在潮州、河源、广州等柑橘产区也陆续发现有此虫为害。2010年虞国跃等报道了在海南、广西亦发现此粉虱。在云南亦为害柠檬等品种。

【为害状】 以若虫、成虫在叶片背面吸取汁液，同时分泌白色蜡丝和棉絮状白蜡，覆盖叶背，排出蜜露，污染叶面，诱发煤烟病，导致树势变弱，花果减少。

【形态特征】 成虫虫体淡棕黄色，体长0.5～0.6毫米，翅展1.5～1.8毫米，前、后翅粉白色，前翅外缘弧形，前缘中部有斜向后缘中部的淡紫色斑3个，顶角有淡紫色斑点纹，斜向内侧，至开室处又折向臀角，隐约可见5个斑点，翅基合缝处也有1个淡紫色斑；复眼黑色，触角1对，雌虫4节，雄虫3节，粉白色。卵小，约0.3毫米，长卵形，一端由卵柄固定，孵化前暗黄绿色。若虫成熟时体长约0.8毫米，宽约0.6毫米，短椭圆形，暗黄绿色，外被白色薄蜡粉。蛹长约0.6毫米，背面中间稍隆起，浅暗绿色。

【发生规律】 极喜在荫蔽浓郁、密不通风的果园生活，亦喜与黑刺粉虱或柑橘粉虱为害的叶片上共同为害。田间随时可见3种虫态同时存在，世代重叠，一年代数未详，可见成虫、若虫和卵同时越冬，以卵越冬为主。广东杨村越冬卵3月上旬开始孵化。成虫飞翔能力弱，尾部分泌白色絮状蜡质物，在虫体周围构筑圆形或不规则形、内围密厚而外围疏散的“巢窝”，成虫巢居其中。卵散产在成虫停息周围的叶背面，椭圆形，乳白色，有一卵柄固定。若虫散居，偶有群居，在固定取食后，虫体周围分泌极细的玻璃状蜡丝，蜡丝微弯，长短不等，放射状交织在若虫体周围，状如鸟巢，若虫固居中央，若虫在其中发育、成蛹和羽化为成虫。柑橘春梢转绿后，成虫即转移到新春叶背面取食、产卵。

【防治方法】 参考黑刺粉虱的防治。

双钩巢粉虱为害状

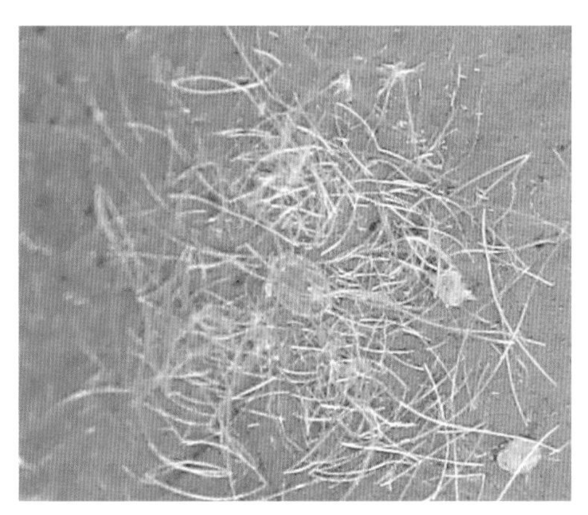

双钩巢粉虱若虫

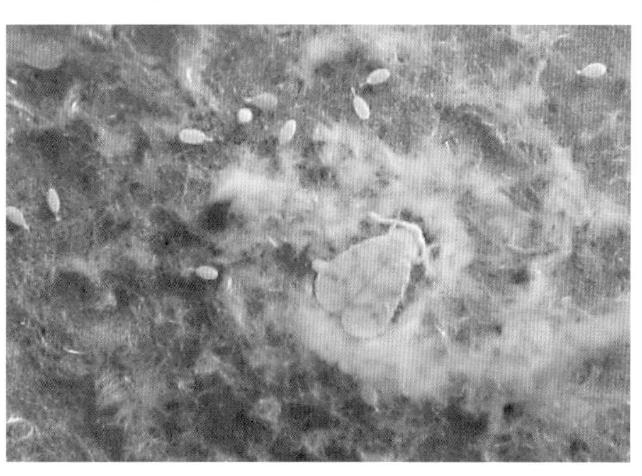

双钩巢粉虱成虫与卵

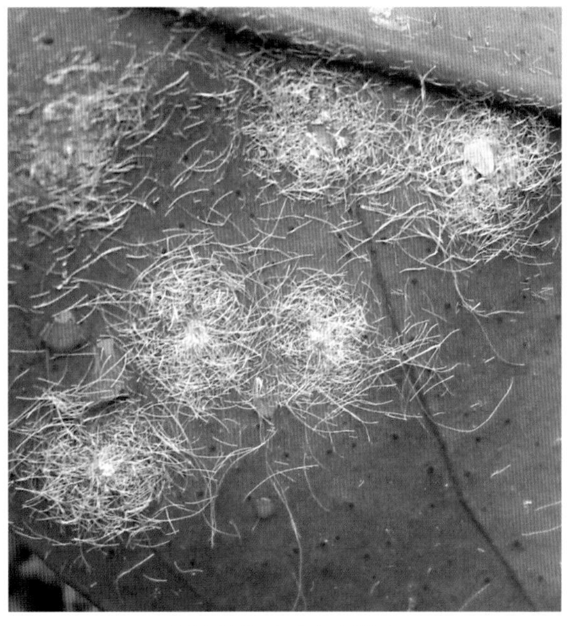

双钩巢粉虱成虫和若虫

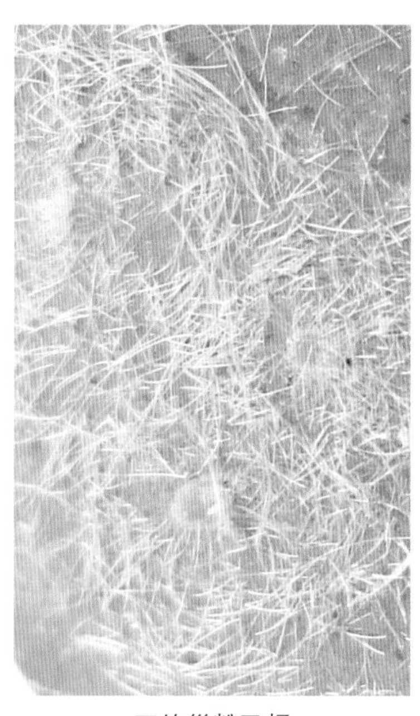

双钩巢粉虱蛹

5. 双刺姬粉虱

双刺姬粉虱（*Bemisia giffardibispina* Young），又名柑橘寡刺长粉虱。分布在广东、湖南、江西、浙江、四川、重庆、陕西、福建、台湾等省（直辖市）。

【为害状】 若虫吸食柑橘叶片汁液，同时诱发煤烟病，影响树势。

【形态特征】 成虫体长0.99毫米，翅展2.38毫米，体蜡黄色，眼紫红色，触角7节，以第三节最长。雄虫体长1.06毫米，翅展2.04毫米，触角7节，以第七节最长。卵长0.20毫米，初为淡黄色，后渐变为褐色，基部圆钝，顶端尖微弯一侧，在基部处有一卵柄固定。蛹淡黄色，椭圆形，长1.24毫米，宽0.73毫米。背盘中央有纵线2条，末端有小刚毛2根。

【发生规律】 一年发生4代，广州以若虫在叶片上越冬。第一代于5月上旬至6月下旬，第二代在6月上旬至8月中旬，第三代在7月下旬至10月下旬，第四代从9月下旬始延至次年的6月上中旬。卵散产在叶片正背两面，若虫孵出后先行爬行，后固定在叶片主脉两侧吸取汁液。

【防治方法】 参考黑刺粉虱的防治。

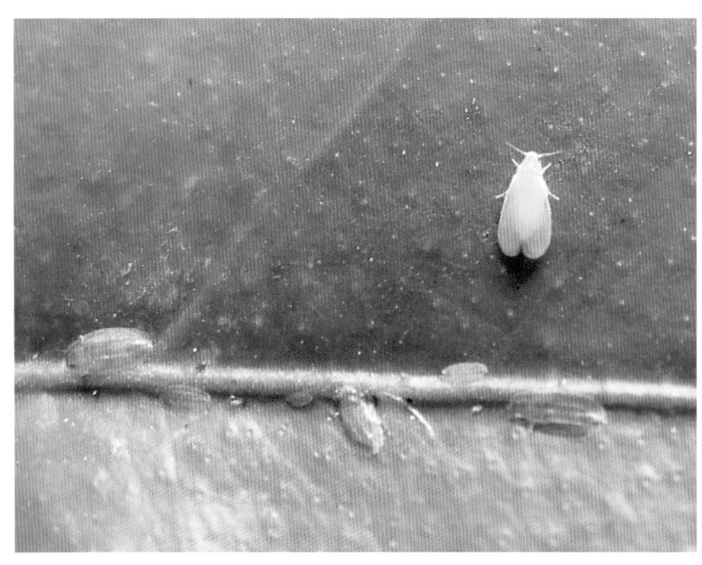

双刺姬粉虱

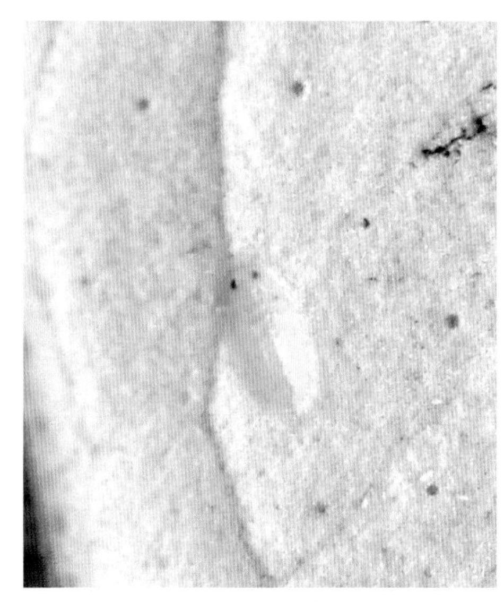

双刺姬粉虱将羽化的蛹体

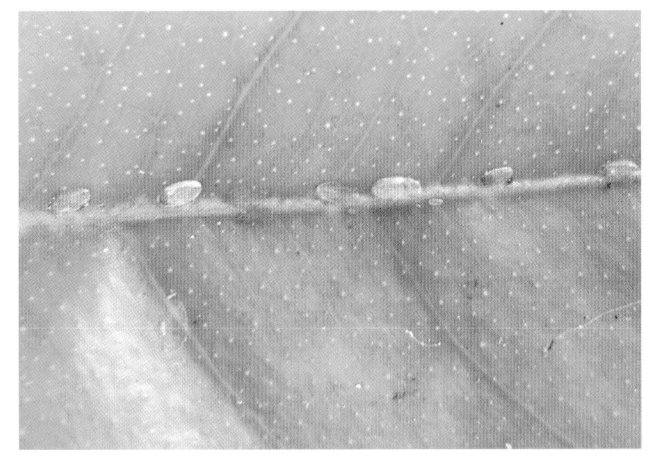

双刺姬粉虱卵、幼虫和蛹

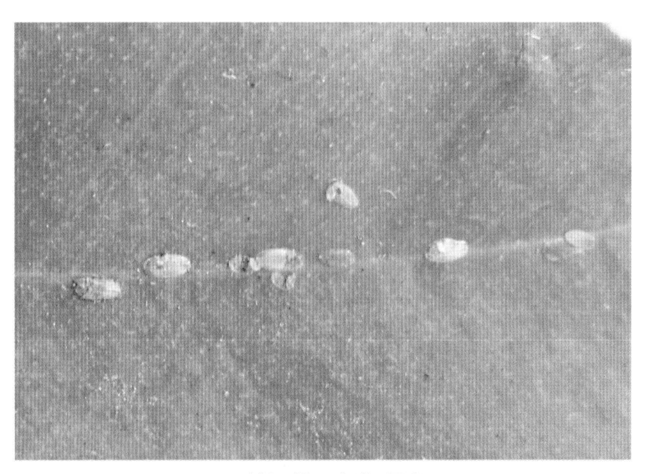

双刺姬粉虱蛹与蛹壳

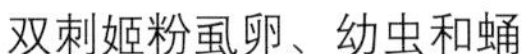

木虱科

柑橘木虱

柑橘木虱［*Diaphorina citri*（Kuwayama）］，在华南柑橘产区发生最为普遍，在西南柑橘产区局部为害，浙江、江西、湖南南部也有发生。在东南亚各国、美洲柑橘主产国已有分布，又称东方木虱或亚洲木虱。

【为害状】 以成虫和若虫在柑橘嫩芽、嫩叶上吸取汁液，引起嫩芽和幼叶变形、扭曲。若虫从肛门排出白色物质，可引起煤烟病。柑橘木虱是柑橘黄龙病的媒介昆虫。

【形态特征】 成虫体长约2.4毫米，宽0.82毫米，体灰青色且有灰褐色斑纹；头前端突出如剪刀叉状；复眼暗红色；单眼3个，橘红色；触角10节，末端2节黑色；前翅半透明，边缘有不规则黑褐色斑纹和斑点散布，后翅无色透明；初羽化时，翅和触角乳白色，胸、足浅鲜绿色，复眼红色，经约1小时后，体色渐变为成虫特有颜色；足腿节粗壮，跗节2节，具2爪；腹部背面灰黑色，腹面浅绿色。雌虫孕卵期腹部橘红色、纺锤形、末端尖，雄虫腹部长筒形，末端圆钝。初羽化的成虫，翅为粉白色，头、胸、体线绿色，触角和胫足白色，复眼红褐色。卵水滴状，一端钝圆，另一端渐尖，长0.3毫米，橘黄色。若虫共5龄，刚孵化的一龄若虫，体扁平，黄白色；二龄后背部逐渐隆起，体黄色，有翅芽露出，尚不见单眼，触角长0.12毫米，有腹部毛28根；三龄带有褐色斑纹，体长0.92毫米，翅芽长0.66毫米，腹部毛46根；四龄若虫体条1.74毫米，翅芽1.2毫米，腹部毛60根；五龄若虫土黄色或带灰绿色，体长1.93毫米，复眼浅红色，可见3个单眼，翅芽粗，向前突出，从胸背部至腹背前部的中央有1纵线与多条横线垂直相交，头顶平，触角2节。

【发生规律】 福建一年发生8代，广东一年11代，在有嫩芽为食料时可达14代，田间世代重叠。以成虫在树冠背风处越冬。次年2月当柑橘春芽初露约0.5厘米，第一片叶半露开始，越冬成虫即在嫩芽上吸取汁液，并在叶间缝隙处产卵，随着嫩芽生长，成虫继续在此吸食、交尾产卵，直至嫩芽长到3厘米后，又无叶间隙时止。成虫可随时转移到新的嫩芽上为害和产卵。春梢期为柑橘木虱繁殖的第一个高峰期，5月中旬后，第一次夏梢开始抽出，尤以幼年柑橘为先，成为柑橘木虱为害的第二个峰期。由于夏梢抽发有先后，致使田间虫口不断，虫态不一，世代重叠。秋梢期是一年中虫口密度最大、受害最严重的时期。随后出现9月迟秋梢受害。成虫停息时尾部翘起，与停息面呈45°角。在8℃以下时，静止不活动，14℃时可飞能跳，18℃时开始产卵繁殖。由于每年春季病弱树先行发芽，越冬柑橘木虱成虫首先在其上取食，交尾产卵，繁殖第一代若虫，当春梢大量萌发期，这些带黄龙病病原的柑橘木虱飞抵健康树上为害，并传播黄龙病。杨村柑橘场十二岭科研站观察，每只雌虫产卵最高达718粒，最少为465粒，平均每雌产卵566粒。产卵的天数最长达55天，平均产卵历期25天。卵平均孵化率为82.3%，最高达100%。雌成虫寿命平均40天，最长77天，最短为14天；雄成虫寿命最长为98天。柑橘木虱每代历期长短与温度密切相关，主要表现在若虫发育期上。高温季节，其活动力强，但其寿命较短。低温活动能力减弱，甚至停止活动，冬季连续多天出现较短时间－2℃低温后，仍有成虫存活。

【防治方法】

（1）一个果园内种植的柑橘品种尽量一致，便于落实统一的管理措施；冬季清园喷药消灭越冬成虫，能有效减少春季的虫口，为全年防治的关键；加强肥水管理，使柑树生长壮旺，控制新梢整齐抽出，利于统一喷药。

（2）第一次喷药时间应在每次新芽初露期，长度为0.5～1.0厘米时，随新芽伸长，隔5～10天必须复喷，药剂可用35%克蛾宝乳油1 500倍液，50%辛硫磷乳油1 200～1 500倍液，40.7%乐斯本乳油或48%乐斯本乳油1 200～1 500倍液，10%吡虫啉可湿性粉剂2 500～3 000倍液，20%好年冬（丁硫克百威）乳油1 500～2 000倍液，24%万灵（灭多威）水剂1 200倍液，50%乐果乳油800倍液，0.3%绿晶印楝素乳油1 000倍液。

柑橘木虱成虫

柑橘木虱若虫

柑橘木虱若虫

柑橘木虱卵

柑橘木虱若虫羽化

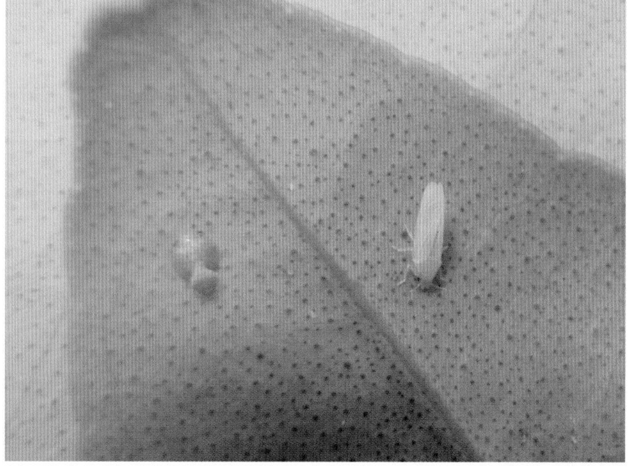

柑橘木虱成虫羽化初期体色

蚜 科

1.橘蚜

橘蚜（*Toxoptera citricidus* Kirkaldy），俗名腻虫、橘蚰，潮汕称“蝣”。我国各柑橘产区均有分布。

【为害状】 群集于柑橘嫩梢和嫩叶上吸食汁液，引起叶片皱缩卷曲，严重时嫩梢枯萎，树体新梢生长不良，幼果脱落，影响产量，并诱发煤烟病。橘蚜也是柑橘衰退病的昆虫媒介。

【形态特征】 无翅胎生雌蚜，体长约1.3毫米，漆黑色；复眼红褐色；触角6节，灰褐色；足胫节端部及爪黑色，腹管呈管状，尾片乳突状上生丛毛。有翅胎生雌蚜与无翅型相似，翅2对、白色透明，前翅中脉为三叉，翅痣淡褐色。无翅雄蚜与无翅雌蚜相似，全体深褐色，后足特别膨大。有翅雄蚜与有翅雌蚜相似，惟触角第3节上有感觉圈45个。卵椭圆形，长约0.6毫米，初为淡黄色，渐变为黄褐色，最后为漆黑色，有光泽。若虫体褐色，复眼红黑色。

【发生规律】 在广东、广西、福建、云南和台湾一年发生20代，在四川、湖南、江西、浙江一年发生10代。以卵或成虫越冬，3月下旬至4月上旬，越冬卵孵化为无翅若蚜为害春梢嫩枝嫩叶，若蚜成熟后便胎生幼蚜，虫口急剧增加，春梢成熟前达高峰。8～9月为害秋梢嫩芽、嫩枝，受害新梢生长不良，直接影响次年产量。以春末夏初和秋初繁殖最快，为害最烈。繁殖最适温度24～27℃，高温久雨橘蚜死亡率高，寿命短。低温也不利于该虫的发生。干旱、气温较高该虫发生早而严重。枝梢、叶片老熟或虫口密度过大环境条件不适宜时，就会产生有翅蚜，迁飞到其他植株上继续繁殖为害。若虫蜕皮4次变为成虫，1代历期5.5～42天，平均10.6天。每头雌蚜能胎生幼蚜5～68头，最多达93头。有翅雌蚜和雄蚜于秋末冬初的11月下旬发生，交配后产卵越冬。在南亚热带橘区该虫全年发生，2～3月多为无翅蚜，4～5月和8～9月间除无翅蚜外，常发生有翅蚜。

【防治方法】

（1）冬季剪除被害枝梢和有虫、卵的枝梢，尤其是剪除受害的晚秋梢，减少越冬虫口基数。在柑橘生长季节，每次新梢应控制抽梢一致。

（2）保护和利用天敌。捕食蚜虫的天敌种类多，其中瓢虫有30种以上，包括四斑月瓢虫、六斑月瓢虫、十斑大瓢虫、红肩瓢虫点肩变型等和多种食蚜蝇，还有蚜茧蜂和跳小蜂等。

（3）在蚜虫普遍发生而天敌种群又不足时，应尽快喷药杀灭，保护新梢。药剂选用0.3%苦参碱水剂800倍液，0.3%绿晶印楝素乳油1 000倍液，3%啶虫脒微乳剂2 000倍液，5%啶虫脒超微可湿性粉剂3 000～4 000倍液，10%吡虫啉可湿性粉剂2 500～3 000倍液，3%莫比朗乳油2 500～3 000倍液，25%蚜虱绝（吡·辛硫磷）乳油2 000～2 500倍液，8%丁硫啶虫脒（丁硫克百威+啶虫脒）乳油2 000倍液等。

无翅橘蚜和幼蚜

有翅橘蚜（标本态）

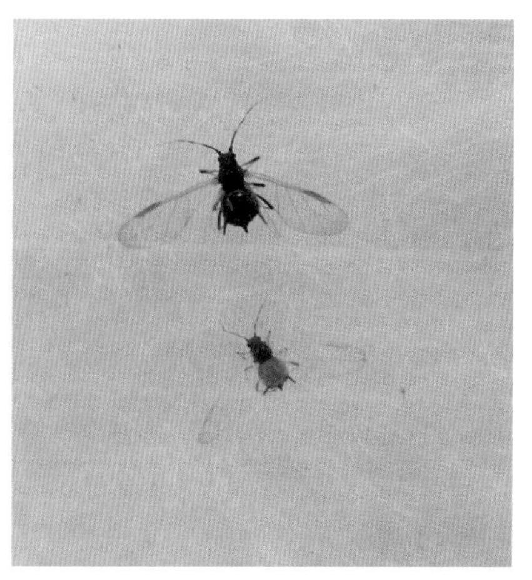

橘蚜（上）和绣线菊蚜（下）

无翅橘蚜　　有翅橘蚜　　橘蚜为害状

*2.*棉蚜

棉蚜（*Aphis gossypii* Glover），又叫旱虫、瓜蚜、草绵蚜虫等。我国各地均有分布，亦是世界性害虫。

【为害状】 以刺吸口器插入寄主植物嫩芽和嫩叶背面，吸取汁液，受害叶片向背面卷缩，叶面沾着排泄的蜜露，诱发煤烟病。棉蚜是柑橘衰退病的媒介昆虫。严重发生时，新梢生长受阻，造成树势衰弱，直接影响开花结果。

【形态特征】 棉蚜成、若虫有无翅型和有翅型两种。无翅胎生雌成蚜体长1.5～1.9毫米，春季时多为深绿色、棕色或黑色，夏季时多为黄绿色；前胸与中胸背面有断续的灰黑色斑，第七、第八节斑呈短横带，体表网纹清晰；头骨化、黑色；触角5节，仅第五节端部有1个感觉圈；腹管短，圆筒形，基部较宽。有翅胎生雌成蚜体长1.2～1.9毫米，黄色、浅绿色或深绿色；前胸背板黑色，腹部两侧有3～4对黑斑；触角短于虫体，第三节有小圆形次生感觉圈4～10个，一般6～7个；腹管黑色，圆筒形，基部较宽，有瓦楞纹。无翅型和有翅型体上均被一层薄薄的白色蜡粉，尾片均为青色，乳头状。卵椭圆形，长0.5～0.7毫米，深绿色至漆黑色，有光泽。无翅若蚜夏季为黄白色至黄绿色，秋季为蓝灰色至黄绿色或蓝绿色；复眼红色，无尾片；触角一龄时为4节，二至四龄时为5节。有翅若蚜夏季为黄褐色或黄绿色，秋季为蓝灰黄色，有短小的黑褐色翅芽，体上有蜡粉。

棉　蚜

【发生规律】 棉蚜一年可发生20～30代，以卵在寄主植物的枝条上或夏至草的基部越冬。浙江一带于次年3月上旬当气温升至12℃以上时开始繁殖第一代，并在越冬寄主上胎生繁殖第二代、第三代，就地产生有翅蚜。在早春和晚秋完成1代约19～20天，夏季4～5天即可完成1代。繁殖的最适宜温度为16～22℃。

【防治方法】 参照橘蚜。

3.绣线菊蚜

绣线菊蚜（*Aphis citricola* Van der Goot），又名柑橘绿蚜、雪柳蚜等。我国柑橘产区均有发生，更是广东柑橘园蚜虫的重要种。且是柑橘衰退病的虫媒。

【为害状】 以成虫、若虫密集在嫩芽上刺吸汁液，使幼叶反卷。严重发生时，新芽短缩，嫩叶皱缩畸形，芽、叶黄赤色，叶落芽秃，树势衰弱。

【形态特征】 分有翅蚜和无翅蚜两种。无翅胎生雌蚜体长1.6～1.8毫米，全体黄色、绿色或黄绿色；头部黑色，体两侧有乳突；足与触角淡黄色与灰黑色相间，腹部第五、第六节间黑色，体背有网纹，腹管长于尾片，圆筒形。有翅胎生雌蚜体长1.7毫米，头、胸部黑色；腹部黄色或黄绿色，腹部第二至第四节背面两侧各有1对黑色斑，腹管后方有一近方形大黑斑，体表网纹不明显；复眼红色，前翅中脉分3叉。卵椭圆形，初为淡黄色，后变为漆黑色，有光泽。若蚜全体鲜黄色，腹管较短，腹部肥大。有翅若蚜胸部较发达，具翅芽。

【发生规律】 绣线菊蚜在广州一年发生30代，几乎全年可行孤雌生殖。在台湾一年可发生18代左右，以成蚜越冬。在温度较低的地区，秋后产生两性蚜，在寄主枝条裂缝、芽苞附近产卵越冬。据在福州的调查，不抽冬梢的成年橘园，蚜虫从春季开始为害，只有春季至初夏和秋季两个高峰。大多数柑橘园的蚜虫虫源以外来为主，有冬梢的柑橘园，则以冬梢上越冬蚜虫和外地迁来的有翅蚜共同组成春季蚜虫的初期虫源。有翅蚜的扩散由点到面，无翅胎生蚜靠爬行逐渐扩散。当叶片老熟、营养条件恶化时，蚜虫种群中产生的有翅胎生蚜量逐渐增多，并在园内扩散，其速度与嫩梢和数量、气候条件密切相关。春季温暖、干旱时，春梢上发生为害严重。

【防治方法】 参照橘蚜的防治。

有翅绣线菊蚜（标本态）

有翅绣线菊蚜

绣线菊蚜为害状

4.橘二叉蚜

橘二叉蚜［*Toxoptera aurantii*（Boyer de Fonscolombe）］，又名茶二叉蚜、茶蚜等。在我国柑橘产区均有发生，且是蚜虫中的优势种。

【为害状】 以成虫、若虫在柑橘的嫩芽和叶片上吸取汁液，导致叶片皱缩反卷，并诱发煤烟病，使柑橘树生长不良，影响产量和果实品质。

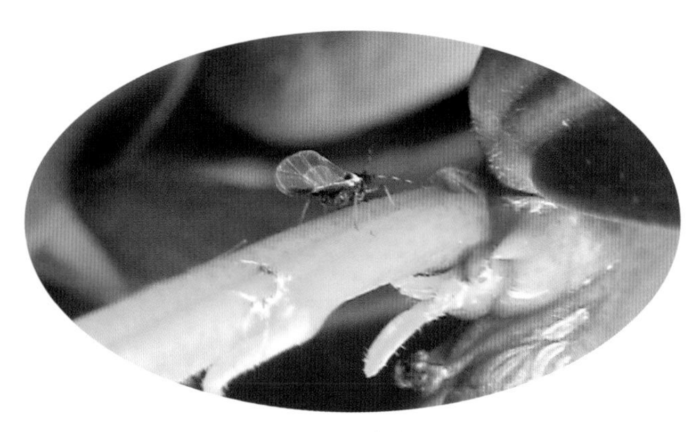

橘二叉蚜有翅蚜

【形态特征】 无翅孤雌蚜体长2.0毫米，卵圆形，体黑色或黑褐色，有光泽，头部有皱褶纹，胸背面有网纹，腹面有明显网纹；有缘瘤，位于前胸及腹部第一、七节，第七节缘瘤最大；体毛短，头部10根，第八节1对长毛；中额瘤稍隆，触角长1.8毫米。有翅孤雌蚜体长1.8毫米，长卵形，黑褐色，有光泽；触角长1.5毫米；前翅中脉分二叉；腹部背侧有4对黑斑。卵长椭圆形，一端稍细，漆黑色，有光泽。若虫体长0.2～0.5毫米，无翅若蚜浅棕色或淡黄色，有翅若蚜棕褐色，翅芽乳白色。

【发生规律】 一年发生有20余代。常在冬、春大发生。在幼叶背面为害，使叶片卷曲，也为害花。全年行孤雌生殖，其繁殖力强。以无翅蚜或老龄若虫在柑橘树上越冬，甚至无明显越冬现象。气温较低的柑橘产区，则以卵在叶背越冬。当日平均气温4℃以上开始孵化，春梢期达高峰，盛夏虫口少。秋末出现两性蚜，交配产卵越冬。在虫口密度大，或受天气和新梢老熟的影响，便产生有翅蚜，迁飞取食和繁殖。

【防治方法】 参照橘蚜的防治。

橘二叉蚜无翅型

橘二叉蚜和胎生幼蚜

蝉　科

1.黑蚱蝉

黑蚱蝉（*Cryptotympana atrata* Fabricius），又名蚱蝉、知了、黑蝉。分布地域极广。

【为害状】 成虫刺吸幼嫩枝条的汁液。雌成虫将产卵器刺入小枝条的木质部，造成产卵窝，产卵于其中。产卵窝的伤口线状裂开，直接破坏了枝条水分、养分的输送，导致枝枯叶凋。若虫生活于地下，吸取根部汁液，使根生长受损，影响水分和养分吸收。

【形态特征】 雌成虫体长38～44毫米，雄成虫体长44～48毫米；体黑色或黑褐色，有光泽；被金色幼毛，复眼淡黄褐色，头部中央和颊的上方有红黄色斑纹，触角短，刚毛状；中胸发达，背面宽大，中央高并有一“X”纹隆起。雄虫腹部第1～2节有鸣器，鸣器膜透明，能鸣叫，雌虫无鸣器，有听器和发达的产卵器。翅膜状、透明，基部1/3为黑色；前足腿节发达，有刺。卵细长，两端渐尖，如梭形，长2～2.2毫米。刚孵出的若虫乳白色，细如小蚁，体长约2毫米；末龄若虫黄褐色，体长35毫米，复眼突出，前足发达，状如成虫体。

【发生规律】 完成一个世代需要4～5年。 成虫于端午节前约15天出土，爬向树冠蜕皮羽化，始闻蝉鸣。6～8月产卵于上一年的秋梢枝条上，偶有产在当年的春梢枝上，导致枝上的幼果干枯，产量损失。雌蝉产卵500～600粒，产卵窝双行沿枝条向上，或直线排列，或呈螺旋形或不规则形排列，每窝有卵粒3～5粒，每枝条平均产卵100多粒。成虫寿命60～70天。卵期长达10个月左右，产卵枝存留在树上过冬，次年5月上中旬陆续孵化，孵出的若虫落地后钻入土中，在土壤中生活，随后的几年，吸取树木根部汁液发育成长。老熟若虫筑卵形蛹室，羽化时于晚上破室爬出，沿树干向上在叶片处固定后，在背部破皮羽化。成虫白天常在苦楝树、麻楝树干上群集栖息，晚间则有趋火光的习性。

黑蚱蝉雌成虫

在苦楝树干上栖息的黑蚱蝉成虫

蝉　壳

黑蚱蝉产卵枝

黑蚱蝉产卵窝

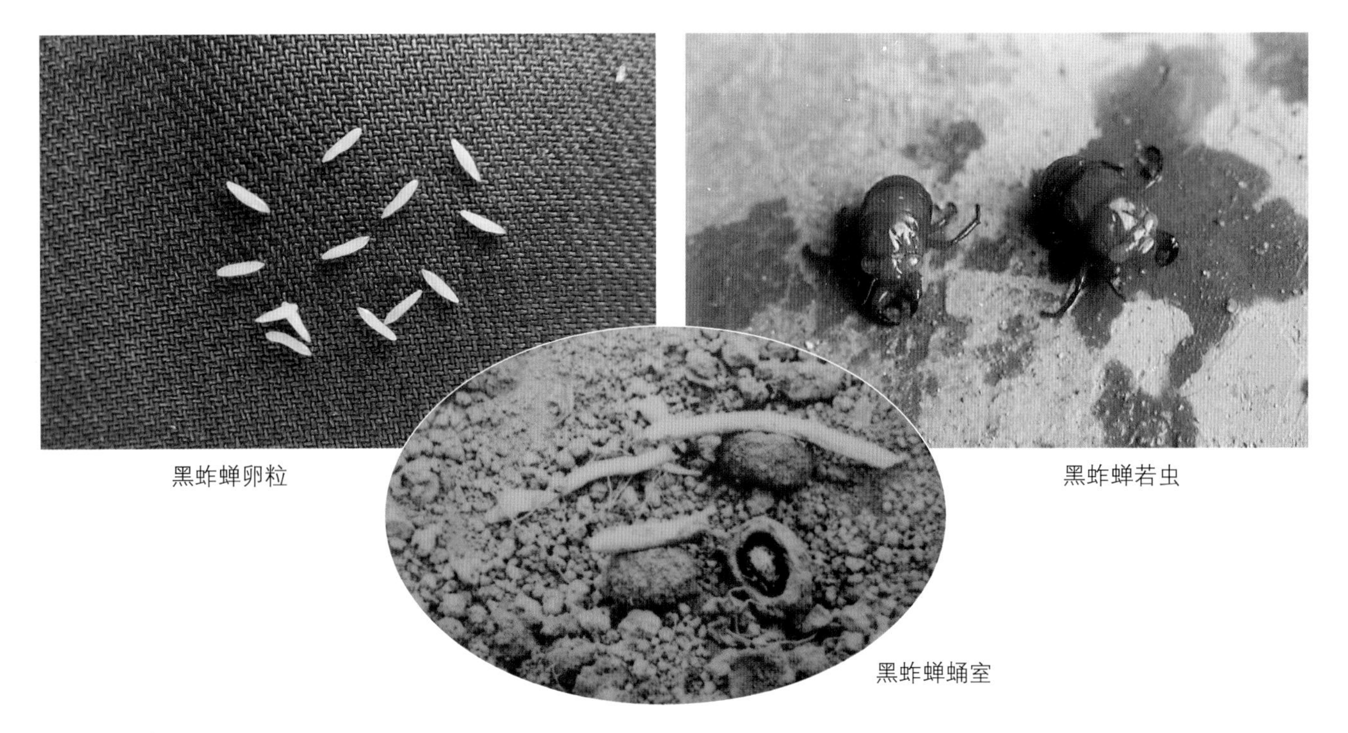
黑蚱蝉卵粒

黑蚱蝉若虫

黑蚱蝉蛹室

【防治方法】

（1）农业措施。在黑蚱蝉羽化前进行松土，翻出蛹室清除若虫；树干包扎8～10厘米宽的塑料薄膜一圈，阻止老熟若虫沿树干爬向树冠；利用成虫有趋火光的习性，在端午节后成虫发生高峰期的夜间，举火把在成虫集中栖息的地方干扰成虫，受惊的成虫即向火光飞扑，翅膀被烧坏不能飞翔，将其捡拾集中处理；产卵的枝条在叶片枯萎未脱落前，及时剪除集中烧毁。

（2）化学防治。若虫出土盛期，果园地面撒施辛硫磷配制的毒土，或喷布5%敌百虫粉剂。成虫盛期，在果园喷布40%辛硫磷乳油800倍液，20%灭扫利（甲氰菊酯）乳油2 000～3 000倍液，2.5%敌杀死（溴氰菊酯）乳油或2.5%功夫（氯氟氰菊酯）乳油2 000倍液，均有一定的杀伤效果。

2.蟪蛄

蟪蛄（*Platypleura kaempferi* Fabricius），又名皮皮虫、良蜩、褐斑蝉、中华蟪蛄蝉。我国北至辽宁，南至广西、广东、云南、海南，西至四川，东至舟山群岛均有分布。

蟪蛄成虫

【为害状】 成虫刺吸嫩枝汁液，使枝条干枯，削弱树势。若虫生活在地下，吸食树根的汁液。

【形态特征】 成虫体长35～38毫米，体型粗短；头胸部暗绿色至暗黄褐色，具黑色斑纹；腹部黑色，每节后缘暗绿或暗褐色；复眼大，单眼3个，红色，呈三角形排列；触角刚毛状，前胸宽于头部，近前缘两侧突出；翅透明，翅脉暗褐色，前翅有不同浓淡暗褐色云状斑纹，斑纹不透明，后翅黄褐色。雄虫有鸣器，雌虫无。卵梭形，乳白色渐变黄，头端比尾端略尖。

【发生规律】 约数年完成1代，以若虫在土壤中越冬，若虫老熟后出土，夜间爬上树干或在杂草等处蜕皮羽化。成虫白天活动，有一定的趋光性，趋光时发出鸣叫声。卵产于寄主当年抽生的枝梢上，产卵时用产卵器刺破树皮，直达木质部造窝，卵产于窝内，每窝数粒。卵一般当年孵化，孵化后，幼小若虫入土生活，为害根部成长发育。成虫出现于5～8月，以5～6月为盛，各地区发生期略有差异。

【防治方法】 参照黑蚱蝉的防治。

蜡蝉科

1. 白蛾蜡蝉

白蛾蜡蝉（*Lawana imitata* Melichar），又名白翅蜡蝉、青翅羽衣、白鸡、紫络蛾蜡蝉。

【为害状】 以成虫、若虫在寄主的枝条、叶片和果柄处吸取汁液，使被害植株生长受阻，严重时枝条、叶片上覆盖一层白色棉絮状蜡质物，导致煤烟病。

【形态特征】 雌成虫体长19.8～21.3毫米，雄成虫体长16.5～20.1毫米。羽化初期体色黄白色，体被白色蜡粉，后渐转为黄白色、粉青色或黄绿色；前胸背板较小，前缘向前突出，后缘向前凹陷，中胸背板发达，上有3条隆起的纵脊；前翅略呈三角形，外缘平直，前缘角几呈直角，后缘角呈锐角突出，近翅基的中部有一白色大斑和几个纵向排列的小斑；后翅薄，半透明，白色或黄白色；后足发达，善跳。卵淡黄色，长椭圆形，长约1.5毫米。末龄若虫体长约8毫米，体扁平，白色，被白色絮状蜡粉，胸宽，翅芽大，后足发达，善跳。

【发生规律】 白蛾蜡蝉在广东、广西、福建一年发生2代，少数地区一年1代。以成虫在茂密的枝叶丛中越冬。次年春天气温回暖开始活动、交尾和产卵。产卵于嫩梢或叶柄皮层下，每个卵窝独立，锯齿状翘起，呈一定的距离排列成1或2列，每列有10～20多窝，上有白色绵毛状蜡质物敷盖。初孵若虫在枝梢上为害，随虫龄增长，向较大枝条转移，群集一处为害，分泌大量白色棉絮状物覆盖虫体和被害的枝条，并在此处羽化成虫。成虫以白翅型为多，青翅型少，偶见淡黄绿翅型。一旦受到惊扰，若虫弹跳逃离或落地，成虫则弹跳飞逃落在附近枝条上。通风透光差的密蔽果园或植株容易发生为害。

白蛾蜡蝉为害致煤烟病

群集在年橘实生树上为害的白蛾蜡蝉若虫

刚蜕皮的白蛾蜡蝉若虫

白蛾蜡蝉成虫和若虫

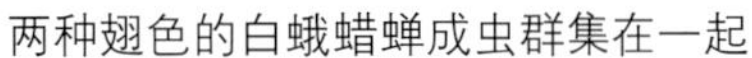

两种翅色的白蛾蜡蝉成虫群集在一起

白蛾蜡蝉成虫（三种体色）

【防治方法】

（1）通过修剪，使柑橘园通风透光，破坏其生长和繁衍场所；及时将卵枝剪除，集中烧毁；若虫盛发期用扫帚扫落若虫，放鸡鸭啄食。

（2）化学防治。喷药杀虫应掌握在若虫盛发期，并结合地面喷药。可选用80%敌敌畏乳油800倍液，50%辛硫磷乳油1 000倍液，40%水胺硫磷800～1 000倍液，50%马拉硫磷乳油800～1 000倍液，20%速灭杀丁（氰戊菊酯）乳油3 000倍液等。

2. 青蛾蜡蝉

青蛾蜡蝉［*Salurnis marginellus* (Guerin)］，又名绿蛾蜡蝉。我国广有分布，在东南亚部分国家也有发生。

【为害状】 以成虫、若虫在枝条、嫩梢或果柄上吸取汁液，可致枝条干枯，排泄物可诱发煤烟病。

【形态特征】 成虫体长约7毫米，前翅黄绿色，头、胸部鲜黄绿色，胸部背面有3条纵脊，体淡黄绿色；前翅黄绿色，边缘褐色，近后缘端部有一红褐色钮斑，中央灰褐色，网状脉纹明显，前、中足褐色，

青蛾蜡蝉成虫

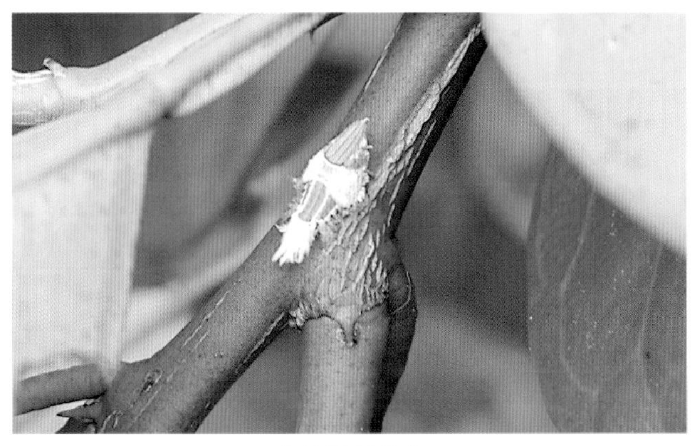

青蛾蜡蝉若虫

后足绿色。若虫淡绿色，腹部第六节有1对橙色圆环，末端有两大束白色蜡丝。

【发生规律】 华南地区于5月上旬发生，若虫大量为害，6月上旬成虫出现，在枝梢上吸取枝叶汁液。成虫多为分散性单个在枝条上停息和取食。

【防治方法】 参照白蛾蜡蝉的防治。

3.碧蛾蜡蝉

碧蛾蜡蝉［*Ceisha distinctissima*（Walker）］，又叫碧蜡蝉、黄翅羽衣。

【为害状】 成虫、若虫刺吸寄主植物枝、茎、叶的汁液，严重时，枝、叶上布满白色蜡质物，致使树势衰弱。

【形态特征】 成虫形态与青蛾蜡蝉相似，体长7毫米，翅展21毫米，黄绿色，顶短，向前略突，侧缘脊状褐色；额长大于宽；复眼黑褐色，单眼黄色；前胸背板短，中胸背板长，上有3条平行纵脊及2条淡褐色纵带；腹部浅黄褐色，覆白粉；前翅宽阔，外缘平直，翅脉黄色，脉纹密布似网纹，红色细纹绕过顶角经外缘伸至后缘爪片末端；后翅灰白色，翅脉淡黄褐色；足胫节、跗节色略深；静息时，翅常纵叠成屋脊状。卵纺锤形，长1毫米，乳白色。若虫老熟时体长8毫米，长形，体扁平，腹末截形，绿色，全身覆以白色棉絮状蜡粉，腹末附白色长的绵状蜡丝。

【发生规律】 大部分地区一年发生1代，以卵在枯枝的卵窝越冬。第二年5月上、中旬孵化，若虫多分散为害，吸食寄主植物的汁液，分泌白色蜡质物。7～8月若虫老熟，羽化为成虫，继续为害，至9月受精雌成虫产卵于小枝条表面和木质部。广西等地一年发生2代，以卵越冬，也有以成虫越冬的，第一代成虫6～7月发生，第二代成虫10月下旬至11月发生，若虫在4～6月发生。广东河源一些柑橘园的枝上10月下旬仍可见成虫。

【防治方法】 参照白蛾蜡蝉的防治。

碧蛾蜡蝉成虫

碧蛾蜡蝉成虫

4.八点广翅蜡蝉

八点广翅蜡蝉［*Ricania speculum* (Walker)］，又名八点蜡蝉、八斑蜡蝉、广翅蜡蝉。近年对柑橘的为害有加重的趋势，成为一种主要害虫。

【为害状】 成虫和若虫刺吸寄主植物汁液，使受害枝梢衰弱，叶片变黄脱落，严重受害时，枝梢枯萎，受害果实表皮萎缩，变成硬皮果或脱落，排泄物易引起煤烟病。

【形态特征】 成虫体长约7毫米，翅展18～27毫米，体黑褐色至污褐色，有些个体或黄褐色。复眼黄褐色，单眼红棕色，额区中脊明显；触角短，黄褐色，斜向左右；前胸背板有中脊1条，小盾片有中脊5条；前翅灰褐色，前缘中部略内弯，外缘略呈弧形，翅面有大小不等的白色透明斑6～7个与黑色斑多个，翅斑常有一定变化；后翅黑褐色，半透明，中室端部有1个小透明斑。卵扁椭圆形，约1毫米，有一弯柄固定在卵窝口处。若虫近羽化时卵圆形，头部至腹背中部有一粗大的白色线。头部前端至胸背有3条依次渐粗的白色横线，构成一个"王"字纹，背部为褐色与白色相间斑纹，腹末有3～8束放射状散开如屏的大蜡丝。

【发生规律】 一年发生1代，以卵在枝条卵窝内越冬。山西于次年5月间孵化，浙江在5月中下旬至6月上中旬陆续孵化。广东于5月上旬可同时见到成虫、若虫为害春梢，在春梢或叶背中脉上产卵，第二代于7月上中旬孵化，8月上旬为成虫盛发期，9月仍可见成虫活动。成虫羽化后，边取食边交尾、产卵，卵产在当次嫩绿枝梢脊棱处或叶背面主脉基部至中部一段，每处1列，偶有2列，每列12～14窝，窝距近相等，锯齿状突起，一窝内有卵1粒。

【防治方法】

（1）冬季修剪，剪除越冬卵枝，集中烧毁，以减少虫口基数。

（2）保护和利用天敌。

（3）在若虫盛发期和成虫羽化期喷药防治。药剂可用24%万灵（灭多威）水剂1 000倍液，48%乐斯本（毒死蜱）乳油1 500倍液，其他有机磷类和拟除虫菊酯类的药剂都有防治效果。以若虫期喷杀效果为佳。

八点广翅蜡蝉成虫

八点广翅蜡蝉（标本态）

八点广翅蜡蝉产卵于叶脉

八点广翅蜡蝉在枝条上的产卵窝（锯齿状）

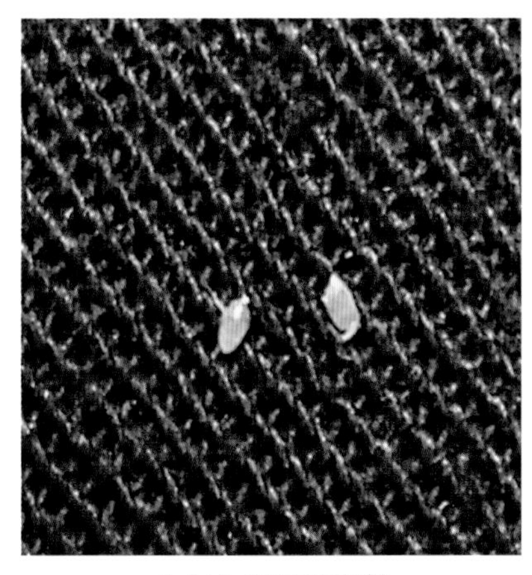

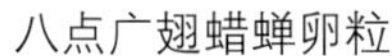

八点广翅蜡蝉卵粒

八点广翅蜡蝉若虫

若虫尾部的大蜡丝

沫 蝉 科

白带尖胸沫蝉

白带尖胸沫蝉（*Aphrophora intermedia* Uhler），又名吹泡虫。广泛分布于我国柑橘产区。

【为害状】 若虫在寄主嫩枝基部或在枝条与叶柄处吸取汁液，并从腹部排出大量的白色泡沫状黏液遮盖虫体。

【形态特征】 成虫体长11毫米左右，梭形，前翅有一明显的灰白色横带，后足胫节的外侧有两个棘状突起，停息时头部抬高。

【发生规律】 一年发生1代，广东一年2代。以卵在枝条内越冬，第二年4月中下旬开始孵化，5月盛期，第二代若虫于7～9月发生，成虫在10月上旬仍可见。初孵若虫多为群集取食，并开始排出泡沫，三龄后不固定，可转移至较大枝条上为害，大量分泌白色泡沫状黏液覆盖虫体，若虫在泡沫内蜕皮发育成长。若虫共5个龄期。

【防治方法】 此虫属次要害虫，发生数量不多，可不行防治。在较普遍发生时，可选择有机磷类药剂喷杀。

白带尖胸沫蝉成虫

白带尖胸沫蝉若虫

白带尖胸沫蝉若虫在泡沫内

（二）鳞翅目

潜叶蛾科

柑橘潜叶蛾

柑橘潜叶蛾（*Phyllocnistis citrella* Stainton），又名潜叶虫、绘图虫、鬼画符、橘潜蛾。我国各柑橘产区均有发生，可为害所有柑橘属植物，在枳上也可完成个体发育。

【为害状】 幼虫潜入嫩叶、嫩梢和果实的表皮下取食，蛀成弯曲的隧道，叶片不能正常生长展叶而卷曲。严重被害时，所有新叶卷曲成筒状，潮汕俗称“茶米叶”，破坏光合作用，导致叶片早落，树冠生长受阻，其伤口极易感染柑橘溃疡病。

【形态特征】 成虫体长2毫米左右，翅展约5.3毫米，全体银白色；触角丝状，14节；前翅细长，翅缘毛长而密，基部有2条褐色纵纹，翅中部有“Y”形的黑斑纹，近顶角处有一黑色圆斑，斑前有一小白斑点。卵短椭圆形，长0.3～0.6毫米，无色透明。幼虫初孵时为淡白色，半透明，老熟幼虫淡黄色，体长4～5毫米。预蛹虫体乳白色。蛹体长约3毫米，纺锤形，初灰黄色，羽化前深褐色，头部和复眼深红色，头前端有一向上的弯钩，腹部第1～6节两侧各有1个瘤状突，上生1根长刚毛，腹末节后缘两侧各有一肉质刺。

【发生规律】 南部柑橘产区一年可达12代以上，在偏北的产区约为8～9代，华南地区一年可达14～16代。繁殖的最适气温为24～28℃，相对湿度80%左右。潜叶蛾以蛹越冬，次年4月中下旬开始陆续羽化，成虫产卵于叶片背面主脉两侧，亦产于侧脉处，1叶上有1至数只，偶有10多只。初孵幼虫咬破卵壳底部蛀入表皮，啮食叶肉，形成蜿蜒的虫道，幼虫边蛀食边排泄，在虫道中央形成1条灰黄至黑色或白色的粪道，虫道一般长达14～17厘米。老熟幼虫渐向叶缘蛀食，当靠近叶缘后，开始吐丝缀茧，将叶缘反卷成蛹室，在其中经预蛹后化蛹。夏梢、秋梢是主要为害期。广东柑橘的迟春梢（4月下旬抽发的春梢）最早受害，6月上中旬有一高峰，7月第二次夏梢亦是被害对象，立秋前后有一低峰期，8月下旬至9月上旬为高峰期。高峰期虫数多，为害烈，甚至嫩枝梢也常受害。潜叶蛾幼虫为害造成的伤口，是柑橘溃疡病发生的诱因。苗木、幼树和每次新梢抽发不整齐、管理差的果园、种植多品种的果园，受害严重。

【防治方法】

（1）剪除受害严重枝条和越冬虫枝，减少虫口基数；加强栽培管理，增强树势，通过抹芽控梢、去早留齐、去零留整和压强扶弱促使抽梢一致，可减低受害程度；掌握在成虫低峰期统一放梢。

（2）新芽0.5～1.0厘米时喷第一次药剂，相隔7天喷第二次，连续2～3次。有效药剂：10%吡虫啉可湿性粉剂1 500～2 000倍液，1.8%阿维菌素乳油3 000～3 500倍液，25%除虫脲（敌灭灵）可湿性粉剂1 000～1 200倍液，35%克蛾宝（阿·辛）乳油1 500倍液。

柑橘潜叶蛾幼虫为害嫩叶

柑橘潜叶蛾幼虫为害枝条

柑橘潜叶蛾成虫

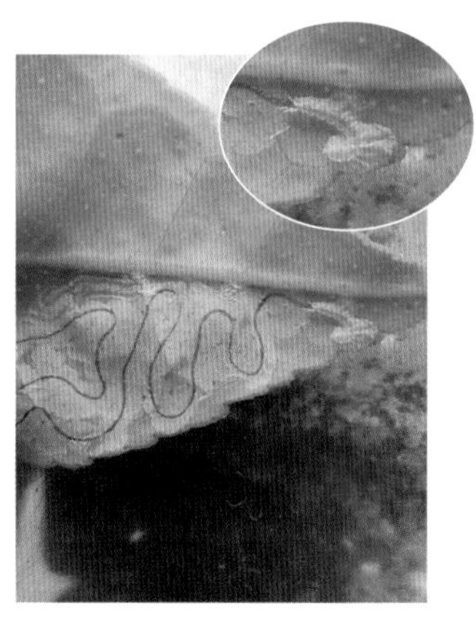
柑橘潜叶蛾幼虫

柑橘潜叶蛾幼虫转入预蛹

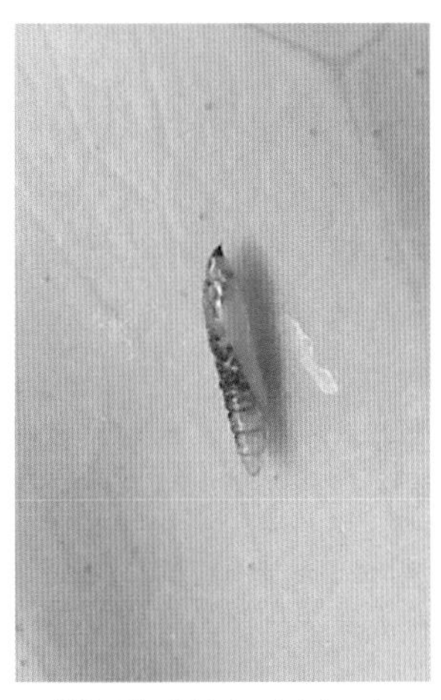

柑橘潜叶蛾蛹（侧面）

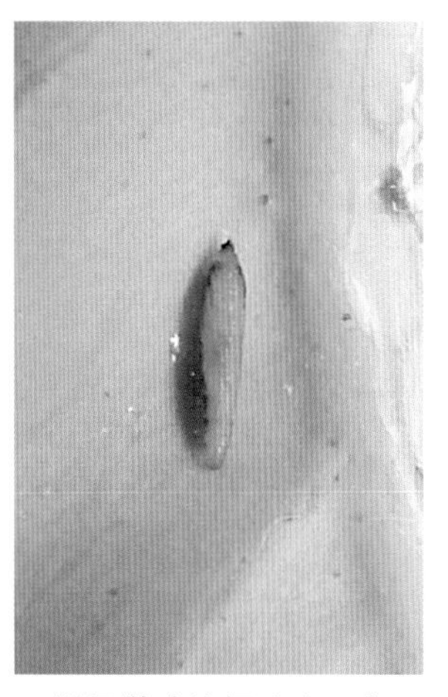

柑橘潜叶蛾蛹（腹面）

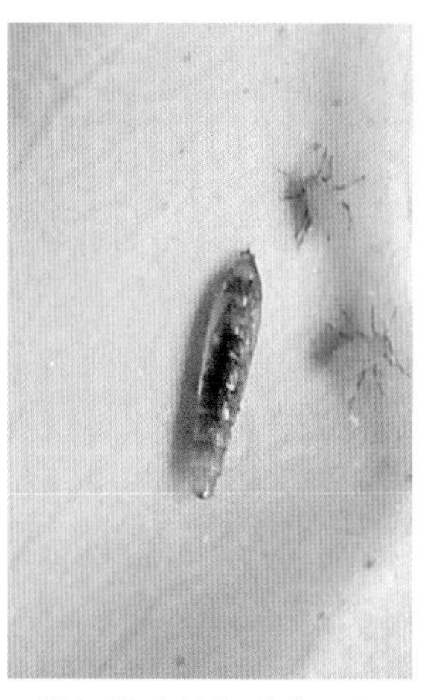

柑橘潜叶蛾蛹（背面）

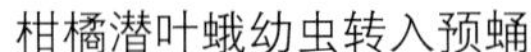

卷叶蛾科

1.拟小黄卷叶蛾

拟小黄卷叶蛾（*Adoxophyes cyrtosema* Meyrick），又名柑橘褐带卷蛾、柑橘丝虫、吊丝虫。在我国主要柑橘产区均有发生，以四川、重庆、广东发生数量较多。

【为害状】 以幼虫蛀食寄主的嫩叶、花蕾、幼果和近成熟的果实，导致落花、落果、叶片破碎。幼虫常将几朵花蕾、幼果或新叶吐丝连缀一起，在其中取食。

【形态特征】 成虫体长7～8毫米，翅展17～18毫米；黄褐色，下唇须前伸。雌蛾前翅基部有分散的黑褐色横条纹，另有一条不明显的横纹自前缘近基角1/4处向后缘1/3处斜伸；在前缘中部近基角1/3处有一条较宽的黑褐色纹斜向后缘中后方，又在其2/3处有一分支伸向臀角，构成一形如“h”的斑纹，近顶角处有一呈三角形的黑褐色大斑。雄蛾的前翅前缘有缘褶，中部和斜“h”斑纹明显，后缘近基部有一明显的近方形褐色斑，当两翅合拢时呈现六角形斑块；后翅淡黄色，基部和外缘近白色。卵椭圆形，以卵块产于叶上，鱼鳞状排列，上覆角质膜，初为淡黄色，渐转深黄色，近孵化时黑色。幼虫淡黄绿色，胸足黄绿色，17～18毫米，前胸背板淡黄色，尾节具臀栉。蛹长8～9毫米，初期从翅芽至头部为墨绿色，后部为黄褐色，中胸背面向后胸伸延成舌状，第二腹节背面后缘有一排小刺突，第3～7腹节背面近前缘和近后缘各有一排小刺突。

【发生规律】 浙江一年发生5～6代，福建7代，广东、四川等8～9代。田间世代重叠，一般以幼虫在缀结的叶包内越冬。四川一年在5～6月为害幼果最烈，广东广州、杨村一年4～5月幼虫数量达到高峰，幼虫吐丝将花瓣和花蕾一起缀合，在其中蛀食，使花瓣、花蕾不能掉落地面，随后幼虫在幼果近蜜盘处蛀食，导致幼果大量黄化脱落，当幼果转绿后，幼虫则将果实及叶片缀合一起，在其中蛀食，或在三两只幼果接触缝隙处为害，引起果实黄化脱落。幼虫可转移为害，一生中可蛀食果实数只至十多只。5～8月幼虫为害嫩叶，少蛀果实，9月果实转入初熟，又转移为害果实，引起采前严重落果。幼虫行动灵活，受惊时即以跳跃式向后退，或吐丝坠地，故有吊丝虫之俗称。

【防治方法】

（1）冬季剪除被害虫枝，扫除地面枯枝落叶，铲除杂草，减少越冬虫口基数；查摘卵块，捕捉幼虫，清理被害果和落果，防止幼虫转果为害。

（2）4～5月和9月幼虫蛀果盛期之前，用Bt乳剂800倍液或100亿克青虫菌粉剂1 000倍液进行喷雾防治；在卷叶蛾产卵前释放松毛虫赤眼蜂，每代卷叶蛾放蜂3～4次效果好。

（3）花期、幼果期和夏、秋梢抽发期及时检查虫情，在低龄幼虫期喷药防治。药剂可选用90%晶体敌百虫或80%敌敌畏乳油800倍液，50%辛硫磷乳油1 200倍液，48%乐斯本（毒死蜱）乳油1 200倍液，35%克蛾宝（阿·辛）乳油1 500倍液，20%好年冬（丁硫克百威）乳油或24%万灵水剂1 000倍液，2.5%敌杀死（溴氰菊酯）乳油3 500～4 000倍液。

拟小黄卷叶蛾幼虫为害叶片状

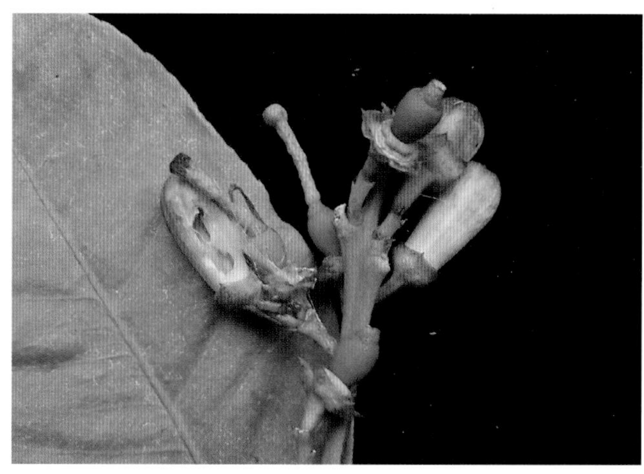
拟小黄卷叶蛾幼虫为害柠檬花和幼果

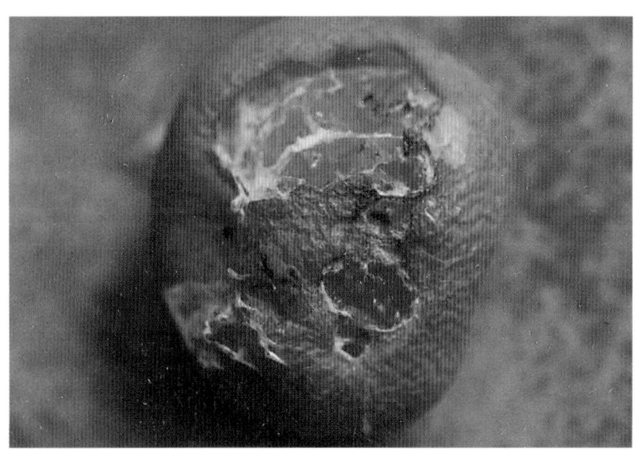
拟小黄卷叶蛾为害果实状

拟小黄卷叶蛾：雌蛾(左)，雄蛾(右)

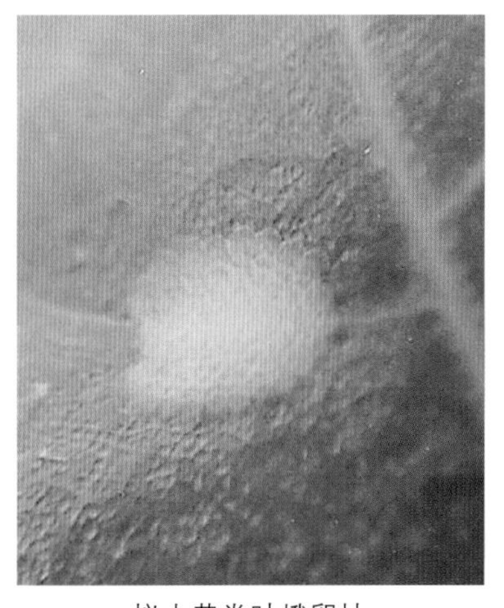
拟小黄卷叶蛾卵块

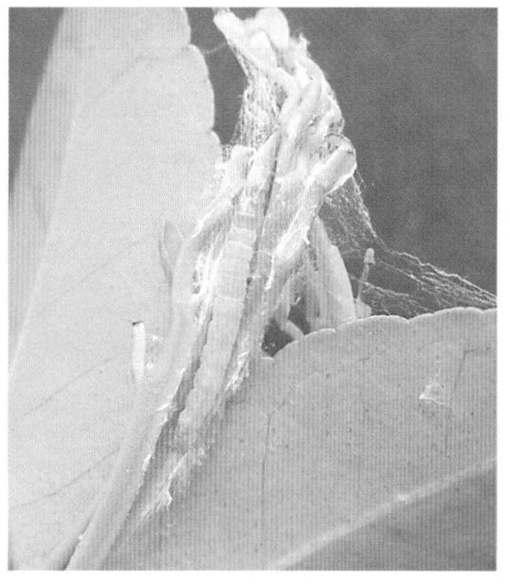
拟小黄卷叶蛾幼虫

拟小黄卷叶蛾蛹

2. 小黄卷叶蛾

小黄卷叶蛾（*Adoxophyes orana* Fischer Von Röslerstamm），又名棉褐带卷蛾、苹果小卷蛾、茶小卷叶蛾、茶叶蛾、小角纹卷叶蛾。我国分布很广，除柑橘产区外，在辽宁、河南、安徽等省亦有发生。

【为害状】 以幼虫为害柑橘嫩梢、花蕾、幼果和果实。导致落花落果，枝叶残缺。

【形态特征】 成虫体长6～10毫米，翅展16～20毫米，淡黄褐色，下唇须向前伸，头部有一深褐色小点，胸背有12个深褐色小点，列4排，每排有一毛块。前翅前缘拱起，基角稍斜，翅面散生褐色细纹，从前缘中部到后缘近臀角处有斜形深褐色宽带，上细下宽或在中间分为二叉，近顶角附近有一斜向外缘的

褐色带，连接一褐色细纹直至臀角，后翅淡黄色，外缘略带褐色。雄虫前翅有前缘褶，基部后缘有褐色斑，后翅淡灰褐色，缘毛灰黄色。卵扁椭圆形，淡黄色，长径0.7毫米。末龄幼虫体长13～17毫米，虫体黄绿色或淡绿色，头小，淡黄色；前胸背板和胸足淡黄色，臀栉发达，雄性幼虫在腹节第五节背面内有1对黄色肾状斑。蛹长6～10毫米，黄褐色，间有绿色、绿褐色、淡褐色；腹部第1～7节背面有2横列刺突；尾端刺钩8根。

【发生规律】 广东一年发生6～7代，台湾8～9代，贵州和湖北为4代。一般以3～5龄幼虫或少数以蛹越冬，幼虫躲在卷叶虫苞内或落叶中。次年春天，当气温回升至7～10℃时开始活动。卵期5～7天。成虫白天藏于叶片背面，夜间交尾产卵，完成一个世代需50～70天。3月中旬和4月中旬成虫量较多，于5～6月为盛发期。成虫有趋光性，卵产于叶背，每一卵块有卵40～50粒，多时可达80粒，鱼鳞状排列，上覆透明胶质。初孵幼虫吐丝随风飘移，分散在附近植株的新梢上为害。幼虫活泼，相残性强，趋嫩性明显。

【防治方法】 参考拟小黄卷叶蛾的防治。

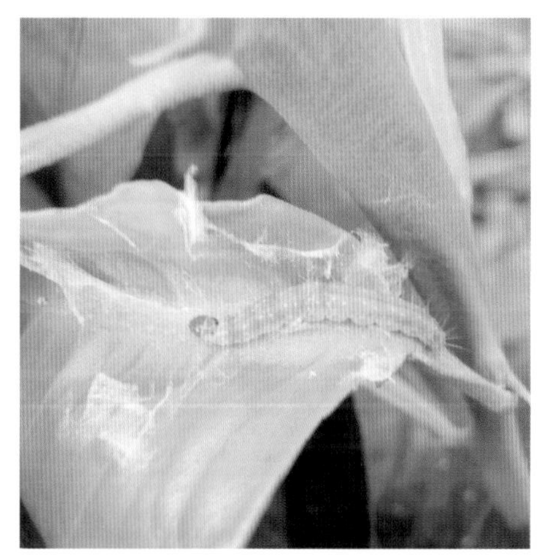

小黄卷叶蛾幼虫为害状

小黄卷叶蛾成虫

小黄卷叶蛾成虫及产出的卵块

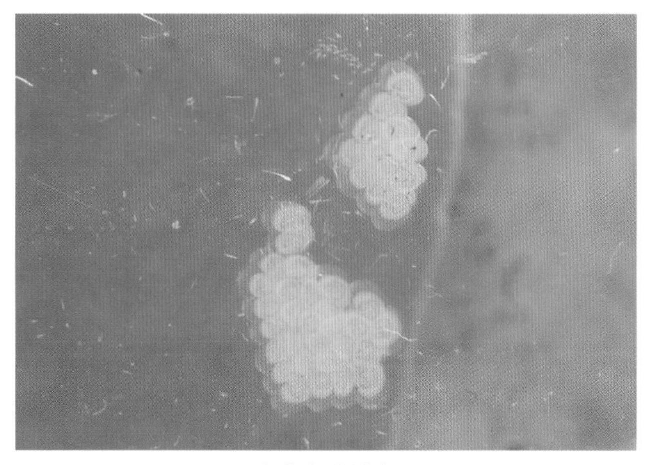

小黄卷叶蛾卵

小黄卷叶蛾幼虫

3. 拟后黄卷叶蛾

拟后黄卷叶蛾［*Archips micaceana* var. *compacta*（Nietner）］，又名拟后黄卷蛾。分布在广东、广西、四川、重庆等省（自治区、直辖市）。

【为害状】 幼虫为害柑橘嫩叶、花蕾和幼果，造成落果。

【形态特征】 雌虫体长8毫米，翅展18～20毫米；雄虫体长7.5毫米，翅展16～18毫米。虫体和翅黄褐色。雌虫前翅具褐色云状波浪纹。前缘顶角前具深褐色指甲形文，前缘基部向外拱起，近顶角的外缘毛黑色，停息时两翅平置，状如铜钟。雄虫前翅花纹较复杂，翅底色浅黄色，前缘近基角处深褐色。前缘2/5处至后缘中下方有渐宽的斜向褐色带，至后缘前为最宽大，前缘近顶角前有指甲形黑褐色斑纹，其后下方有一浅褐色斜纹伸向臀角。卵长0.75～0.85毫米，卵常140～200粒鱼鳞状排列，形成长方形或长椭圆形卵块，深黄色，两侧各有一列黑色鳞毛。老熟幼虫体长约22毫米，头部赤褐色，胸、腹部黄绿色，前、中足黑褐色，后足淡黄色，前胸背板后缘两侧各有一黑色斑。蛹体长约11毫米，常赤褐色。中胸后缘中央向后形成舌形突出较长，接近后胸后缘，并形成凹沟；第十腹节末端略带椭圆形，卷丝状钩刺8根，末端中央4根，两侧背、腹面各1根。

【发生规律】 拟后黄卷叶蛾在四川、重庆5月中旬和6月上旬各出现1次高峰。在广东，幼虫于4～5月与拟小黄卷叶蛾混杂发生，为害花器，钻蛀幼果，引起落花落果，导致有花无果。5月下旬以后转移为害成年树或幼苗嫩叶，吐丝将一叶折合或3～5片叶缀合成苞，藏匿其中为害，9月再次转移为害果实，造成柑橘采前大量落果，其为害状与拟小黄卷叶蛾、褐带长卷叶蛾相似。

【防治方法】 参照拟小黄卷夜蛾的防治。

拟后黄卷叶蛾幼虫为害状

拟后黄卷叶蛾成虫

拟后黄卷叶蛾卵块

拟后黄卷叶蛾幼虫

拟后黄卷叶蛾雄幼虫

拟后黄卷叶蛾老熟蛹背面（雄）

拟后黄卷叶蛾老熟蛹侧面（雄）

拟后黄卷叶蛾老熟蛹腹面（雄）

4.褐带长卷叶蛾

褐带长卷叶蛾（*Homona coffearia* Nietner），又名咖啡卷叶蛾、柑橘长卷蛾、花淡卷叶蛾、后黄卷叶蛾。我国柑橘产区均有分布。

【为害状】 以幼虫为害嫩芽、嫩叶、花和果实，导致落花，落果，新梢生长受阻。

【形态特征】 成虫全体暗褐色，头部有暗褐色鳞毛，胸背部黑褐色，腹部黄白色。雌成虫体长8～10毫米，翅展25～28毫米，前翅近长方形，有不规则的长短不一的深褐色波状纹，基部有黑褐色斑纹，顶角常呈深褐色，后翅淡黄色；一些个体的前翅前缘中央有一斜向后缘中央的深褐色横带，翅盖超过腹末。雄成虫体长6～8毫米，翅展16～19毫米；前翅基部前缘和顶角深褐色，前缘中央有一黑色近圆形斑，前缘基部有一近椭圆形的突出部分，停息时反折于肩角上，前翅宽而短，仅盖腹部。卵淡黄色，圆形，数十粒至百多粒排列成卵块，上覆胶质膜。幼虫共6龄，末龄幼虫体长20～23毫米，头部深褐色，前、中足黑色，后足浅褐色，体黄绿色或灰绿色，头与前胸相接处有一白色宽带。雌蛹长12～13毫米，雄蛹长8～9毫米，黄褐色。背部中胸后缘中央向后突出，腹部第2～8节背面近前缘有一横排较粗大的钩状刺突，近后缘亦有一横排较小的钩状刺突，腹末节具8根卷丝状钩刺。

【发生规律】 在福建、广东和台湾等地一年发生6代，浙江、安徽、贵州4代，四川4～5代。以老熟幼虫在叶内或杂草中越冬，田间各世代明显重叠。第一代幼虫主要为害柑橘幼果，一龄幼虫主要在果实表皮取食，二、三龄后钻入果实内为害，被害果实多数脱落，脱落前，幼虫则转移至旁边的叶片上继续为害或随幼果一同落地。第二代幼虫主要为害嫩芽或嫩叶，常吐丝将3～5片叶牵结成苞，藏于其中为害；一龄幼虫多取食叶背，留下一层薄膜状叶表皮，不久该表皮破损或穿孔；二龄末期后多在叶缘取食，被害叶多呈穿孔或缺刻。柑橘果实将成熟时，幼虫又开始为害果实，造成大量落果。幼虫活动性较强，若遇异常惊扰，即迅速向后移动，吐丝下坠，不久后又沿丝向上卷动。幼虫有趋嫩习性，高温、高湿的环境死亡率较高。幼虫化蛹于叶苞内。成虫在清晨羽化，每只雌虫产卵2～3块，每块有卵100～300粒。成虫日间常停栖于柑橘叶片上，活动均在晚间进行，飞翔力不强。有趋光性，对糖、酒与醋等发酵物亦有趋性。

【防治方法】 参考拟小黄卷叶蛾的防治。

褐带长卷叶蛾为害状

褐带长卷叶蛾雄成虫

褐带长卷叶蛾雌成虫和卵块

褐带长卷叶蛾卵块

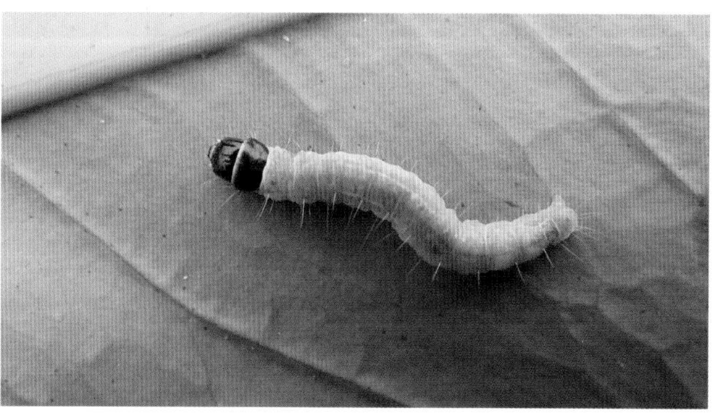

褐带长卷叶蛾幼虫

褐带长卷叶蛾蛹（背面）

褐带长卷叶蛾蛹（侧面）

褐带长卷叶蛾蛹（腹面）

木 蛾 科

白落叶蛾

白落叶蛾（*Epimactis* sp.），又名柑橘木蛾。分布于我国南方。

【为害状】 以幼虫为害叶片和果实，造成叶片残缺、干枯，果实脱落。

【形态特征】 成虫体白色，长7～11毫米，翅展17～28毫米；前翅黄白色，前缘橙黄色，翅中央有小黑点3个，后一个较明显，外缘有7个小黑点，每一黑点分布在两翅脉间，排成一列；后翅白色，卵形，后缘和外缘具白缘毛；腹部银白色；雄蛾触角梳齿状，雌蛾丝状。卵黄色，圆形，常数十粒呈堆状。幼虫体黄绿色、杏黄色或绿色，头和前胸背板及第一对胸足为漆黑色，老熟幼虫有颅中沟。蛹长8.2～11毫米，赤褐色，背光滑，腹背无钩状刺突，头顶有1对长方形突出物。

【发生规律】 江西三湖柑橘产区一年发生3代，广东3～4代。幼虫在秋冬季节发生较多，为害夏、秋梢叶片和生长中的果实，尤以近成熟的果实受害重。幼虫吐丝将2片叶缀合在一起，上方的叶片多为枯叶，幼虫潜藏其中为害，老熟幼虫在其中化蛹。

【防治方法】 参照卷叶蛾的防治。天敌有多种。卵期有赤眼蜂，幼虫期和蛹期有茧蜂类、姬蜂类等。

白落叶蛾幼虫为害状

白落叶蛾成虫

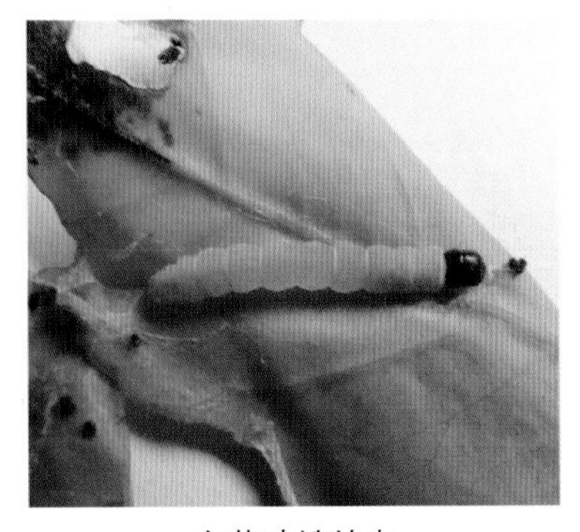
白落叶蛾幼虫

白落叶蛾蛹（腹面）

白落叶蛾蛹（背面）

白落叶蛾蛹（侧面）

尺蠖蛾科

1.油桐尺蠖

油桐尺蠖（*Buzura suppressaria benescripta* Prout），又名海南油桐尺蠖、柑橘尺蠖、大尺蠖，为油桐尺蠖亚种。

【为害状】 孵化出壳的幼虫即吐丝随风飘散在近处的叶片上，多在叶尖附近的叶背啮食叶肉，仅留上表皮，受害严重时，叶尖赤褐，干枯，如火烧状。高龄幼虫，新叶、老叶均啮食，只留一些主脉，严重时，全树叶片几无保留，状如扫帚。

【形态特征】 雌成虫体长22～25毫米，翅展60～65毫米，雄成虫体长19～21毫米，翅展52～55毫米；灰白色；触角雌蛾为丝状，雄蛾为羽毛状。雌蛾前、后翅灰白色，杂有疏密不一的黑色小点；前翅前缘近基部、中部和近外缘，有3条赤褐色相杂黑点的波状纹，中间1条较模糊。雄蛾3条波状纹，以近翅基和外缘2条明显；后翅波状纹与前翅相近，首尾相接。卵椭圆形，0.7～0.8毫米，青绿色，孵化前灰黑色，产卵堆叠成块于叶面或叶背。幼虫老龄时体长60毫米，头部稍突，正面观时，中央凹入，布棕色小斑点，胸足3对，腹足和臀足各1对，气门紫红色；初孵幼虫黑褐色，一、二龄期灰白色，三龄以后灰绿色相杂，常因环境不同而改变体色。蛹长22～26毫米，雄蛹略小，初褐红色，后黑褐色，有光泽，腹末节具臀棘。

【发生规律】 广东一年发生3～4代，广西和福建3代，以蛹在土中越冬。广东越冬蛹次年3月中旬羽化，4月上旬陆续出现幼虫，延续至5月中旬，第二代幼虫发生于6月下旬至7月中旬，第三代幼虫发生于8月中旬至9月上旬，第四代幼虫发生于10月至11月初。以二、三代为害夏、秋梢甚烈。成虫产卵于叶片上，初孵幼虫吐丝飘移，分散在附近的枝梢叶片，啮食近叶尖背面叶肉，只存叶面表皮，致使叶尖枯黄赤褐，随虫龄长大，食量增加，一天可吃下8～12片叶，仅留下叶片主脉，导致大量秃枝，状如扫帚。油桐尺蠖有弱趋光性，白天静伏于树冠中背风处，晚间交尾。卵产于叶面或叶背，有时产于园边林木枝干的裂缝处，一雌成虫一生可产卵1 500～3 000粒。卵以数十粒至数百粒重叠为长椭圆形或椭圆形卵块，上覆盖褐色的厚绒毛。高龄幼虫饱食叶片后，移至小枝枝桠处，搭桥状栖息，身被保护色，难以发现。老熟幼虫沿树干爬向地面或吊丝坠地，在树冠下钻入土中3厘米左右，经预蛹后化蛹。

【防治方法】

（1）农业措施。①挖蛹，在树干周围1～3厘米厚的表土中挖除虫蛹；②老熟幼虫化蛹前，在树盘铺塑料薄膜，上铺放6～10厘米厚的湿松土，诱集化蛹幼虫，加以消灭；③成虫产卵期，查摘卵块，集中烧毁；④成虫羽化期，每天巡查园区，在防风林的树干上或柑橘的树冠上拍打停息不动的成虫，尤在雨后捕打收效甚多，可减少产卵基数。

（2）每公顷面积设置一盏40瓦黑光灯或频振式杀虫灯诱杀成虫。

（3）幼虫盛发期，抓低龄幼虫期喷药杀灭效果好。药剂可选用拟除虫菊酯，或喷布有机磷类药剂，如20%灭扫利乳油3 000倍液，24%万灵水剂1 000倍液，50%辛硫磷乳油1 000～1 200倍液，35%克蛾宝乳油1 200～1 500倍液，50%马拉硫磷乳油1 200～1 500倍液等。

油桐尺蠖低龄幼虫为害状

油桐尺蠖为害春甜橘状

油桐尺蠖雌蛾

油桐尺蠖雄蛾

油桐尺蠖成虫（腹面）

油桐尺蠖卵块

油桐尺蠖初孵幼虫

油桐尺蠖幼虫

油桐尺蠖低龄幼虫停息在叶尖处

在紫薇上的油桐尺蠖幼虫体暗灰色

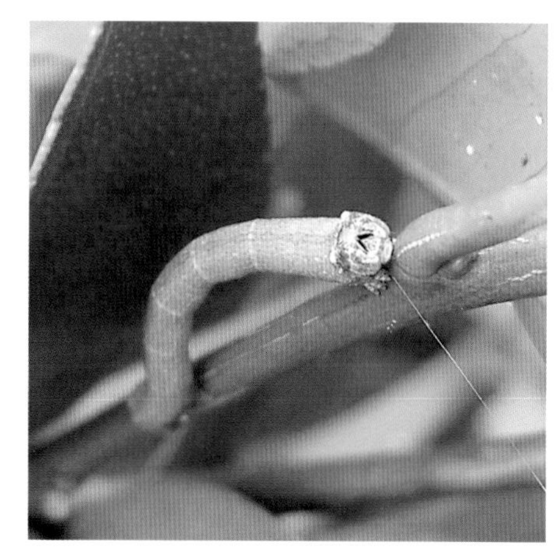

油桐尺蠖幼虫口中有一丝状物
作吊丝转移的依托

油桐尺蠖幼虫（右）和大造桥虫幼虫（左）

油桐尺蠖蛹
（腹面）

油桐尺蠖蛹
（侧面）

油桐尺蠖蛹
（背面）

2.大造桥虫

大造桥虫［*Ascotis selenaria*（Schiffermüller et Denis）］，又名棉大造桥虫。分布在我国广东、广西、福建、浙江、江苏等省（自治区）。

【为害状】 以幼虫啮食寄主的叶片、幼果，致叶片残缺，幼果脱落。树势下降，产量减少。

【形态特征】 雌成虫体长18毫米，触角细长；雄成虫体长16毫米，触角羽毛状，暗黄色；前翅正面暗灰色，杂以黑褐色和淡黄色鳞粉，腹面银灰色，内横线、外横线及亚外缘线黑褐色，波纹状，在内、外横线间近前缘处有1个灰白色斑，斑周围黑色，外缘上方有一近三角形黑褐色斑；后翅亦具内、中、外3条波纹状横线，在内、中两横线间有一灰白色斑，较前翅小，在腹面相对应处，形成黑色斑。卵椭圆形，长径约0.73毫米，青绿色。幼虫体长40～60毫米，头较小，体黄绿色或灰绿色，腹节第二节和第八节背面各有1对瘤突，前1对较大，后1对较小，老熟幼虫的突瘤黑褐色。蛹长约14毫米，咖啡色，有光泽，尾端尖，臀棘末端具2刺。

【发生规律】 广东一年发生3～4代，福州5代。以蛹越冬。越冬代成虫羽化时期及各代幼虫为害时期与油桐尺蠖基本相同，第一代幼虫出现在4～5月。除取食春梢叶片外，还喜咬食柑橘幼果，被害幼果果肉全部被吃，只存少量果皮，或大部分果肉被吃，导致幼果残缺，最后脱落。

【防治方法】 参照油桐尺蠖的防治。

大造桥虫幼虫咬食幼果

大造桥虫成虫

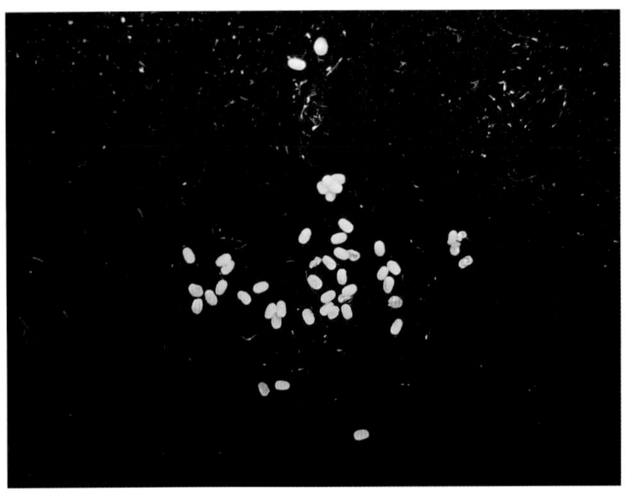

大造桥虫卵粒

大造桥虫低龄幼虫

大造桥虫幼虫

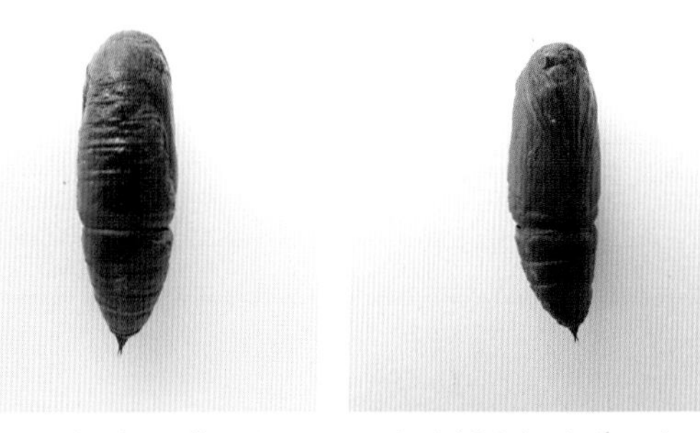

大造桥虫蛹（背面）　大造桥虫蛹（腹面）　大造桥虫蛹（侧面）

3. 大钩翅尺蛾

大钩翅尺蛾（*Hyposidra talaca* Walker），于20世纪90年代中期在广东省博罗杨村柑橘场发现在柑橘上为害，随后发现寄主还有龙眼、荔枝，国内分布不详。

【为害状】 以幼虫为害叶片，把叶片咬成缺刻或只存叶脉，症状与大造桥虫相同。

【形态特征】 大钩翅尺蛾幼虫与大造桥虫幼虫近似，其不同之处是大造桥幼虫的第二腹节背面和第八腹节背面各具1对突瘤，大钩翅尺蛾则没有，但其幼虫的第二至第七腹节各有一条白色点状横纹，幼龄幼

虫暗黑褐色，每腹节亦具明显的白色点状横线；胸足3对，第六腹节足1对和尾足1对。成虫体深灰褐色，前后翅均有2条赤褐色波状线从前缘伸向后缘，前翅外缘的前半部有弧形内凹，使顶角向后弯曲；雌蛾触角丝状。卵在腹腔内绿色，串珠状。雄蛾体较小，体色稍深，触角羽毛状。

【发生规律】 大钩翅尺蛾代数不详，田间所见多在夏、秋季，与大造桥虫同时发生。

【防治方法】 参照油桐尺蠖的防治。

大钩翅尺蛾雌成虫

大钩翅尺蛾雄成虫

大钩翅尺蛾幼虫

大钩翅尺蛾预蛹

大钩翅尺蛾蛹（侧面）

大钩翅尺蛾蛹（腹面）

4.外斑埃尺蛾

外斑埃尺蛾［*Ectropis excellens*（Butler）］，在广东粤北和博罗杨村柑橘场发现为害柑橘。

【为害状】 幼虫取食甜橙夏梢和秋梢嫩叶，造成叶片缺刻。

【形态特征】 成虫体长14.0～19.0毫米，翅展37～50毫米；雄蛾触角微栉齿状，雌蛾触角丝状；体灰白色，翅灰白色，密布许多小褐点；前翅内横线褐色，波状，中线不明显，外横线明显波状，中部位于中室端外侧有一深褐色近圆形大斑，亚缘线近顶角处有明显褐斑，各横线于翅前缘处扩大成斑，翅外缘有小黑点列。卵椭圆形，青绿色。幼虫老熟时体长28～35毫米，体色变化大，有茶褐、灰褐、青褐等色。体上有各种形状的灰黑色条纹和斑块。中胸至腹部第八节两侧各有1条断续的褐色侧线。蛹体长14～16毫米，纺锤形，红褐色，腹末端具2臀棘。

【防治方法】 参照油桐尺蠖的防治。

外斑埃尺蛾成虫

外斑埃尺蛾低龄幼虫

外斑埃尺蛾老熟幼虫

外斑埃尺蛾老熟幼虫

外斑埃尺蛾蛹（侧面）

外斑埃尺蛾蛹（背面）

外斑埃尺蛾蛹（腹面）

凤 蝶 科

1.柑橘凤蝶

柑橘凤蝶（*Papilio xuthus* Linnaeus），又名春凤蝶、花椒凤蝶、橘黑凤蝶、橘狗、燕尾蝶、凤子蝶、橘凤蝶等。我国柑橘产区均有分布，在华北、东北地区也有发生。

【为害状】 以幼虫为害柑橘新梢、叶片，造成叶片残缺不全。严重时，被害叶片只存叶脉，嫩枝光秃，因伤口而易感染溃疡病。

【形态特征】 柑橘凤蝶成虫分春型和夏型两种，春型雌成虫体长26～28毫米，翅展约95毫米；夏型体较大，体长27～30毫米，翅展91～105毫米。两种类型的体色和斑纹相同，胸、腹背面有纵向宽大的黑带直至腹末，在两侧有黄白色的带状纹；前翅黑色，呈三角形，中室内方有4条黄白色纵纹，外缘有8个月牙形淡黄斑，每一翅室基部有1个淡黄色斑，从前缘至后缘渐增长；翅底黑色，后翅第3支脉向外伸延成燕尾状，外缘有6个月牙形淡黄色斑，中室四周每一翅室基部有大小不一的黄白色斑各1个共7个，夏型的斑角突而尖，春型的斑角钝圆。卵圆球形，直径1.5毫米，初产淡黄色，后为黄色，孵化前淡紫色至灰黑色。初孵幼虫体长约2.5毫米，黑褐色，1～3龄幼虫体色由黑褐渐变暗褐色，胸背面和两侧有不等数肉状突，腹节背面至尾节各具1对肉刺突，以头和尾1对较长，体粗糙，腹第一节两侧有白色斑纹向上斜伸至第四节，在体背有形成“面具”形状的白色花斑纹，4～5龄鲜绿色，体长38～42毫米，前胸背面有橙黄色的翻缩腺1对，成“Y”形；后胸背面两侧各有一个以黑色为主，杂以橙、黄、灰紫色的眼状斑，两斑间由1条深黄色齿状曲线相连。蛹体长30～32毫米，头棘分叉向前突伸，胸背部突起，蛹初期淡绿色，后转黄绿色，可因环境不同而改变体色。

【发生规律】 柑橘凤蝶在四川、浙江和湖北一年发生3～4代，在重庆和江西4～5代，在广东、福建、台湾5～6代。均以蛹在枝干上、柑橘叶背及其他比较隐蔽的场所越冬。蛹于4～5月羽化，第二代成虫7～8月出现，第三代成虫9～10月出现。成虫白天活动，喜在花间采蜜、交尾。交尾后的当日或次日开始产卵。卵多散产于嫩叶片近叶缘处，卵期约7天。孵出的幼虫先食卵壳，尔后咬食嫩叶，致嫩叶缺刻，随着虫龄增大，食量增加，整片新叶被吃光或只留主脉，致新梢无一完整叶片。幼虫突然受惊扰在前胸前缘迅速伸出翻缩腺，放出一股特殊气味。幼虫共5龄，老熟后多在隐蔽处吐丝作垫，以臀足趾钩抓住丝垫，然后再吐丝于胸腹间环绕成带，缠于枝条或叶片等物体上，进入预蛹至蛹期。

【防治方法】

（1）早晨露水未干前可用捕虫网捕捉成虫，网口边可先绑1只凤蝶，加以引诱；在凤蝶产卵和幼虫期，经常检查园区，随时人工捉除。

（2）自然天敌中有寄生卵的赤眼蜂和寄生蛹的凤蝶蛹金小蜂等天敌对凤蝶有显著的控制作用，应注意保护。低龄幼虫期，喷Bt制剂（每克100亿个孢子）200～300倍液。

（3）1～3龄幼虫期，喷药防治效果最好。药剂有10%吡虫啉可湿性粉剂3 000倍液，25%除虫脲可湿性粉剂1 000倍液，10%氯氰菊酯乳油2 000～4 000倍液，2.5%敌杀死乳油1 500～2 500倍液，0.3%苦参碱水剂200倍液，48%乐斯本乳油1 200～1 500倍液，50%马拉硫磷乳油800～1 000倍液，50%辛硫磷乳油1 000～1 200倍液，35%克蛾宝乳油1 500倍液，90%晶体敌百虫或80%敌敌畏乳油800倍液等。

刚羽化的柑橘凤蝶

柑橘凤蝶成虫

柑橘凤蝶卵粒

柑橘凤蝶三龄幼虫

柑橘凤蝶幼虫

柑橘凤蝶蛹

2. 玉带凤蝶

玉带凤蝶（*Papilio polytes* Linnaeus），又名白带凤蝶、黑凤蝶。我国柑橘产区均有分布。

【为害状】 在柑橘上的为害与柑橘凤蝶相同。

【形态特征】 雌成虫体长30～32毫米，翅展90～95毫米。雄成虫前翅外缘有黄白色弯月形斑7～9个，由前向后渐大，后翅中央中室外有7个大型黄白色斑，横列达前后缘，两翅白斑连接形如玉带，故得名；后翅外缘呈波浪状，尾突甚长，形似燕尾；复眼黑褐色，触角棒状，黑色。雌虫有二型，黄斑型（又称Crgus型）与雄虫相似，但后翅近外缘处有半月形棕红色小型斑点数个，或在臀角上有一深红色眼状纹；赤斑型（又称Polytes型），前翅黑色，外缘无斑纹，后翅近外缘有半月形深红色斑数个，中室外方有大型黄白色斑4个。卵球形，直径1.2毫米，初产淡黄色，近孵化时灰黑色，与柑橘凤蝶卵不易区分。幼虫共5龄，体色变化较大，1～3龄期，体灰黄色、暗黄褐色、黑褐色，全体光滑，头、尾各有1对肉质刺突，胸腹节两侧有淡白色斑斜向背部，在背部由4个近似菱形的体色斑拼接成大菱形图纹，呈倒三角形，尾部有一"猫头"形的白色图纹斑；4～5龄期体深绿色，或随环境略有差异；老熟幼虫体长34～44毫米，后胸前缘有一齿状黑线纹连接两端的眼形斑，第二腹节前缘有一黑带，第四、五腹节两侧各有1条斜向背部的黑褐色杂以灰黄、灰紫等色斑的宽花带，第六腹节两侧下方，有1条近似长方形斜行花带，背部有2个小花斑（有的虫体第六腹节无花带和小花斑）；头部1对翻缩腺，紫红色。蛹长32～34毫米，暗绿色，头棘1对，向前突伸，胸背部高度隆起，胸腹面相应向背面弯曲。

【发生规律】 玉带凤蝶在广东、福建等地一年发生4～6代，在浙江、四川和江西等地一年发生4～5

代。以蛹越冬，翌春陆续羽化。羽化后不久即行飞翔，在阳光较强的中午活动频繁，追逐交尾，尔后寻找芸香科植物的嫩叶产卵。卵散产，多产于叶背，经1周左右孵化，幼虫第一代发生于4月中旬至5月下旬，第二代发生于6月上旬至7月中旬，第三代发生于7月下旬至9月下旬，孵化的幼虫不久便取食，二龄以后食量激增，往往将全株叶片吃光，甚至啮食嫩枝、幼果及皮层。成虫一生交配多次。

【防治方法】 参考柑橘凤蝶的防治。

玉带凤蝶雄成虫

玉带凤蝶(两型雌成虫)

玉带凤蝶卵粒

玉带凤蝶幼虫蜕皮后转入三龄期

玉带凤蝶低龄幼虫

玉带凤蝶幼虫

玉带凤蝶蛹

蛹（左蓝凤蝶，中玉带凤蝶，右柑橘凤蝶）

3.达摩凤蝶

达摩凤蝶（*Papilio demoleus* Linnaeus），别名黄花凤蝶、黄凤蝶。分布于我国南方柑橘产区，为华南柑橘区常见的一种凤蝶。

【为害状】 与柑橘凤蝶相同。

【形态特征】 成虫体长30～32毫米，翅展约92毫米；体背灰黑色，腹部两侧和胸背两侧有黄色纵线，翅面黑色，前翅基部横列许多不连接的淡黄色细斑状纹，近前缘处呈放射形，后缘处似扇形；翅中部自前缘至后缘有14个大小不一、排列不整齐的淡黄色斑；后翅外缘无燕尾突，后翅基半部通过中室有一块圆斑，上缘粉蓝色，下部朱红色。卵圆球形，淡黄色，直径约1.6毫米。幼虫共5龄，老熟幼虫黄绿色，前胸具1条、后胸前缘和后缘各具1条齿状横带纹，黑色，并列有齿状黄褐色带，横纹带因环境时有变化；第四腹节气门上方两侧各有1条褐色至黑色粗大斑纹，向上后方斜伸至第五腹节背部，斑纹不连续，第六腹节两侧和尾节亦各有1条同颜色的斜纹斑，1～5腹节前缘均有5个约等距圆黑点，有虫体伸缩时可见。第6～8腹节背部近后缘各有2个较大圆黑点，与前缘1个形成三角形。但虫体斑点常有变化；头部上方两侧和尾部两侧各有1对肉刺突，橙黄色；翻缩腺1对，前半部紫红色，基部橙黄色。蛹体粉绿色，长39～40毫米，腹面较平直，头棘1对，粗短，棘间凹入近弧形，中胸背面突起为钝角状，体色可随环境而改变。

【发生规律】 达摩凤蝶一年发生4～6代，以蛹越冬。成虫于11月中旬产卵于柑橘嫩芽上，经7天孵化。幼虫先食柑橘嫩叶，食量随虫体成长而增大。幼虫期26～30天，老熟幼虫于11月下旬在枝间化蛹，蛹尾端固着于枝上，身体上部环系丝带。蛹体与枝条约40°倾斜，触动时左右摇摆。蛹期25～45天，至1月中旬羽化为成虫。第二代幼虫大多于3月发现。

【防治方法】 参照柑橘凤蝶的防治。

达摩凤蝶幼虫为害状

达摩凤蝶成虫

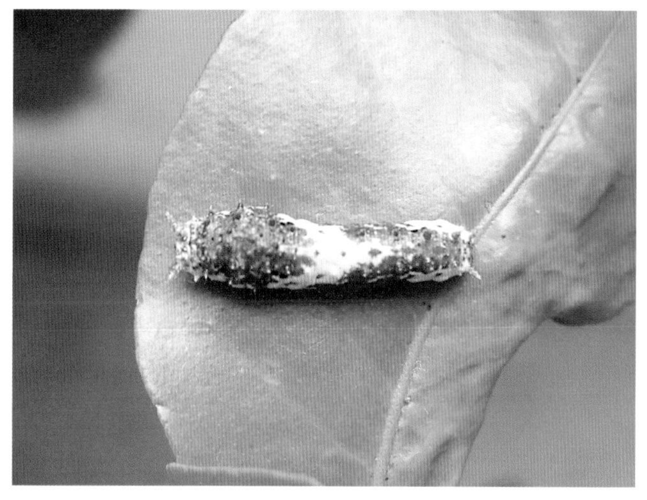

达摩凤蝶二龄幼虫

受惊后的达摩凤蝶幼虫

斑纹不同的达摩凤蝶幼虫

斑纹不同的达摩凤蝶幼虫

斑纹不同的达摩凤蝶幼虫的达摩凤蝶蛹

达摩凤蝶蛹

化蛹环境不同颜色不同

4. 蓝凤蝶

蓝凤蝶（*Papilio protenor* Gramer），又名黑凤蝶、无尾黑凤蝶、乌凤蝶。分布于我国广东、广西、福建、江西、浙江、湖南、湖北、河南、甘肃和西南地区，以及台湾各地的低谷地带。

【为害状】 与柑橘凤蝶相同。

【形态特征】 成虫体长22～35毫米，翅展81～118毫米；头、胸均黑色，胸背黑色间杂灰白色长绒毛；前翅和后翅黑色，被天鹅绒状鳞粉，后翅无燕尾突；前翅翅脉间密布银白色小点，前缘微向后弯，顶角钝。雄成虫后翅前缘与前翅交界处有一淡绿黄色横斑，后翅近外缘有蓝色小点，臀角处有1～2个朱红色眼状斑。雌虫与雄虫相似，只后翅前缘无淡黄绿色横斑，而在前缘处蓝色和黄色小斑多于雄虫，后翅臀角处有朱红色月形斑3个。卵球形，初淡绿色，孵化前黑色。幼虫共5龄，二龄幼虫灰黑色或灰绿色，背部有白色斑纹，中间有菱形斑相连，状如兽形面具，尾部亦有1个酷似“猫头”的白色斑；老熟幼虫体长50～52毫米，绿色至绿黄色，翻缩腺紫红色，中胸背面有1条前绿后淡绿色横纹，其上有淡蓝色曲线，两侧各布一圆斑，端部各有1个黑色为主杂于红、白和淡褐色眼状斑，后胸背面后缘有1条前侧灰棕、后侧深褐色粗横纹，中有淡蓝色曲线；腹部第三节两侧有深褐色、灰棕色及白色混杂的花纹条斑向上斜伸至第四腹节背部，形成“】”纹，第五节两侧至背部亦有“】”斑纹，在斑纹内侧有2个前伸突出斑纹；臀节末端为白色斑。蛹体长35～37毫米，灰绿色，体菱形，头部两个细尖棘突，斜向左右，向背部翘起，内侧各有2个小齿，背部弯曲，胸部隆起，前胸有1对呈三角形粉绿色大斑，其前缘有1对褐色小点，腹背面1～6节中间贯穿1条前小后大的暗绿色条纹，将粉绿色大斑分成左右两半，前端1对褐色斑点，第四节两侧有1对“耳状”突。

【发生规律】 蓝凤蝶以蛹越冬，福建一年发生3代以上。一年早夏梢开始即见成虫活动，卵散产于嫩芽的叶片上，初产为乳白色，后转淡黄色，孵化前灰黑色。幼龄幼虫啃食嫩叶嫩梢，3龄后食量大增，可将老叶片食光，多数不留叶脉，致枝梢光秃。

【防治方法】 参照柑橘凤蝶的防治。

蓝凤蝶成虫

蓝凤蝶成虫腹面

蓝凤蝶三龄幼虫

蓝凤蝶幼虫

蓝凤蝶幼虫为害四季橘

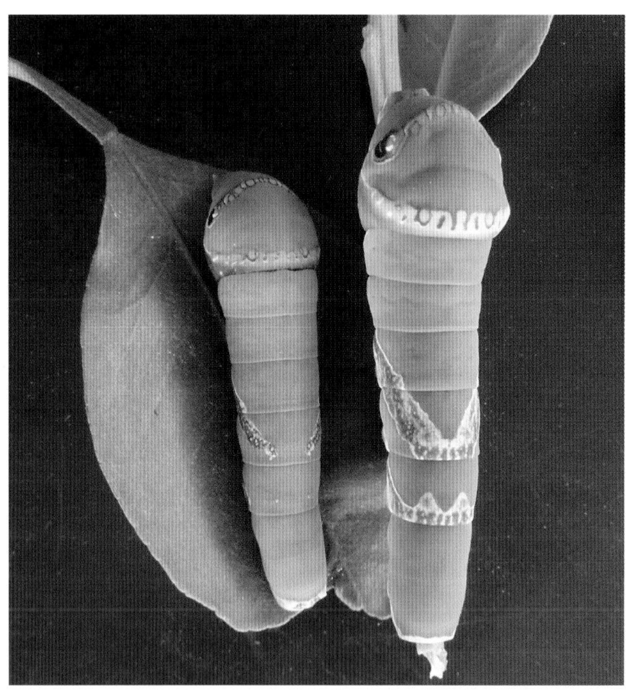

蓝凤蝶幼虫（右）和玉带凤蝶幼虫（左）

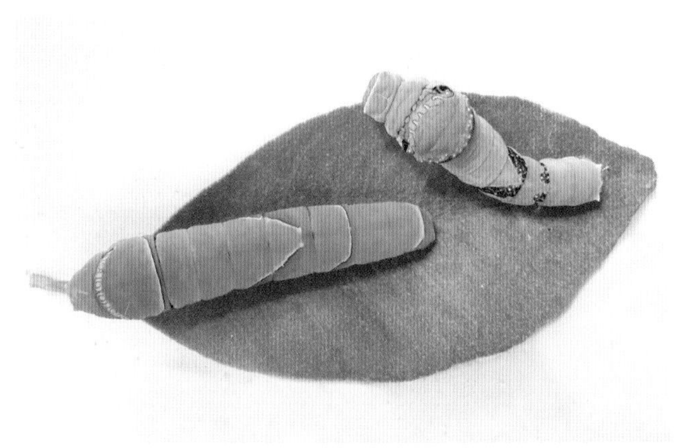

蓝凤蝶四龄幼虫（右）和柑橘凤蝶五龄幼虫（左）

蓝凤蝶蛹

*5.*美凤蝶

美凤蝶（*Papilio memnon* Linnaeus），又名多型蓝凤蝶、多型人凤蝶、大凤蝶等。在我国四川、云南、湖北、湖南、福建、江西、浙江、广东、广西、海南和台湾等省（自治区）均有分布。在东南亚和南亚等国有发生。

【为害状】 取食柑橘类叶片，造成叶片缺刻，或将嫩叶吃光。

【形态特征】 成虫为雌雄异型，雌成虫分有燕尾型及无燕尾型两种，体长33毫米，翅展135～140毫米；前翅基部各有1个三角形红褐色斑，翅脉明显，后翅有红白色斑，在外缘中部各有1个红白色眼斑，中间有1个黑点。雄成虫正面蓝黑色，基部暗红色。幼虫体长50～60毫米，共5龄，绿色，胸背板有1层浅灰蓝色膜状物，后胸前缘两侧各有1个绿、白色相杂的眼斑，后缘有齿状线，第三腹节两侧有1个白色宽带斜向第四节背面，第五节两侧各有1个三角形大白斑。蛹为缢蛹，长约40毫米，胸宽10毫米，头部前端有1对前伸的长突，有暗灰色和绿色两型，暗灰色型杂以黑色斑纹，绿色型有不规则的褐色斑纹。

【发生规律和防治方法】 参考蓝凤蝶。

美凤蝶雌成虫（有尾型）

美凤蝶老熟幼虫

美凤蝶预蛹

美凤蝶雌蛹褐色型
（背面）

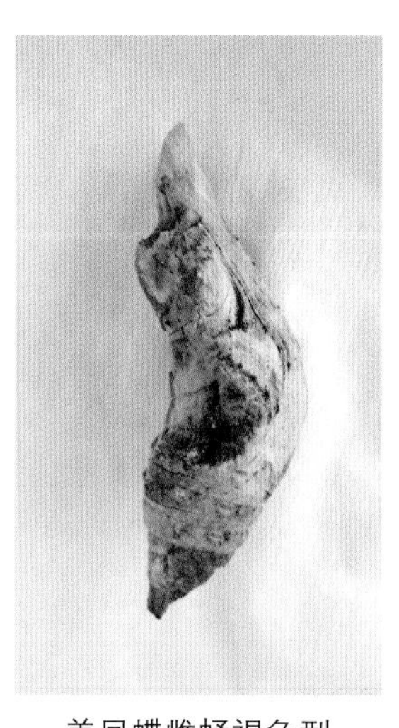

美凤蝶雌蛹褐色型
（侧面）

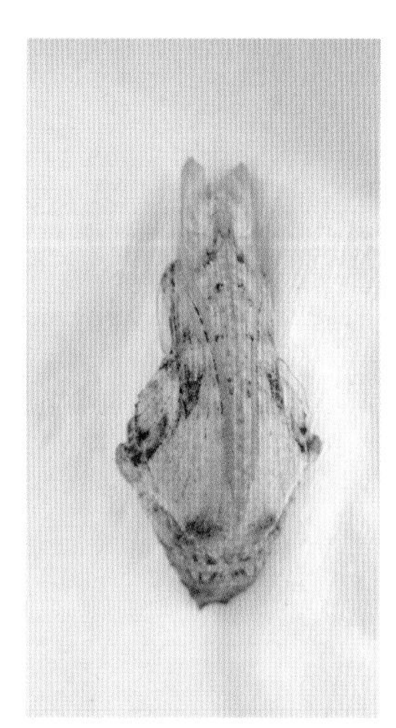

美凤蝶雌蛹褐色型
（腹面）

四种凤蝶幼虫：右下美凤蝶，左1蓝凤蝶预蛹，
左2和右上玉带凤蝶，左3达摩凤蝶

蓑蛾科

1.大蓑蛾

大蓑蛾（*Clania variegata* Snellen），又名大窠蓑蛾、大袋蛾、大背袋虫。分布广。

【为害状】 幼虫负囊生活，取食叶片，造成叶片缺刻和孔洞，也取食枝条和果实皮层。越冬前固定护囊，常咬食小枝皮层，致使小枝条枯死，影响柑橘生长。

【形态特征】 雌虫无翅，蛆形，体长约25毫米，头部黄褐色，胸腹部黄白多绒毛，腹部末节有一褐色圈。雄虫有翅，体长15～19毫米，体黑褐色，触角羽状；前后翅均为褐色，前翅上有4～5个透明斑。卵椭圆形，淡黄色。幼虫共5龄，老熟幼虫体长约25毫米，头部赤褐色或黄褐色，中央有白色"人"字纹。蛹长约30毫米，赤褐色和暗褐色。护囊长达40～60毫米，囊外附有较大的碎叶片。

【发生规律】 大蓑蛾在长江中、下游地区一年发生1代，华南地区2代。以幼虫悬挂于枝叶上的护囊内越冬。次年3月中、下旬开始化蛹，4月中下旬至5月上旬成虫盛发期，雄虫羽化后，飞离护囊，夜晚尤为活跃，寻找雌虫交尾。雌虫翅退化，终生在护囊内生活，羽化后仍在护囊内交尾，卵产在原护囊内，可达2 000～4 000粒。幼虫孵化后，吐丝随风飘移，分散各处，即织造护囊，并为害寄主叶片，幼龄幼虫多在叶片表面或背面，咬食叶肉，留下表皮，并将碎片细枝节织在护囊外层，随虫龄增长大，护囊增大拉长，幼虫食量加大，以6～9月为害最烈，将叶片咬成严重缺刻和大的孔洞，导致叶片残缺不全。幼虫取食或转移时，头、足伸出护囊外。11月份开始，幼虫封闭护囊开始越冬。

【防治方法】

（1）冬季或早春人工摘除护囊，集中消灭。

（2）用大蓑蛾核型多角体病毒防治，可获得良好效果。注意保护寄生蜂。

（3）成虫发生期用黑光灯或频振式杀虫灯诱杀成虫。

（4）在幼虫发生时，喷洒90%晶体敌百虫800倍液或80%敌敌畏乳油800倍液，2.5%敌杀死乳油或20%灭扫利（甲氰菊酯）乳油3 000～4 000倍液，以及其他低毒有机磷类药剂。

大蓑蛾雌成虫

大蓑蛾为害状

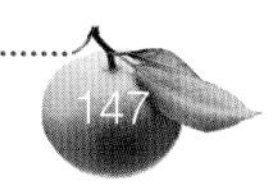

大蓑蛾雌成虫（右）及蛹壳

大蓑蛾雄成虫

大蓑蛾幼虫

大蓑蛾护囊及为害状

2.茶蓑蛾

茶蓑蛾（*Cryptothelea minuscula* Butler），又名小袋蛾、茶袋蛾、小窠蓑蛾。我国长江流域及以南地区普遍分布。

【为害状】 幼虫负着护囊伸出头、胸部，咬食叶片、嫩梢或剥食枝条、果实皮层，造成局部枝条光秃，影响树冠生长，严重时，造成秃枝。

【形态特征】 雌蛾虫体长12～16毫米，虫体乳白色，蛆状，无翅，头小，褐色；足退化；腹部肥大，体壁薄，能看见腹内卵粒；后胸、第4～7腹节具浅黄色绒毛。雄蛾体长11～15毫米，翅展22～30毫米，体和翅暗褐色；触角呈双栉状；胸部、腹部被绒毛；前翅翅脉两侧色略深，外缘中前方具近正方形透明斑2个。卵椭圆形，长约0.8毫米，浅黄色。幼虫体长16～28毫米，头黄褐色，两侧有暗褐色斑纹；胸部背板灰黄白色，背侧具褐色纵纹2条，胸节背面两侧各具浅褐色斑1个；腹部棕黄色，各节背面均具黑色小突起4个，成“八”字形。雌蛹纺锤形，长14～18毫米，深褐色，无翅芽和触角。雄蛹深褐色，长13毫米，翅芽可达第三腹节。护囊纺锤形，深褐色，丝质，外缀干枯碎枝或叶屑，稍大后形成纵向排列的小枝梗，长短不一。

【发生规律】 广西南宁一年发生3代，江西2代，浙江1代，台湾2～3代。以3～4龄幼虫躲在护囊内悬于枝条上越冬，次年春暖后恢复取食为害。第一代幼虫为害期在5月下旬至8月上旬，第二代幼虫为害期9月至次年5月。老熟幼虫先在囊内倒转虫体，头部向下，而后化蛹。雄蛹羽化时先将蛹体蠕动半露于囊外，雄蛾飞去后留下蛹壳。雌虫羽化后仍留囊内，自排泄孔露出黄色绒毛，向外分泌性引诱物质，交尾后，将卵粒产在囊内蛹壳中，每头雌虫平均产卵670粒左右，多的可达3 000粒。幼虫孵化后从囊口爬出，借风力移至枝叶上，片刻即开始营囊护身，随虫龄增长，护囊亦逐渐扩大。幼虫活动取食时，只头、胸伸出，负囊行进。幼虫共6龄，一至三龄幼虫大多只吃叶肉而留下上表皮呈半透明黄色薄膜，三龄后则咬成孔洞或缺刻，甚至仅留叶主脉。化蛹、越冬及蜕皮前均吐丝密封护囊上口并悬结于枝上或叶下。由于雌蛾无翅，只能在原囊内产卵，幼虫的扩散能力有限，故一般发生比较集中。

【防治方法】

（1）茶蓑蛾虫口比较集中，为害状明显，便于发现和人工摘除，并集中烧毁。

（2）用杀螟杆菌、青虫菌、苏云金杆菌每毫升含1亿孢子的菌液喷雾，有良好效果。

（3）用50%辛硫磷乳油1 000～1 200倍液或其他有机磷类药剂喷雾挑治。

茶蓑蛾幼虫护囊及为害状

茶蓑蛾刚孵出的幼虫

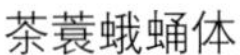

茶蓑蛾蛹体

茶蓑蛾雌幼虫

茶蓑蛾幼虫

茶蓑蛾雌成虫（侧面）

茶蓑蛾雌成虫（腹面）

茶蓑蛾雌成虫（背面）

3.蜡彩蓑蛾

蜡彩蓑蛾（*Chalia larminati* Heylearts），又名蜡彩袋蛾。分布于长江以南。

【为害状】 以幼虫负囊悬挂于柑橘枝叶上，咬食叶片和嫩枝皮层。

【形态特征】 雌雄异型。雄蛾翅展18～20毫米，体长6～8毫米；头、胸部灰黑色，腹部银灰色，前翅黑色，翅基部白色前缘灰褐色，后翅白色，前缘灰褐色。雌蛾虫体长13～20毫米，宽2～3毫米，黄白色，长筒形，头、胸部向一侧弯曲，钩状。卵为椭圆形，米黄色，长0.5～0.7毫米。老熟幼虫体长16～25毫米，宽2～3毫米，体灰白色，有灰黑色斑，头、胸背面黑色，后胸背面两侧各有一大黑斑，腹背线黑色，第八节至尾节黑色。雌蛹体长15～23毫米，宽2.5～3毫米，圆筒形，全体光滑，头部、胸部和腹部末节背面黑褐色，其他部分黄褐色，腹部腹面及背面节间灰褐色，腹部第四至八节背面前缘和第六、七节后缘各有一列小刺。护囊灰黑色，间杂白色斑点，尖圆锥形，质地坚硬，雌护囊长30～50毫米，雄护囊长25～35毫米。

【发生规律】 一年发生1代，以老熟幼虫越冬。2月中、下旬为化蛹盛期，3月上、中旬为成虫羽化期，3月下旬至4月上旬为产卵盛期，6、7月为害最严重，在柑橘叶片背面挂囊取食，把叶片咬成圆斑或不规则斑，只留叶面表皮，或将叶片咬成缺刻。10月中、下旬开始转为越冬，多挂于叶片背面或在其他植物枝条上，在冬季晴暖的天气，部分越冬幼虫仍可出囊啃食枝条皮层，致小枝干枯。

【防治方法】 参照大蓑蛾的防治。

蜡彩蓑蛾为害状

蜡彩蓑蛾幼虫护囊及为害状

蜡彩蓑蛾护囊及为害状

蜡彩蓑蛾雄成虫

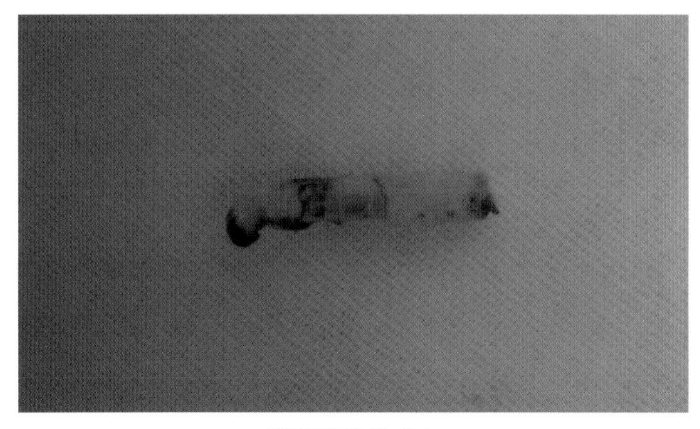
蜡彩蓑蛾雌成虫

蜡彩蓑蛾雌成虫（黑色为头部）

蜡彩蓑蛾幼虫

蜡彩蓑蛾蛹

4.白囊蓑蛾

白囊蓑蛾（*Chalioides kondonis* Matsumura），分布于长江以南各柑橘产区。

【为害状】 与大蓑蛾同。

【形态特征】 雌雄异型。雌成虫体长约10毫米左右，蛆状，黄白色。雄成虫体长约9毫米，翅展18毫米，体浅褐色，有白色鳞片。卵椭圆形，黄白色。老龄幼虫体长约30毫米，红褐色；背板浅棕褐色，被白色中线分成两半；腹部有排列的深褐色斑纹；头部小，胸部淡褐色，腹部可见退化的足痕2对，前1对较明显，体黄白色，第八节至尾节淡褐色。护囊中型，灰白色，全部由丝构成，其表光滑，无叶片和枝梗。

【发生规律】 一年发生1代，以幼龄幼虫在护囊内越冬。次年3月中下旬越冬幼虫取食为害，将叶片咬成缺刻或孔洞，并啃食嫩枝皮。5～6月为幼虫为害盛期，6～7月化蛹，蛹期约为20天。7月始见成虫，将卵产在蛹壳内，卵呈堆状，上盖绒毛，每头雌成虫可产几百粒不等，卵期约为10天。7月下旬幼虫孵化，先食卵壳，其后爬出护囊，吐丝下垂扩散，找到适合场所后立即吐丝缠身。随幼虫不断取食，虫龄增长，其护囊也随之加大。幼虫为害至秋后，陆续向枝条上转移，将护囊固定后，用丝封口进入越冬。

【防治方法】

（1）秋冬结合修剪，消除越冬护囊。

（2）保护、利用姬蜂、大腿蜂、寄蝇等天敌。

（3）利用性信息素、黑光灯或频振式杀虫灯诱杀成虫。

（4）蓑蛾幼虫对敌百虫药剂较敏感，使用90%晶体敌百虫1 500倍液防治，可取得较好效果。

白囊蓑蛾为害状

白囊蓑蛾护囊（右）和雄蛹体

白囊蓑蛾雌成虫（侧面）

白囊蓑蛾雌成虫（腹面）

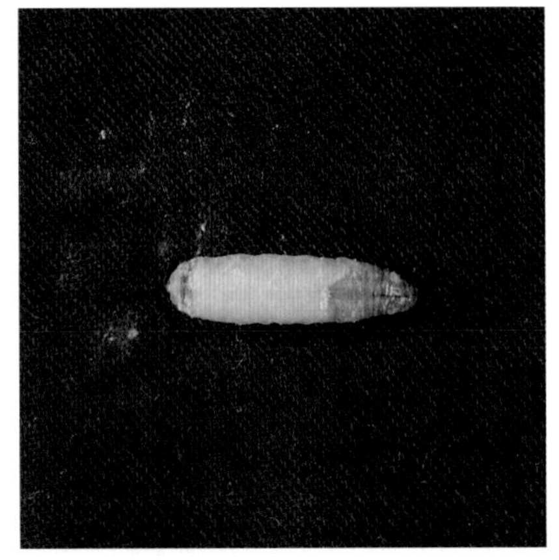

白囊蓑蛾雌成虫（背面）

夜 蛾 科

1.鸟嘴壶夜蛾

鸟嘴壶夜蛾（*Oraesia excavata* Butler），又名葡萄紫褐夜蛾、葡萄夜蛾。我国柑橘产区均有分布。

【为害状】 成虫以刺吸式口器刺入近成熟的果实内吸取果汁，被害处有一小孔，周围呈水渍状腐烂，导致果实脱落。幼虫啮食木防己和葡萄叶片。

【形态特征】 成虫体长23～26毫米；翅展49～51毫米；头部、前胸及足赤橙色，中、后胸褐色，腹部背面灰褐色，腹面橙色；前翅紫褐色，前翅翅尖向外缘突出、外缘中部向外弧形凸出和后缘中部的弧形内凹，自翅尖向中部有2根并行的深褐色线纹，肾形纹较明显；后翅淡褐色。卵呈扁球形，底部平坦，直径0.72～0.76毫米，高约0.6毫米，卵壳上密布纵纹，初产时黄白色，1～2天后变灰并出现棕红色花纹。幼虫共6龄，初孵时灰色，长约3毫米，后变为灰绿色；老熟时灰褐色或灰黄色，似枯枝，体长46～60毫米，体背及腹面均有1条灰黑色宽带，自头部直达腹末；头部有2个边缘镶有黄色的黑点，第二腹节两侧各有1个眼形大斑点。蛹体长17.6～23毫米，宽约6.5毫米，暗褐色，腹末较平截。

【发生规律】 鸟嘴壶夜蛾在中亚热带和北亚热带柑橘产区一年发生4代，浙江黄岩和湖北武昌以蛹和幼虫在背风向阳的木防己植物或杂草丛中越冬。浙江黄岩各代发生期分别为6月上旬至7月中旬、7月上旬至9月下旬、8月中旬至12月上旬，第4代至次年6月中旬结束。8月中旬至11月为害柑橘，四川、重庆在9月下旬成虫开始为害柑橘，10月中旬达到高峰；广东柑橘被害高峰期为9月中下旬，比嘴壶夜蛾的为害高峰要早15天左右。卵散产在果园附近的木防己顶部嫩叶或嫩茎上，木防己是已知幼虫的惟一寄主。每雌蛾可产卵50～600余粒。幼虫孵化后，先吃掉卵壳，再吃木防己顶端嫩叶叶肉，只留下表皮，三龄幼虫沿植株向下取食，把叶吃成缺刻，甚至吃光，幼龄幼虫有吐丝下垂习性，体色与枯枝相似，不易发觉。老熟幼虫在木防己基部或附近杂草丛内缀叶结薄茧化蛹。成虫白天多分散停息在近果园的杂草丛中，夜间活动，有一定的趋光性、趋化性和假死性，且喜芳香和甜酸味食料。在广东，天黑不久即从园外飞入园内，天气温暖微吹南风的晚上，从8时至午夜前活动最盛。

【防治方法】

（1）避免多种果树或不同成熟期的品种混栽；铲除幼虫寄主植物木防己，同时铲除园内和园外杂草，减少成虫停息场所；早熟品种在8月中旬至9月上旬果实套袋。

（2）7月份前后大量繁殖赤眼蜂，在柑橘园周围释放，寄生夜蛾卵粒。

（3）安装频振式杀虫灯或智能太阳能灭虫器诱杀成虫。

（4）选用有机磷类、拟除虫菊酯类等杀虫剂，在发生为害初期开始喷布，防治幼虫和成虫。

鸟嘴壶夜蛾成虫

鸟嘴壶夜蛾成虫（标本态）

鸟嘴壶夜蛾成虫

2.嘴壶夜蛾

嘴壶夜蛾（*Oraesia emiarginata* Fabricius），又名桃黄褐夜蛾。我国柑橘产区广泛分布，是为害柑橘的吸果夜蛾中分布最广、为害最重的种类。

【为害状】 成虫以锐利有倒刺的坚硬口器刺穿果皮吸吮果肉汁液，在果面上有一针头大小的刺孔，被害部位渐呈水渍状圆斑形腐烂，烂斑淡褐色，随后果实脱落。幼虫以木防己、汉防已叶片或十大功劳、青木香等为食料。

【形态特征】 成虫体长16～19毫米，翅展34～40毫米，头部红褐色，腹部灰褐色，口器深褐色，角质化，先端尖锐，有倒刺10余枚。雌蛾触角丝状，前翅棕褐色，雌蛾后翅呈缺刻状。雄蛾触角双栉齿状，前翅色较浅；前翅翅尖突出，外缘中部突出成角状，内侧有1个红褐色三角形斑纹，后缘中部内凹，成浅圆弧形，翅中部的深褐色横线只见后半部，翅尖伸向后缘中部有1条深色斜纹，由深色中脉与中横线相连呈斜"h"形纹，肾状纹隐约可见；后翅褐色或灰褐色，外半部色较深。卵扁球形，底面平，直径约0.75毫米，初产时黄白色，1天后顶部出现暗红色花纹，无花纹卵为无受精卵，其外围出现暗红色环圈，孵化前为灰色，卵壳表面有不整齐的灰褐色纵向纹。幼虫共6龄，行动如尺蠖状；三龄幼虫体长10～14毫米，头及体均为黑色，胸部背面有3块相互接连的小黄斑，腹部第5～9节背面各有小黄斑排列成两纵行，组成亚背线；五龄幼虫体长18～25毫米，头部黑色，体淡黑色，头部有4对黄斑，腹部第2～5节白斑间出现1对橙红色或橙黄色斑；六龄体长30～52毫米，全体黑色，各体节有一大黄斑和数目不等的小黄斑，组成亚背线，第2～5节橙红色斑增至2对，除前胸和腹部第一节气门外，其余腹部气门出现小红点。 蛹红褐色，体长17～20毫米，腹部第2～7腹节背、腹面前缘有一横列深点刻，腹末每侧有1对角状臀刺。

【发生规律】 广州一年发生5～6代，无真正越冬期。在浙江黄岩和江西一年发生4代。以蛹和老熟幼虫在背风向阳的木防已等植物的基部卷叶内、杂草丛或松土块下越冬。田间世代重叠，幼虫全年可见，但以9～10月发生量最大。成虫具假死性，对光和芳香味有明显趋附性，白天分散在杂草、间作物、树干、篱笆和墙洞处停息，黄昏后即飞入柑橘园内取食为害，尤于晚上8时至午夜前活动，于晚10时前密度大。在10月无风又较闷热的夜晚盛发为害。

【防治方法】 参考鸟嘴壶夜蛾的防治。

嘴壶夜蛾雌成虫

嘴壶夜蛾雌成虫

嘴壶夜蛾雌成虫（标本态）

嘴壶夜蛾雄成虫

嘴壶夜蛾雄成虫（标本态）

嘴壶夜蛾幼虫

嘴壶夜蛾蛹

*3.*壶夜蛾

壶夜蛾（*Calpe minuticornis* Guenée），在我国华南柑橘产区有分布。

【为害状】 壶夜蛾以成虫为害柑橘果实，其症状与鸟嘴壶夜蛾相同。

【形态特征】 成虫体长18～21毫米，全体灰褐色，复眼黑褐色，触角丝状；前翅前缘平直，顶角尖稍向后弯，外缘中部向内凹入，臀角钝圆，后缘中部内凹，弧度大，翅基部和近基部处各有1条从前缘斜向翅基后的淡褐色细线，在顶角处有1条深褐色线斜向后缘的凹口内侧，翅面布有不明显的白色纵线和黑色线状斑，横向分布不连续的灰白色波状纹，后翅近翅基部约1/2为灰白色，渐向外缘转为浅灰黑色，外缘边被白色绒毛。老熟幼虫体长45～49毫米，低龄幼虫浅灰绿色，第四、五腹节背面各有1对黄色圆形小斑，随虫龄增大，体色为灰污色或灰黑色或墨黑色；头部鲜红色，近后缘两侧各有1个小黑斑；胸部第一节背面前缘有1对黑色较大斑，胸足3对，有趾钩，腹足3对，前1对稍小，尾足1对，均为肉质状肉色；背线黑色，不明显，两侧各节有1个黄色大斑，在大斑前有2个、后有1个黄色小点，组成亚背线，以第四、五腹节的黄色斑最大。蛹黑褐色，有光泽，尾刺1对，另有小刺4枚，弯钩状。

【发生规律】 幼虫在6月下旬可见，7月盛现，在园区外的小灌木丛中分散性生活、取食。食性单一，咬食防己科“金锁匙”［粉叶轮环藤*Cyclea hypoglauca*（Schauer）］的叶片。幼虫大小龄期不一，7、8、9月均有化蛹。有的于9月下旬羽化，为害初熟柑橙果实，以后陆续在果园为害。成虫有一定的趋光性。

【防治方法】 参考鸟嘴壶夜蛾的防治。

壶夜蛾成虫

壶夜蛾成虫

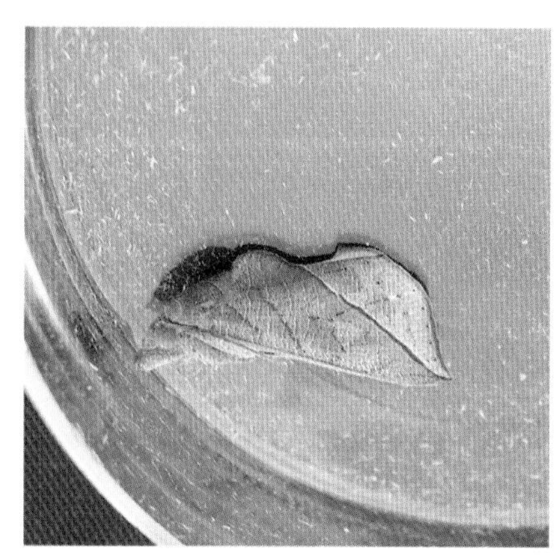
壶夜蛾成虫（极具假死性）

壶夜蛾成虫（标本态）

壶夜蛾幼虫

壶夜蛾幼虫取食

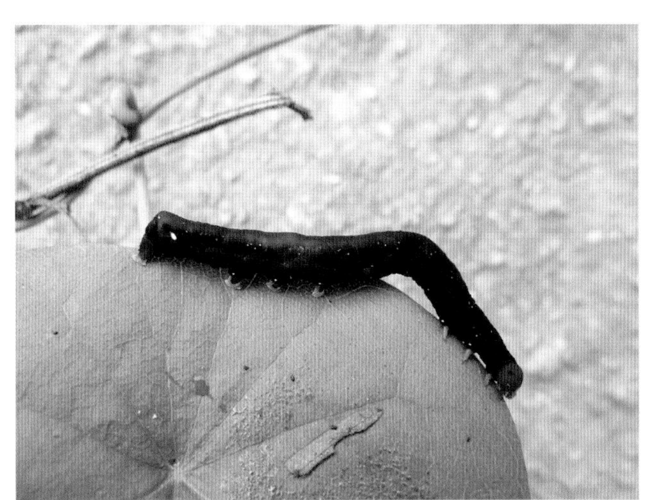

壶夜蛾幼虫（亚背线无大黄斑）

壶夜蛾蛹（腹面）

壶夜蛾蛹（侧面）

壶夜蛾蛹（背面）

4.枯叶夜蛾

枯叶夜蛾（*Adris tyrannus* Guenée），又称通草木夜蛾。分布于四川、重庆、湖北、江苏、浙江、云南、陕西、台湾等省（直辖市），广东粤北2003年在脐橙园发现为害。

【为害状】 枯叶夜蛾以成虫吸食柑橘、苹果、梨等果实的果汁。柑橘果实被害后，初为小针孔状，并有胶液流出，后扩展为木栓化、水渍状的椭圆形褐色斑，最后全果腐烂，幼虫取食通草、十大功劳等植物叶片。

【形态特征】 成虫体长35～42毫米，翅展98～100毫米；头、胸部棕褐色，腹部背面橙黄色，触角丝状，灰黑色；前翅枯叶褐色，雌蛾体色较深，前翅顶角很尖，外缘呈弧形向内极度弯斜，后缘中部内凹，弧度宽；翅脉清晰，上有许多小黑点排列；环纹为一黑点，肾纹黄绿色；后翅橘黄色，亚端区有一

牛角状黑带，中后部有一肾形黑斑纹。卵乳白色，近球形，底平，卵壳表面有六角形网纹。幼虫老熟时体长60～70毫米，头部红褐色，体色多变，有黄褐色或灰褐色；背线、亚背线、气门线、及腹线均为暗褐色。第二、三腹节两侧各有一眼形斑，中间黑色；第六腹节亚背线和亚腹线有一方形白斑，上有许多黄褐色圈和斑点。蛹红褐色或灰褐色，长30～32毫米，臀棘4对，外有黄白色丝将叶片黏连在一起包裹蛹体。

【发生规律】 浙江黄岩一年发生2～3代。以成虫越冬，田间3～11月均可发现成虫，但以秋季较多。8月下旬至9月中旬，田间可见到较多卵粒。在广东，成虫为害为8月中旬至12月。成虫羽化后不久即交尾，交尾后数小时内即可产卵。卵常产在橘叶正面或靠近叶尖的边缘处，常数粒产在一起，每晚可产卵80～90粒。初孵幼虫有吐丝的习性，白天潜伏在枝上不动，晚上取食柑橘叶片。静止时常以3对腹足着地，全体呈“U”或 “？”形。老熟幼虫常在1片叶或2～3片叶之间化蛹。已发现的幼虫寄主有木防己、木通、通草和十大功劳等。成虫略具假死性，白天潜伏，天黑后飞入果园为害果实，喜选择健果为害。

【防治方法】

（1）进行果实套袋栽培。

（2）用果醋或酒糟液加红糖配成糖醋液，再加0.1%敌百虫诱杀成虫；用成熟的果实剥皮扎孔，浸泡在50倍敌百虫液中，一天后取出晾干，再放入蜂蜜水中浸泡半天，晚上挂在果园中诱杀成虫。幼虫发生期喷80%敌敌畏乳油800倍液1～2次，即能有效地消灭幼虫。

枯叶夜蛾成虫

枯叶夜蛾成虫（标本态）

5.落叶夜蛾

落叶夜蛾（*Ophideres fullonica* Linnaeus），又名小通草木夜蛾、拟通草木夜蛾、姬通草木夜蛾、凡艳叶夜蛾。分布于华南、东北、华北、华中、云南、台湾等地。

【为害状】 与嘴壶夜蛾相同。

【形态特征】 成虫体长36～40毫米，翅展106毫米左右；头、胸部淡紫褐色，腹部腹面黄褐色，背面大部枯黄色；前翅黄褐色，杂有暗色斑纹，后缘基部外突，中部内凹，肾纹隐约可见，其后有1条从翅尖斜伸至后缘外突处的暗色条纹，脉基部具一白色斑，内线色暗；后翅橘黄色，外缘有一黑色钩形斑，黑斑外缘有6个小白斑排列，近臀角处有一黑色肾形大斑。卵扁圆球形，直径0.86～0.93毫米，顶部圆滑，卵孔圆形。幼虫体色多变，头暗紫色或黑色，体黄褐色或黑色；末龄幼虫体长60～68毫米，体宽6～7毫米，头宽4.2～5.0毫米；前端较尖，通常第一、二腹节弯曲成尺蠖形，第八腹节隆起，将第七至第十腹节连成一个山峰状；各体节上布有不规则黄斑；第一至第八腹节有不规则的红色斑，第二、三腹节亚背面各有一个眼形斑，胸足外侧黄褐色，腹足红褐色。蛹黑褐色，长29～31毫米，第一至第八腹节背面满布刻点，第九至第十节背、腹面均有纵条纹，腹末端着生粗的锚形刺2对，侧、背面各生1对较细的钩形刺。

【发生规律】 落叶夜蛾在福建一年发生4～5代，以幼虫和蛹在草丛、石缝和土隙中越冬。冬末春初多数幼虫开始化蛹，但部分幼虫在天气暖和时仍能活动取食。3月底至4月初第一代成虫出现，并开始为害

落叶夜蛾成虫

落叶夜蛾成虫（标本态）

桃、李等果实，第二代成虫为害荔枝、龙眼。落叶夜蛾世代明显重叠，8月中旬以后成虫开始为害柑橘，8月下旬至10月上旬为发生高峰期。

【防治方法】 参照鸟嘴壶夜蛾的防治。

6. 艳叶夜蛾

艳叶夜蛾（*Eudocima salaminia* Cramer），广东、广西、浙江、江西、台湾、云南等省、自治区有分布。

【为害状】 同嘴壶夜蛾。

【形态特征】 成虫体长31～35毫米，翅展80～84毫米；头、胸部背面灰绿色，中后胸、下唇须黄绿色，腹背杏黄色；触角丝状，复眼灰绿色；前翅前缘灰绿色，向内和翅端色渐白；顶角至内缘基部形成一白色宽带，外缘白色，其余灰绿色，在灰绿色近基部一端有1条明显的红褐色线弯向臀角前方；后翅杏黄色，中部有一黑色肾斑，顶角至外缘有一前粗后渐小的大黑斑。末龄幼虫体长52～72毫米，头部暗褐色，有黑色不规则斑点；体紫灰色，满布暗褐色不规则较细的斑纹，背线、气门上线、亚背线暗褐色，第八腹节生二锥形突起，胸足外侧褐色，腹足褐色。

【发生规律】 浙江黄岩一年发生6代，以幼虫和蛹越冬。幼虫寄主有木防已和千金藤。8月中旬后为害成熟的柑橘果实。于20～23时活动为害，闷热、无风、无月光的夜晚成虫出现数量大、为害重。天敌有卵寄生蜂1种。

【防治方法】

（1）设置40瓦黄色荧光灯，每0.67公顷6支，对该虫有一定的拒避作用；果实成熟期，把甜瓜切成小块悬挂在橘园，引诱成虫取食，夜间进行捕杀。

（2）发生量大时，果实近成熟期用糖醋液加90%晶体敌百虫于黄昏时放在园中诱杀成蛾。

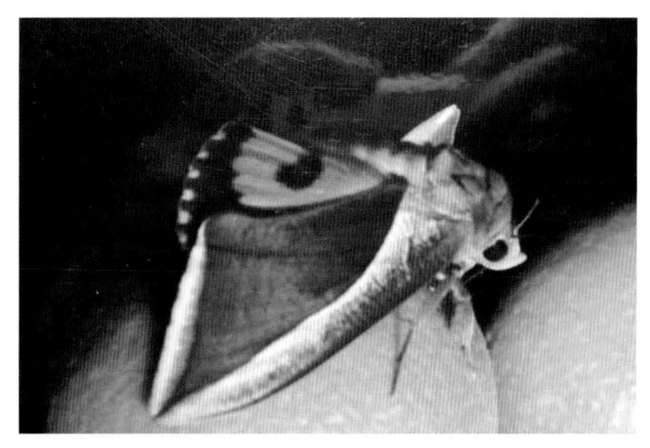
艳叶夜蛾成虫　　（邱书林提供）

艳叶夜蛾成虫

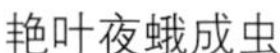

艳叶夜蛾成虫

艳叶夜蛾成虫

7.超桥夜蛾

超桥夜蛾［*Anomis fulvida*（Guenée）］广东、广西、四川、重庆、江西、浙江、湖北、河北、黑龙江等省（自治区、直辖市）有发生。

【为害状】 为害柑橘类果实同嘴壶夜蛾。

【形态特征】 成虫体长约17毫米，翅展35～38毫米；头、胸部棕红色，触角丝状，前翅暗红褐色，内横线褐色，折成3弯曲波纹，中横线较平直，深红褐色；外横线前半部波纹状明显，后半部隐约可见；亚外缘线隐约可见；顶角略向后弯，较尖；外缘内收成浅弧形，中部明显向外突出，呈尖角，后半部斜收至臀角；停息时两翅合拢，形成中间一个大拱，形似拱桥，后翅浅灰褐色，基部处白黄色。卵扁球形，顶部突起，直径约0.6毫米，淡黄白色。幼虫细长，低龄体浅灰色，背线细，白色，老熟时长约35～45毫米，头部深橙红色，布有稀疏白色短毛；体黑色，亚背线有不规则的黄色大斑，从头部直至尾部整齐排列成行，气门椭圆形，黑色，外围白色，气门下线细，白色；体各节均着生稀疏白色短毛；胸足3对，肉质色，有尖趾钩，腹足4对，肉质色，前1对短，较小，后3对粗壮，趾钩大。蛹深褐色，无光泽，长约20毫米。

【发生规律】 超桥夜蛾一年发生5～6代，广西南部8月中旬以后开始为害柑橘果实。广东杨村，幼虫较普遍出现于8～9月，并在此时成蛹、羽化，开始转入柑橘园中为害。

【防治方法】 参考嘴壶夜蛾的防治。

超桥夜蛾成虫

超桥夜蛾成虫（标本态）

超桥夜蛾幼虫

超桥夜蛾蛹（背面）

超桥夜蛾蛹（侧面）

超桥夜蛾蛹（腹面）

*8.*桥夜蛾

桥夜蛾（*Anomis mesogona* Walker），分布在我国各柑橘产区，是为害柑橘的重要吸果夜蛾。

【为害状】 与嘴壶夜蛾为害状相同。成虫吸食柑橘果实的果汁，幼虫以野生的高粱泡、酸栗等叶片为食料。

【形态特征】 成虫体长16～17毫米，翅展35～38毫米；头部与胸部暗红褐色，触角丝状；体及前翅浅暗红色，在翅基后缘有一短黑线，停息时呈“八”字形；翅尖稍下垂，外缘中部向外突出，呈明显的尖角；内横线褐色，在中脉近处折成外突齿，中横线前半部外突大，至中脉近处向内折成直角后延至后缘，近前缘处有2个黑斑；外横线浅；静止时，两翅合拢呈拱桥状纹。卵扁球形，淡黄色，直径约0.6毫米，顶端突起，底面平，卵壳上有纵走条纹。幼虫细长，老熟时体长33～38毫米，暗灰绿色，背线绿色不明显，背面与侧面有深绿色毛突，毛突外围有灰白色环；胸足和腹足绿色，腹足4对，第三和第四对发达。蛹棕褐色，长约18毫米。

【发生规律】 在浙江黄岩一年发生6代。以幼虫的蛹越冬，各代发生高峰期分别在4月上旬、5月中旬、6月下旬、7月中旬、8月下旬和9月中旬，卵的孵化率以第一代最高。广东粤北在7月中旬可见成虫，数量较少。幼虫的寄主植物有野板栗等多种。桥夜蛾卵的寄生蜂寄生率很高，所以其幼虫数量少，至柑橘成熟期成虫数量不及嘴壶夜蛾多。其发生规律相似嘴壶夜蛾。

【防治方法】 参考嘴壶夜蛾的防治。

桥夜蛾成虫

9.掌夜蛾

掌夜蛾［*Tiracola plagiata*（Walker）］，分布于浙江、湖南、福建、海南、四川、重庆、云南、台湾等省（直辖市），粤北于2010年春发现。

【为害状】 为害叶片和幼果，造成叶片缺刻，严重时仅剩主脉。幼果果皮被咬食，造成幼果残缺，严重时，咬食至果肉，导致落果。

【形态特征】 成虫体长22.4～22.8毫米，翅展53.4～54.2毫米；头及胸部褐黄色，腹部背面暗褐色，触角丝状；前翅长过于体，褐黄色，翅脉灰白色，明显，翅面有褐色细点及零星黑点，端区带有暗灰色和赤褐色；翅基横布数个黑点，内横线、中横线暗褐色，波浪形，肾纹大，红棕色，稍扩展至翅前缘，近三角状；外横线呈锯齿纹，外侧齿尖处各有小黑点1个，其余为黑点，亚缘线黄色，内侧呈赤褐色，齿形，齿间各有1个黑点，共8个；后翅暗褐色，具3排黑点形成的黑线；胸板中间具一细长黑线，胸腹部多粉褐色短毛；胸足胫节内侧多粉黄色细毛，外侧间杂黑色小点；中足腿节末端具一刺，后足腿节内侧末端1/3处具一长刺，末端具一长一短刺。雄蛾抱钩极长，棒状，端部具刺。低龄幼虫头部暗红褐色，体色杂，体有稀疏的长刚毛，1～3腹节两侧的白色斑明显；老熟幼虫体长53.0～67.0毫米，宽8.0～8.4毫米，头小，头部棕褐，体棕褐色至灰黑色，间杂灰绿色，有稀疏白色短毛，1～3腹节两侧之间各有2个近椭圆形或不规则形的黄白色至灰白色斑，第五和第六腹节背面后缘有一条横黑线至两侧亚背线处转向前，形成"凵"形黑斑；雌虫在7～9腹节两侧有黄白色至灰白色斑，腹部末端微拱起，胸足3对，棕褐色，腹足4对，褐色且具不规则花纹。蛹体长24～25.2毫米，宽6.8～7.5毫米，棕褐色，微被白色蜡粉，腹部末端有一凹陷的腔；臀棘三对，基部分开，末端不成钩。

【发生规律】 一年发生4～6代，杂食性。广东粤北约于3月中旬开始羽化、交尾产卵，4月中旬幼虫开始为害幼果，8月上中旬，幼虫为害夏梢叶片。幼虫食量大，且有转移取食幼果的习性，一个幼果被咬食一部分果皮和果肉后，即转移至另一个幼果上咬食，造成一株树上有多个幼果被害。幼虫活动性较强，有假死性，受惊扰则蜷缩成团。4月下旬至5月上旬开始化蛹，蛹期14～16天，成虫在室内羽化后，在无食料的条件下可存活4～6天。因该虫为初发现，未详细记录。

【防治方法】 参考嘴壶夜蛾的防治。

掌夜蛾幼虫为害冰糖橙幼果

掌夜蛾成虫

掌夜蛾老龄幼虫

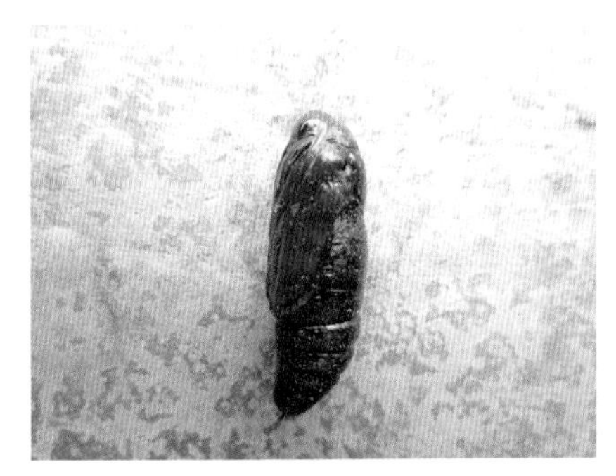

掌夜蛾蛹（侧面）

掌夜蛾蛹（腹面）

掌夜蛾蛹（背面）

10. 柚巾夜蛾

柚巾夜蛾［*Dysgonia palumba*（Guenée）］广东粤北、博罗、河源等地均有发生为害。

【为害状】 以幼虫取食寄主嫩梢叶片，造成缺刻或孔洞，严重时，叶片全部吃光，枝梢光秃。

【形态特征】 成虫体长16.0～18.2毫米，翅展37.4～42.0毫米；头部与胸部乳灰褐色，触角暗褐色；前翅乳灰褐色，内半部带有紫色，散布黑色细点，基线黑色，仅在前缘区可见一外曲弧纹，内线黑褐色，自前缘脉波曲外斜至中室，其后间断，在中脉和1脉上为点状，肾纹椭圆形，暗褐色，外线黑褐色，自前缘脉外斜至7脉，折向内斜并间断为点列，外区前缘脉上有一列白纹，亚端线淡褐色，微波浪形内斜，近翅外缘有一列黑点；后翅灰褐色，外线内方带紫色，中线褐色，外线后半为一列月牙形白斑，外侧一丘形褐斑，臀角有两列褐点。雄蛾抱握器瓣背侧有一端部膨大的巨突及一弯棘形长突；钩形变粗，端部尖。幼虫体长40～54毫米，第一至第二腹节弯曲呈桥形，第一对腹足极小，第二对次之，臀足发达；尾节背面有1对肉突；头部绿色，具黄色斑点；体背面黄褐色，背线、亚背线黑褐色，第一腹节亚背面具黑色眼斑，背面与侧面满布黑褐色不规则斑点，毛片外围有黑色圈，气门狭长，气门筛黄褐色。蛹长17.2～19.2毫米，宽5.0～6.2毫米，棕褐色至深褐色，微被灰白蜡粉，触角长于中足；腹部第一至第七节背面和第五至第七腹面有点刻，其中第四至第七腹节背面的点刻大而疏，前缘密于后缘；腹末有一凹陷腔，臀棘4对，1对基部合并，3对基部分开，末端钩状，形似“扭弯的大头针”。蛹茧灰褐色，以丝缠于叶面。

柚巾夜蛾幼虫为害春甜橘秋梢叶片

【发生规律】 广东一年发生代数未详。幼虫最早出现在6月，为害早夏梢叶片，以7月下旬至8月为盛期，大量咬食幼嫩夏梢叶片，致使嫩枝无叶。

【防治方法】 参考嘴壶夜蛾的防治。

柚巾夜蛾成虫

柚巾夜蛾成虫（标本态）

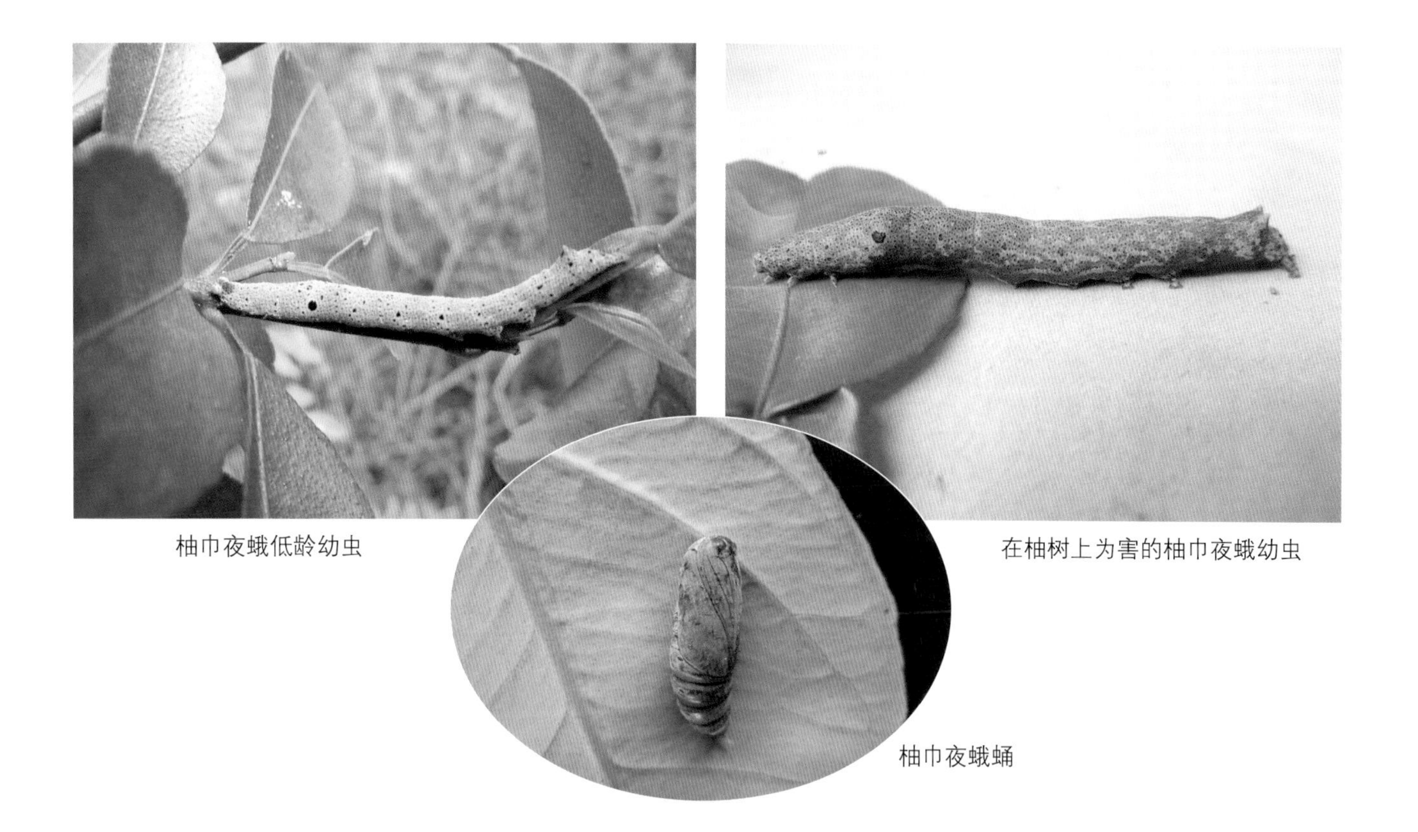
柚巾夜蛾低龄幼虫
柚巾夜蛾蛹
在柚树上为害的柚巾夜蛾幼虫

*11.*棉铃实夜蛾和烟实夜蛾

棉铃实夜蛾［*Helicoverpa armigera*（Hübnet）］又称棉铃虫，烟实夜蛾［*Heliothis assulta*（Guemée）］又称烟青虫，分布遍及全国，为食性极杂的夜蛾。广东1998年局部地区发生为害甜橙果实，至今已知为害柑橘果实的有博罗、河源、粤北局部地区等，似有蔓延的趋势。

【为害状】 幼虫为害叶片、花蕾、幼果和果实，导致花蕾残缺脱落，幼果受害，果肉全部被咬食，只存果皮或少量内果皮。成虫吸食果实果汁，状如其他吸果夜蛾为害。

【形态特征】 棉铃实夜蛾成虫体长15～20毫米，雌虫体浅灰褐色或黄褐色，雄虫体灰绿色；复眼灰绿色较深，触角丝状；头、胸背面被长绒毛，腹背面绒毛较短，浅灰绿色；腹面胸部被浅黄白色长绒毛；前翅灰绿色，肾形纹、环形纹和各横线不清晰，内横线波形纹断续，中横线由肾形纹下斜伸至后缘，末端达到环形纹正下方，外横线斜向后伸达肾形纹正下方。

烟实夜蛾与棉铃实夜蛾的形态及色泽极为相似，田间常一起为害，较难区分。较明显的不同是：前者成虫的复眼为灰绿色，后者为黑色。

【发生规律】 在黄河以北地区一年发生3～4代，长江以南5～6代。在广东代数未详，幼虫在春、秋两季发生，以4～5月较为普遍，先咬食春梢叶片，继之咬食幼果，9月田间可见幼虫活动，咬食果实，10月后在果园可见成虫；在河源，幼虫6月为害柠檬夏花和果实，还为害葡萄柚果；在韶关小坑4～5月为害甜橙春梢叶片和甜橙幼果。以蛹在寄主植物根际附近的地下5～10厘米处越冬，田间世代重叠，成虫多在夜间羽化，羽化后1～3天即可产卵。成虫白天隐匿在荫蔽处，黄昏开始飞出寻找食料、交尾产卵，卵产在嫩绿且壮旺的植株上。有一定的趋光性和趋化性。幼虫有转果为害的习性，且多在白天转移。虫龄常与食料种类相关。棉铃虫为喜温喜湿性害虫，幼虫发育最适温度25～28℃，相对湿度75%～90%。

【防治方法】

（1）利用成虫趋光和趋化的习性，进行灯光和食物诱杀。

（2）保护和利用天敌，控制虫口密度。

（3）幼虫初发生期喷药防治，可选用有机磷类或拟除虫菊酯类农药。

棉铃实夜蛾成虫

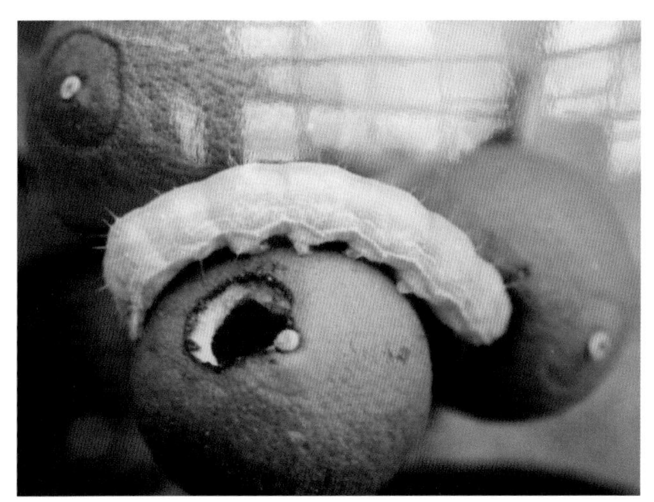

棉铃实夜蛾幼虫蛀果为害

棉铃实夜蛾幼虫为害葡萄柚果实

红褐色型棉铃实夜蛾幼虫

绿色型棉铃实夜蛾幼虫

棉铃实夜蛾蛹（侧面）

棉铃实夜蛾蛹（背面）

棉铃实夜蛾蛹（腹面）

烟实夜蛾幼虫为害状

烟实夜蛾幼虫

烟实夜蛾成虫（左），棉铃虫成虫（右）

烟实夜蛾成虫

烟实夜蛾成虫

烟实夜蛾蛹（背面）

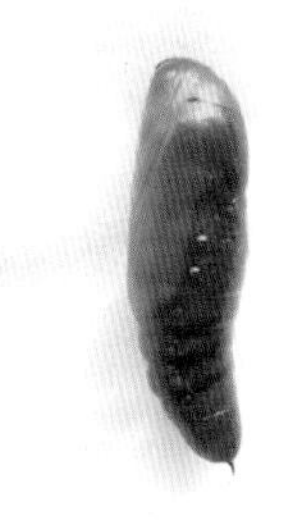

烟实夜蛾蛹（侧面）

烟实夜蛾蛹（腹面）

12.斜纹夜蛾

斜纹夜蛾（*Spodotera litura* Fabricius），又名斜纹夜盗蛾、莲纹夜蛾。我国柑橘产区均有分布。是一种杂食性、寄主广的害虫。

【为害状】 以幼虫咬食柑橘新叶，致叶片缺刻、孔洞或只存留主脉，树冠新叶残缺，影响树体生长。除柑橘外，还为害其他果树、粮食作物、经济作物、花卉植物等近300种。

【形态特征】 成虫体长14～20毫米，翅展33～42毫米；体灰褐色；前翅斑纹复杂，内横线和外横线灰白色，波浪形；雄蛾肾纹中央黑色环纹和肾纹间有一灰白色斜向宽带，自前缘中部伸至外横线近内缘1/3处，雌蛾灰白色斜纹中有2条褐色线；后翅白色，近外缘暗褐色。卵半球形，直径约0.5毫米，初产时乳白色，渐变灰黄色，近孵化时紫灰色，卵块覆黄白色绒毛。幼虫初孵时暗灰色，2～3龄期黄绿色，老熟期多为黑褐色，头部褐色；背线、亚背线橘黄色或棕红色；在亚背线上沿每节两侧各有1个半月形黑斑，以第一、七、八节的黑斑最大，在中、后胸黑斑外侧有黄色小点。蛹长18～20毫米，赤褐色，末端有臀棘1对。

【发生规律】 只要温度适宜，全年均可发生，但会因地域差异，一年代数不同。华南地区一年7～8代，世代重叠，以蛹越冬。广东、福建等省以5～6月的花生、芋和莲藕受害严重，10～12月蔬菜被害甚烈，柑橘苗圃4月下旬开始即见成虫产卵。成虫有趋光性，昼伏夜出，于黄昏后活动、取食、交尾和产卵，卵多产在叶背，数十粒至百余粒不等，分2～3层不规则重叠成卵块，上覆盖黄白色虫体绒毛。初孵幼虫群集在卵块附近取食，二龄分散，四龄暴食，幼虫体色可随虫龄、食料和周围环境不同而变化。白天可见停息在叶片上的幼虫，惊动时卷缩掉落地面伪死。

【防治方法】

（1）摘除卵块，减少虫口密度。尤以越冬成虫所产的卵块，应尽量及时摘除。

（2）喷Bt制剂（每克300亿个孢子）1 000倍液防治幼虫。

（3）傍晚喷布农药防治幼虫，可选50%辛硫磷乳油1 000～1 500倍液，40.7%乐斯本乳油1 000倍液，或用80%敌敌畏乳油800倍液+拟除虫菊酯类农药2 000～3 000倍液，4.75%硬朗（茚虫威·阿维菌素）可湿性粉剂1 000倍液，0.5%甲维盐（甲氨基阿维菌素苯甲酸盐）微乳剂1 500～2 000倍液，或5%甲维盐乳油3 000～4 000倍液。

斜纹夜蛾为害状

斜纹夜蛾成虫

斜纹夜蛾卵块和初孵幼虫

斜纹夜蛾幼虫为害柑橘叶片

斜纹夜蛾幼虫在土中化蛹（侧面）

斜纹夜蛾幼虫在土中化蛹（背面）

斜纹夜蛾幼虫在土中化蛹（腹面）

13.银纹夜蛾

银纹夜蛾（*Argyrogramma agnate* Staudinger），又名黑点银纹夜蛾、豆银纹夜蛾、菜步虫、豆尺蠖、大豆造桥虫、豆青虫等。全国各地均有分布，主要为害蔬菜类作物，在柑橘上的为害以新叶为主。

【为害状】 以幼虫咬食新梢叶片，造成叶片缺刻、孔洞，使新叶残缺。

【形态特征】 成虫体长15～17毫米，翅展32～36毫米；体灰褐色，胸背部后缘有1丛竖起的绒毛；前翅深灰色，基线、内线浅银色，翅中央有一“U”形银色花斑和一个近三角形的银色斑点；外线双线波纹状，亚缘线黑褐色，锯齿形，缘毛中部有一黑色斑；后翅暗褐色。卵半球形，白色至淡黄绿色，卵面有纵棱和横格。幼虫体淡绿色，体长约18毫米；体前部较细，后端较粗，背线呈双线，白色，亚背线白色，腹足第一、二对退化；尾足粗壮。蛹较瘦，长约18毫米，初期体背浅褐色，有褐色斑，腹面淡绿色，末期体赤褐色，尾刺1对，蛹体外有白色的疏松丝茧。

【发生规律】 一年发生6～7代，以蛹越冬。成虫多在夜间活动，有一定的趋光性。卵散产在叶背。幼虫在8月暴发性取食新梢叶片，咬成缺刻、孔洞或仅存主脉。老熟幼虫在低矮植株上营薄丝茧化蛹。在土地肥沃、杂草丛生、湿度大的柑橘苗圃及密植幼树园常有发生。

【防治方法】

（1）抽新梢前清除果园杂草，尤其是马唐类杂草及阔叶类杂草，减少成虫藏匿场所。

（2）喷布有机磷类或拟除虫菊酯类杀虫剂。

银纹夜蛾为害秋梢叶片

银纹夜蛾成虫

银纹夜蛾低龄幼虫

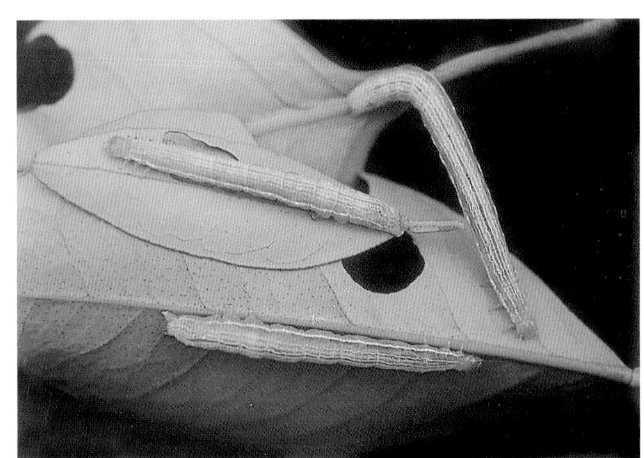
银纹夜蛾幼虫

银纹夜蛾蛹　（任嘉平提供）

银纹夜蛾蛹

14.肖毛翅夜蛾

肖毛翅夜蛾（*Lagoptera juno* Dalman），又名毛翅夜蛾。

【为害状】 成虫吸食柑橘果汁。

【形态特征】 成虫体长33毫米，翅展94毫米；头部赭褐色，腹部红色，背面大部分暗灰棕色；前翅赭褐色或灰褐色，布满黑点，前、后缘红棕色，基线红棕色达亚中褶，内线红棕色，前段微曲，自中室起直线外斜，环纹为一黑点，肾纹暗褐边，后部有一黑点，或前半一黑点，后半一黑斑，外线红棕色，直线内斜，后端稍内伸，顶角至臀角有一内曲弧形线，黑色或赭黄色，亚端区有一隐约的暗褐纹，端线为一列黑点；后翅黑色，端区红色，中部有粉蓝色弯钩形纹，外缘中段有密集黑点，后缘毛褐色。

此外，为害柑橘的夜蛾还有石榴巾夜蛾*Parallelia stuposa*（Fabricius）、霉巾夜蛾*Parallelia maturata*（Walker）、弓巾夜蛾*Parallelia arcuata* Moore、玫瑰巾夜蛾*Parallelia arctotaenia* Guenée、旋目夜蛾*Spiredonia retorta*（Linnaeus）、中带三角夜蛾*Chalciope geometrica*（Fabricius）、短带三角夜蛾*Chalciope hyppasia*（Cramer）、斜带三角夜蛾*Chalciope mygdon*（Cramer）、彩肖金夜蛾*Plusiodonta coelonota* Kollar、橘肖毛翅夜蛾*Lagoptera dotata*（Fabricius）、黄麻桥夜蛾*Anomis sabulifera*（Guenée）、小造桥虫*Anomis flava* Fabricius、合夜蛾*Sympis rufibasis* Guenée、犁纹丽夜蛾*Xanthoder transversa* Guenée、安钮夜蛾*Anua triphaenoides*（Walker）、赭夜蛾*Carea subtilis* (Walker)等。

【防治方法】 参考嘴壶夜蛾的防治。

肖毛翅夜蛾成虫

石榴巾夜蛾成虫

石榴巾夜蛾成虫

霉巾夜蛾成虫

弓巾夜蛾成虫

玫瑰巾夜蛾为害橘果

玫瑰巾夜蛾成虫（标本态）

旋目夜蛾成虫　　（任嘉平提供）

中带三角夜蛾成虫

短带三角夜蛾成虫

斜带三角夜蛾成虫

彩肖金夜蛾成虫（又名肖金夜蛾）

橘肖毛翅夜蛾成虫

黄麻桥夜蛾成虫

小造桥虫成虫

合夜蛾成虫

犁纹丽夜蛾成虫

安钮夜蛾成虫（又称橘安钮夜蛾）

赭夜蛾成虫　（任嘉平提供）

枯叶蛾科

柑橘枯叶蛾

柑橘枯叶蛾（*Gastropacha philippinensis swanni* Tams），又名橘毛虫。在江西、浙江、福建、广东、广西、湖南等省（自治区）有分布。20世纪中期是柑橘园常见的害虫，后来渐消失。20世纪80年代始，似有加重和蔓延趋势。

【为害状】 以幼虫取食嫩叶和叶片。

【形态特征】 雌成虫体长13～15毫米，翅展54～60毫米，虫体与翅均为赤褐色，下唇须黄黑色，触角灰褐色，两边有栉齿，但常向一边合并呈单栉齿状，复眼黑色；前翅中部有一较显著的黑色小点，翅上尚有许多模糊小黑点，翅脉色深，明显可见；后翅狭长，具有4个花瓣形黄白色圆斑或无斑。雄成虫体长20～23毫米，翅展42～45毫米，后翅圆斑远较雌成虫显著。卵椭圆形，长径2毫米，宽径1.7毫米，有灰白色与青灰色或紫褐色条状纹相间。幼虫老熟时长约90毫米，略扁平，灰污色，两侧有较长的灰白色缘毛，长度略等于体宽，背面有长短不齐的黑色短毛，体上有许多大小不等的淡褐色斑点，中胸及腹部第11节有明显肉瘤。蛹长约30毫米，紫褐色，外附幼虫体毛，常包在叶片中。

柑橘枯叶蛾成虫

柑橘枯叶蛾卵粒

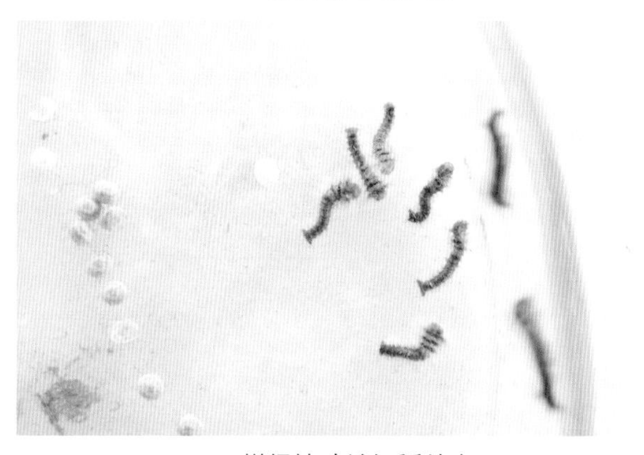

柑橘枯叶蛾初孵幼虫

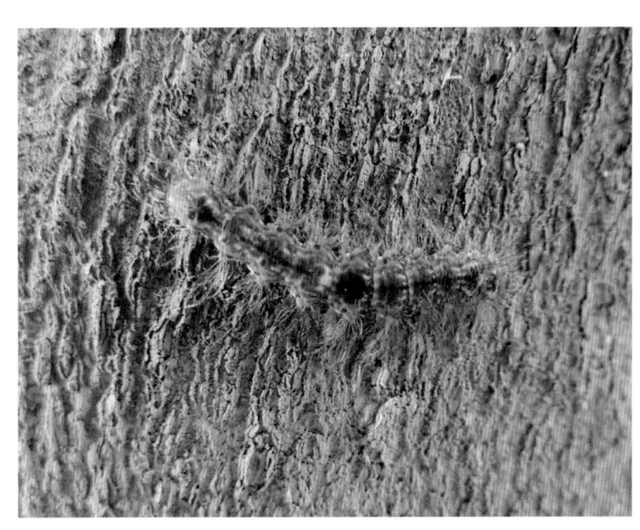

柑橘枯叶蛾幼虫

柑橘枯叶蛾老熟幼虫

【发生规律】 浙江一年约发生3代，室内饲养时仅有卵越冬，但越冬后未孵化，室外尚未找到越冬虫态。田间成虫6～9月出现，8月下旬至9月中旬可见到较多卵粒。成虫体色与枯叶极似，白天不活动，有显著假死习性，因此，不论在树冠栖息或掉落地面均不易被发现。有趋光性。羽化后不久即交尾，交尾时间可达一昼夜以上，不受较大的惊动，呈假死状仍继续交尾。交尾后数小时即可产卵。卵常产在橘叶正面靠近叶尖的边缘处，一般常是两粒产在一起，每头雌蛾一夜可产卵80～90粒。孵化时先在卵壳一端咬一个洞，几分钟后幼虫即可爬出卵壳。卵在白天和夜间均可孵化，以夜间居多。初孵幼虫活动力较强，有逆地心引力向上爬习性，在孵化后10～24小时开始取食嫩叶。幼虫白天潜伏枝上不动，体色与树皮相近，晚上活动取食。化蛹在一片叶或两片叶之间。

【防治方法】 选用80%敌敌畏乳油800～1 000倍液，或其他有机磷类药剂，在幼虫盛发期连续喷施1～2次。

毒蛾科

双线盗毒蛾

双线盗毒蛾［*Porthesia scintillans* (Walker)］，俗称毛虫。分布于广东、广西、海南、福建、云南、四川、重庆、台湾等省（自治区、直辖市）。

【为害状】 以幼虫为害新梢嫩叶，造成叶片缺刻、孔洞，也蛀食幼果。

【形态特征】 成虫体长12～14毫米，翅展20～38毫米，体暗黄褐色；前翅黄褐色至赤褐色，布灰色小鳞点，内、外线黄色；前缘、外缘和缘毛黄色，外缘和缘毛被黄褐色部分分隔成三段；后翅淡黄色。卵略扁圆球形，由卵粒聚成块状，上覆盖黄褐色绒毛。老熟幼虫体长21～28毫米，头部浅褐或褐色，胸腹部暗棕色；前中胸和第三至第七和第九腹节背线黄色，其中央贯穿1条红色细线；后胸红色；前胸侧瘤红色，第一、二和第八腹节背面有黑色绒球状短毛簇，其余毛瘤污黑色或浅褐色。蛹圆锥形，长约13毫米，褐色，有疏松的棕色丝茧。

双线盗毒蛾成虫

双线盗毒蛾雄成虫（左），雌成虫（右）

双线盗毒蛾幼虫为害甜橙嫩芽

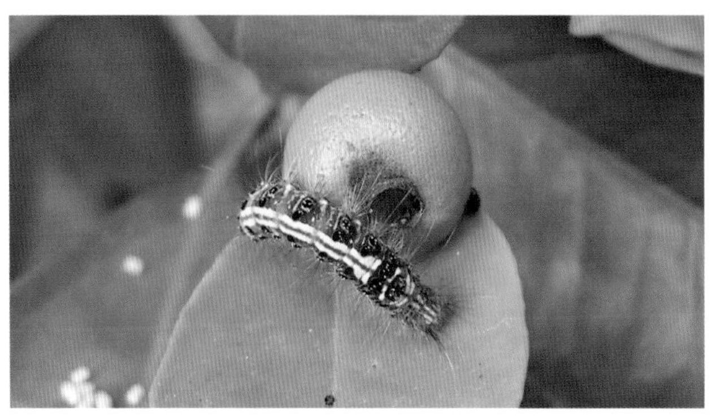

双线盗毒蛾幼虫蛀食幼果

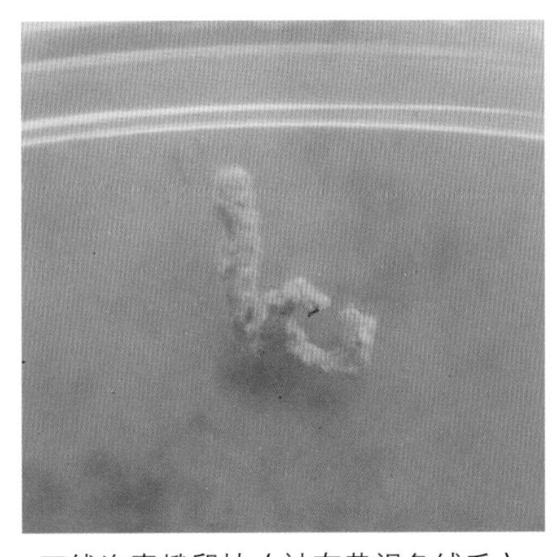
双线盗毒蛾卵块（被有黄褐色绒毛）

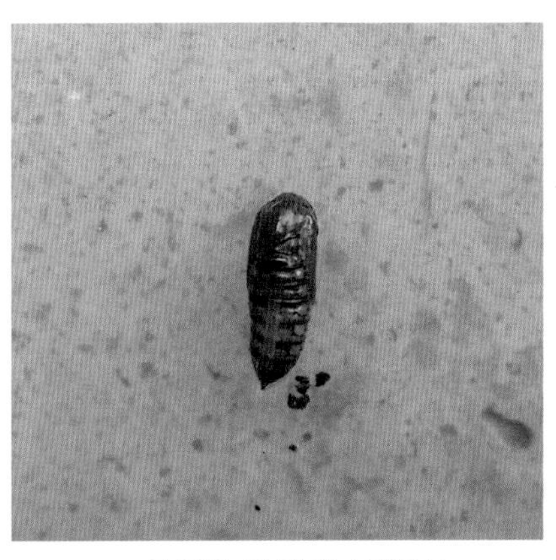
双线盗毒蛾蛹（背面）

双线盗毒蛾蛹（侧面）

【发生规律】 一年发生的代数各地有所不同，广东、广西一年4～5代，福建一年3～4代。以幼虫越冬。成虫夜间羽化，具趋光性。卵产在叶背面。初孵幼虫群集取食，在叶背啮食叶肉，残留上表皮，2～3龄后分散为害。常将叶片咬成缺刻，或将嫩芽全部咬食，花蕾咬破，咬食谢花后的幼果极为常见。老熟幼虫入表土化蛹。

【防治方法】

（1）中耕除草和冬季清园，适当翻松园土，杀死部分虫蛹；捕杀幼虫。

（2）虫口密度较大的果园，在果树开花前后，喷布90%晶体敌百虫或80%敌敌畏乳油800～1 000倍液，90%晶体敌百虫800倍液，2.5%功夫（高效氯氟氰菊酯）乳油或10%氯氰菊酯乳油2 500～3 000倍液，50%辛硫磷乳油1 200倍液等有机磷类药剂均有效。

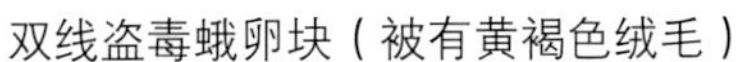

刺 蛾 科

1.扁刺蛾

扁刺蛾［*Thosea sinensis* (Walker)］，又名黑点刺蛾。广泛分布于我国各地，为杂食性害虫。

【为害状】 以幼虫取食寄主叶片，致叶片残缺。

【形态特征】 雌蛾体长13～18毫米，翅展28～35毫米；体暗灰褐色，腹面及足的颜色更深；前翅灰褐色，中室外方有一明显的暗褐色斜纹，自前缘近顶角处向后缘斜伸，中室上角有一不甚明显的小黑点，后翅暗灰褐色；触角丝状；基部十数节呈栉齿状，雄蛾栉齿更发达。雄成虫略小。卵椭圆形，长1.1毫米，初为淡黄绿色，孵化前呈灰褐色。幼虫体长21～26毫米，淡绿色，扁椭圆形，背中线灰白色，胸、腹各节气门上线均有1对瘤状突起，其上着生刺毛，每一体节的背面有2小丛刺毛，第四节背面两侧各有一红点。蛹茧长12～16毫米，椭圆形，暗褐色。蛹体椭圆形，长10～15毫米，前端肥钝，后端略尖削，初为乳白色，近羽化时变为黄褐色。

【发生规律】 四川、广西、广东和长江中下游地区一年发生2代，少数3代；江西一年发生2代。以老熟幼虫在寄主树干周围土壤中结茧越冬。越冬幼虫于次年4月中旬化蛹，成虫5月中旬至6月初羽化。第一代幼虫发生期为5月下旬至7月中旬，盛期为6月初至7月初；第二代幼虫发生期为7月下旬至9月底，盛期为7月底至8月底。少数的第三代始于9月初止于10月底。成虫羽化多集中在黄昏时分，尤以18～20时羽化最多。成虫羽化后即行交尾、产卵，卵多散产于叶面，成虫有弱趋光性。初孵化的幼虫停息在卵壳附近，并不取食，蜕第一次皮后，先取食卵壳，再啃食叶肉，残留1层表皮，约7天后，分散为害，横向取食全叶，一般从叶尖开始，幼虫取食不分昼夜。虫量多时，常从一枝的下部叶片吃至上部，每枝仅存顶端几片叶片。幼虫期共8龄，老熟后即下树入土结茧，下树时间多在晚8时至翌日清晨6时，而以后半夜2～4时下树的数量最多。结茧部位的深度和距树干的远近与树干周围的土质有关：黏土地结茧位置浅，距离树干远，比较分散；腐殖质多的土壤及沙壤土地，结茧位置较深，距离树干较近，而且比较集中。

【防治方法】

（1）结合冬耕施肥，将根际落叶及表土埋入施肥沟底，或结合培土，在根际30厘米内培土6～9厘米，并稍压实，以杀死越冬虫茧；摘除虫叶，集中烧毁。

（2）幼虫期喷施每毫升0.5亿个孢子的青虫菌菌液进行防治。

（3）利用黑光灯或频振式杀虫灯诱捕成虫。

（4）幼虫密度大时在初龄幼虫发生盛期喷药防治。药剂可选用90%晶体敌百虫或80%敌敌畏乳油800倍液、50%马拉硫磷乳油或25%亚胺硫磷乳油1 200～1 500倍液、50%辛硫磷乳油1 200～1 500倍液等有机磷药剂，或拟除虫菊酯类农药。也可选用几丁质合成抑制剂类药剂，如25%天达灭幼脲3号1 500倍液，或20%天达虫酰肼2 000倍液进行药剂防治。

扁刺蛾成虫和羽化后的蛹壳

扁刺蛾成虫

扁刺蛾幼虫

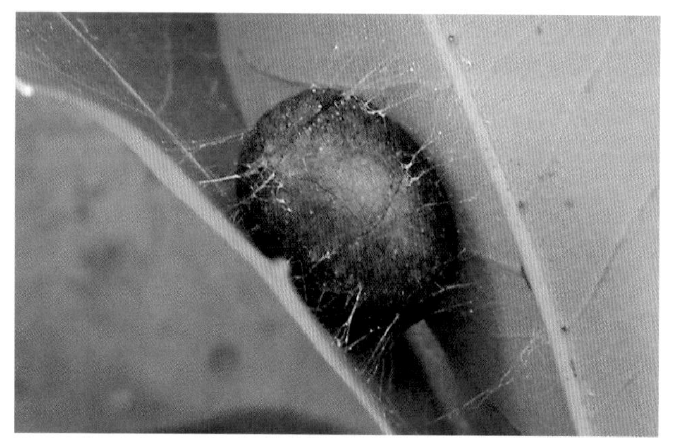

扁刺蛾蛹

2. 黄刺蛾

黄刺蛾［*Cnidocampa flavescens* (Walker)］，别名刺蛾、洋辣子、八角虫。分布于全国各地。

【为害状】 以幼虫在叶片背面群聚为害，后分散为害，将叶片食光，只留叶柄。

【形态特征】 成虫体长12～16毫米，翅展30～34毫米，前翅近顶角至后缘有两条褐色斜纹，在翅尖汇合成一点，呈倒“V”形，内面一条伸到中室下角，为黄色和褐色的界线，线内为黄色，线缘有2个褐色小斑点，线外为褐色，线内近处前后各有一深褐色小圆点。卵黄色，椭圆形。幼虫老熟时体长25毫米，体黄绿色，体背有一淡紫褐色哑铃状纵斑，体侧中部有2条蓝色纵纹，各体节有枝刺4个，以后胸、腹部第一、七节为最大。蛹茧形似麻雀蛋，表面有灰白色和紫褐色相间的条纹。

【发生规律】 河南、江苏、四川等地一年发生1～2代，以老熟幼虫于枝条或树干上结茧，在茧内越冬。次年5月开始化蛹，5月下旬至6月上旬羽化。第一代幼虫发生在6月下旬至7月上中旬，7月下旬始见第一代成虫。成虫产卵于叶片正面，几粒或几十粒排列成块，亦有散产的。卵经5～7天孵出幼虫，幼虫在叶片背面群居取食叶肉，随虫龄增大，开始分散取食，将叶片食光。

黄刺蛾的天敌有上海青蜂和黑小蜂。

【防治方法】 参考扁刺蛾的防治。

黄刺蛾

黄刺蛾低龄幼虫

3.绿刺蛾

绿刺蛾（*Parasa consocia* Walker），又名褐边绿刺蛾、弧纹绿刺蛾、青刺蛾、毛辣虫。我国大部分地区都有分布。

【为害状】 幼龄幼虫咬食叶片叶肉，存留表皮，中龄以后幼虫啮食全叶，只留叶柄。

【形态特征】 成虫体长15～16毫米，翅展约36毫米。头和胸部被绿色长绒毛，复眼黑色，腹面着生棕黄色绒毛；雌虫触角褐色、丝状，雄虫触角基部2/3为短羽毛状、棕色；胸部中央有1条暗褐色背线；前翅大部分绿色，基部暗褐色，外缘部灰黄色，内缘线和翅脉暗紫色，外缘线暗褐色；后翅灰黄色。卵扁椭圆形，初产时乳白色，渐变黄绿至淡黄色，数粒排列成块状。老熟幼虫体长约25毫米，略呈长方形圆柱状，浅绿色；头黄色，甚小，常缩在前胸内；前胸盾上有2个横列黑斑，背线绿色，两侧有深蓝色点，第二节至末节每节有4个毛瘤，其上生一丛刚毛，第四节背面的1对毛瘤上各有3～6根红色刺毛，腹部末端的4个毛瘤上着生蓝黑色刚毛丛，呈球状；胸足小，无腹足，第一至七节腹面中部各有1个扁圆形吸盘。蛹体长约15毫米，椭圆形，肥大，黄褐色，在椭圆形棕色或暗褐色的蛹茧内。

【发生规律】 广西一年发生2～3代，河南和长江下游地区发生2代，江西发生2代或3代。以老熟幼虫在树干、枝叶间或表土层的土缝中结茧越冬，次年4～5月化蛹并羽化为成虫。第一代幼虫出现于6月上旬至7月下旬，第二代幼虫发生于8月至9月上、中旬。由于各地气温不同，有些地区在第二代老熟幼虫结茧较早，当年还可化蛹和羽化，并产生第三代幼虫。成虫出现于春、夏两季，生活在低、中海拔地区。在发生1代的地区，越冬幼虫于5月中下旬开始化蛹，6月上中旬羽化，卵期7天左右，幼虫在6月下旬孵化，8月为害重。成虫夜间活动，有趋光性；白天隐伏在枝叶间、草丛中或其他荫蔽物下。卵排成块状或散产在叶背面。低龄幼虫有群集性，并只咬食叶肉，残留膜状的表皮；大龄幼虫逐渐分散为害，从叶片边缘咬食成缺刻或吃光全叶；老熟幼虫迁移到树干基部、树枝分叉处和地面的杂草间或土缝中作茧化蛹。

【防治方法】

（1）幼虫群集为害期人工捕杀。

（2）秋冬季摘虫茧，放入纱笼，保护和引放寄生蜂，如紫姬蜂、刺蛾寄生蝇。幼虫发生期用100亿克的白僵菌粉0.5～1kg，在雨湿条件下防治1～2龄幼虫。

（3）利用黑光灯诱杀成虫。

（4）1～2龄幼虫期选用90%晶体敌百虫或80%敌敌畏乳油800倍液，50%马拉硫磷乳油1 200倍液，50%辛硫磷乳油1 400倍液或10%天王星（联苯菊酯）乳油3 000～4 000倍液，2.5%鱼藤酮乳油300～400倍液喷杀。

此外，为害柑橘的刺蛾还有中国绿刺蛾*Latoia sinica* Moore、丽绿刺蛾*Parasa lepita* Gram.、褐刺蛾*Thosea taibarana* Matsumura、迹斑绿刺蛾*Latoia pastoralis*（Butler）、双齿绿刺蛾*Latoia hilarata*（Stauolinger）、媚绿刺蛾*Parasa repanda* Walker、肖媚绿刺蛾*Parasa pseudorepanda* Hering等。

褐边绿刺蛾成虫

中国绿刺蛾成虫

丽绿刺蛾成虫

褐刺蛾成虫

迹斑绿刺蛾成虫（左雄，右雌）

双齿绿刺蛾成虫

媚绿刺蛾成虫

媚绿刺蛾成虫（标本态）

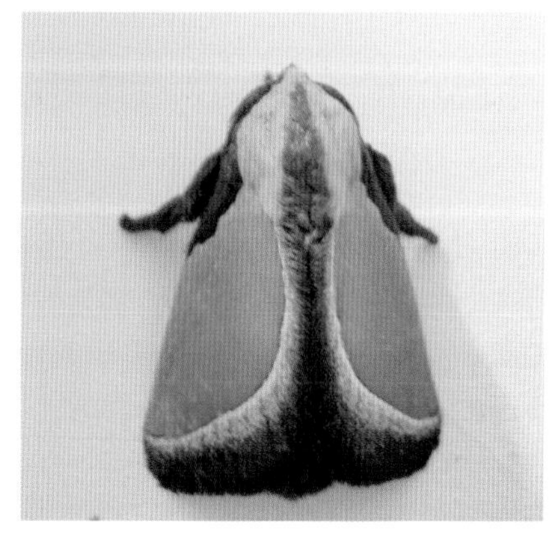

肖媚绿刺蛾成虫

螟蛾科

1.桃蛀野螟

桃蛀野螟（*Dichocrocis punctiferalis* Guenée)，又名桃蛀螟。广泛分布于我国果树产区，以为害桃为主，也为害柑橘、橙、柚等。

【为害状】 以幼虫蛀食果实，果内充满虫粪，使果实不能发育，常变色脱落，对产量和质量影响很大。

【形态特征】 成虫体长10～12毫米，翅展25～28毫米，全体黄色；胸、腹部及翅上都有黑色斑点；前翅黑斑25～26个，后翅约10个，但个体间有差异；腹部第一、三至六节背面各有3个黑点，第二、八节无黑点。雄虫第九节末端为黑色，雌蛾则不易见到。卵椭圆形，长0.6～0.7毫米，初产时乳白色，2～3天后变为橘红色，孵化前为红褐色。老熟幼虫体长约为22毫米，头部暗黑色；前胸背板深褐色，中、后胸及第1～8腹节各有褐色大小毛片8个，排成2列，前列6个，后列2个。蛹为褐色或淡褐色，长13毫米左右。第五至七腹节从背面前后缘各有深褐色突起线，沿突起线着生小刺1列。臀棘细长，末端有卷曲的刺6根。

【发生规律】 一年发生2～5代，在华北及辽南地区一年发生2代，山东、陕西发生2～3代，在江苏、河南发生3～4代，在湖北、江西发生5代。在贵州以第三代幼虫蛀食柚和甜橙，浙江舟山地区1～3代都可在楚门文旦柚上为害。广东发生代数和为害柑橘未见资料，但在粤中、粤北等地区柑橘园中偶见成虫存在。以老熟幼虫在被害的果实中或在树皮缝隙、树洞等处越冬，有的在向日葵花盘或玉米秸秆内越冬。越冬幼虫于次年4月下旬至5月上中旬化蛹，5月下旬至6月中旬羽化为成虫。成虫白天常静伏于叶片背面，夜间交尾，喜在树冠叶片茂密的植株上产卵，尤以两果相接或贴叶处产卵较多，一般每处产卵2～3粒，多者达20余粒。卵期约7天左右。初孵幼虫爬行片刻后，即从果肩部或果腰部蛀入果内，一般1个果内有1～2头幼虫，多者达8～9头。幼虫有转果为害习性。幼虫期约20天。老熟幼虫在果内或在两果间等处结茧化蛹，蛹期10天左右。7～8月间发生第一代成虫，此时李、杏和早熟桃的大部分果实已经采收，成虫便转移到苹果、梨、栗、晚熟桃等果园或农作物上继续产卵，幼虫约在9月份开始寻找越冬场所越冬。成虫有一定的飞翔能力。对黑光灯和糖醋液有强烈的趋性。

【防治方法】

（1）及时摘除被害果和捡拾落地虫果集中销毁，消灭幼虫。

（2）在果园设置黑光灯、频振式杀虫灯或糖醋液诱捕器，诱杀成虫。

（3）成虫产卵期用糖醋液诱捕器预测成虫发生期，当连续诱到成虫时，可选择杀虫剂喷药防治。

桃蛀野螟成虫

桃蛀野螟成虫腹面

桃蛀野螟幼虫

桃蛀野螟蛹（背面）

桃蛀野螟蛹（侧面）

桃蛀野螟蛹（腹面）

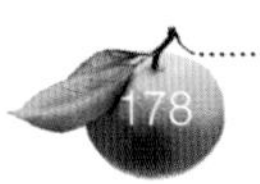

2.亚洲玉米螟

亚洲玉米螟（*Ostrinia furnacals* Guenée），我国分布地区广泛。原为旱粮作物的一种主要害虫，幼虫杂食性，寄主广泛，近年发现亦为害柑橘。

【为害状】 以幼虫蛀食柑橘嫩枝木质部及正在膨大的果实白皮层、果肉，直至中心柱。排出粪屑与少量丝状物交织，黏附在蛀孔口。导致枝梢枯死、果实变黄腐烂脱落，造成减产。

【形态特征】 成虫体长13～15毫米，翅展25～34毫米，全体黄褐色，前翅泥黄色，中部有两个黄褐色斑块，其两侧各有1条黄褐色波状线从前缘贯于后缘，后翅灰白色或灰黄色，亦有两条黄褐色波状横线。雄蛾体色较深。卵扁椭圆形鱼鳞状排列成块状，每块有数粒至数十粒，初乳白色，后转淡黄色，将孵化时为暗黑色。初孵幼虫头黑色，体乳白色，半透明；老熟幼虫体长25～30毫米，头部深褐色，体背淡褐色或淡红色，有一条明显的背线（背脉管），中后胸背面各有4个毛片，第一至八腹节背面中央各具一条横皱，其前方各横列4个毛片，后方各横列2个毛片，每个毛片上有刚毛1根。蛹长15～18毫米，黄褐色，长纺锤形，臀棘明显，黑褐色，顶端有向上的弯钩刺5～6根。

【发生规律】 玉米螟发生代数因地区不同而异。20世纪90年代初开始，四川梁平县一年发生4代，以第三代（8月下旬至9月上旬）为害梁平柚果实。90年代中期，在广东杨村于9月发现为害甜橙果实，再后，地域逐年扩大、蔓延，提早至7月中旬开始为害红江橙；田间调查，5月始，幼虫即可蛀食甜橙、柠檬春梢，为第一代幼虫；2008年5月，在柠檬春梢和葡萄柚幼果上为害，6～7月为害葡萄柚果甚烈，果实被害率平均达8.74%，最高达17.39%。幼虫蛀食嫩梢木质部，从蛀孔排出粪便与少量丝状物黏缀，堆挂在孔口处。幼果被害，咬食表皮后再咬食白皮层和果肉，形成蛀孔，虫体渐进入果内为害，排出的粪便继续缀结，在孔口堆积，不易掉落。

【防治方法】

（1）避免在柑园内外种植玉米、高粱等作物，以切断玉米螟幼虫的食物链和繁衍场所；经常检查果园，发现卵块或被害枝梢、果实，即行剪除并消灭幼虫。

（2）保护利用自然天敌种群。

（3）掌握成虫盛发期和幼虫初孵期，及时喷药防治。药剂可选用有机磷类农药和一些拒避性的植物杀虫剂等。也可用灯光和性诱剂诱杀。

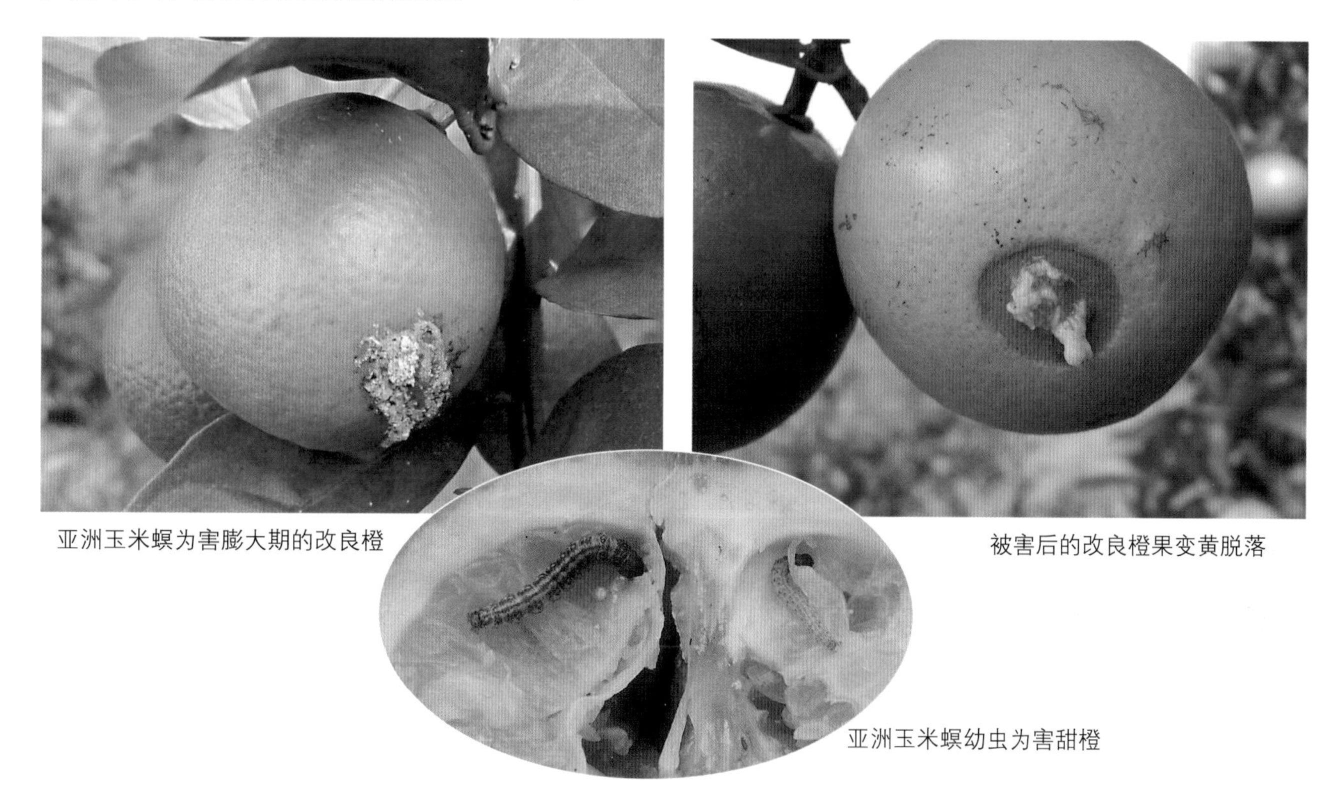

亚洲玉米螟为害膨大期的改良橙

被害后的改良橙果变黄脱落

亚洲玉米螟幼虫为害甜橙

亚洲玉米螟蛀食葡萄柚嫩枝

亚洲玉米螟成虫

亚洲玉米螟成虫（标本态）

亚洲玉米螟成虫（腹面）

亚洲玉米螟幼虫

亚洲玉米螟蛹（背面）

亚洲玉米螟蛹（侧面）

亚洲玉米螟蛹（腹面）

豹蠹蛾科

咖啡豹蠹蛾

咖啡豹蠹蛾（*Zeuzera coffeae* Nietner），又名咖啡木蠹蛾、豹纹木蠹蛾、棉茎木蠹蛾、咖啡黑点蠹蛾、苹果木蠹蛾。分布广，食性杂，也为害柑橘。

【为害状】 以幼虫蛀食枝干，导致被害的枝条凋萎干枯，幼树衰弱，甚至死亡。

【形态特征】 雌成虫体长18～26毫米，翅展40～52毫米，灰白色，触角丝状。雄成虫体长18～20毫米，翅展33～36毫米，触角基部羽毛状，端部丝状。雌、雄蛾体被灰白色鳞毛，胸背有2行、6个青蓝色斑点；前翅各室和后翅亚中褶以前散布有青蓝色斑点，但后翅上的斑点色较淡，有光泽，雄蛾翅上的点纹较多。卵长椭圆形，长0.9～1.2毫米，杏黄色，孵化前为紫黑色，呈块状产于枯枝虫道内。幼虫初孵时为紫红色，随幼虫成长，渐变为暗紫红色，虫体生有稀疏的白色细毛，末龄幼虫体长22～30毫米，橘红色，体上白色细毛较短，头部深褐，前胸背板黄褐色，硬化，前缘两侧各有1个近圆形的黑斑，后缘黑褐色弧形拱起，有3～5列小齿状突起；中胸至腹部各节有两排黑褐色小颗粒突；腹足趾沟均双序环形，臀足则为带状单序，臀板黑褐或黄褐色。雌蛹体长18～26毫米，雄蛹体长16～17毫米，全体赤褐色；头部下前方有一个小突，其腹面有近似锐角三角形的凹陷；前胸背横宽，后缘角尖锐；腹部第二、八节背面近前缘处和第三至七节的前后缘各有1列小齿；腹末端有多枚臀棘。

【发生规律】 一年发生2代，但各地区代数不一。以幼虫在被害枝干内越冬。2月下旬化蛹，第一代成虫出现于4～6月，第二代成虫发生在8月至10月初。成虫白天静伏，黄昏后始活动，有弱趋光性。卵成块产在被蛀害的孔道内，亦有单粒散产于树皮缝、新嫩梢顶端或腋芽处，未经交配所产的卵不能孵化。刚孵化的幼虫先吐丝结网覆盖卵块，群集在网下吃食卵壳，2～3天后始分散，多从枝条顶端或腋芽蛀入，然后向枝条或幼苗茎干上部蛀食，导致被害枝条枯萎。此时，幼虫钻出枝条外，向下转移到不远处的节间腋芽处蛀入枝内继续为害，并隔一定距离向外蛀一排泄孔排出粪便，状如洞箫。随虫龄增大，幼虫也渐向下蛀食较大枝条，加速了枝条枯死。如此多次转移为害后，老熟幼虫在蛀道内吐丝结缀粪便木屑，堵塞两端作蛹室化蛹，在蛹室上方咬一圆形羽化孔。羽化前蛹体移动至孔口，并大半露出孔外，羽化后蛹壳夹留孔口。成虫有一定的趋光性。

【防治方法】

（1）幼虫发生为害季节，及时检查、剪除被害枝条或挖除被害苗木销毁。

（2）发现幼虫蛀道，用铁丝刺杀蛀道内幼虫和蛹，或用棉花蘸80%敌敌畏乳油50～100倍液或40%氧化乐果乳油100倍液堵塞孔口，或将药液注入虫道后，再用黏土封闭孔口；卵孵化盛期至幼虫未蛀入枝干前，于下午至傍晚喷湿蛀道和蛀道附近枝干的表皮，使幼虫取食致死。喷布药剂可选用90%晶体敌百虫500倍液，50%乐果乳油500～1 000倍液，2.5%敌杀死乳油2 000～3 000倍液，10%氯氰菊酯乳油2 000倍液。

咖啡豹蠹蛾幼虫蛀孔

咖啡豹蠹蛾幼虫排粪孔

咖啡豹蠹蛾雄成虫

咖啡豹蠹蛾雌成虫

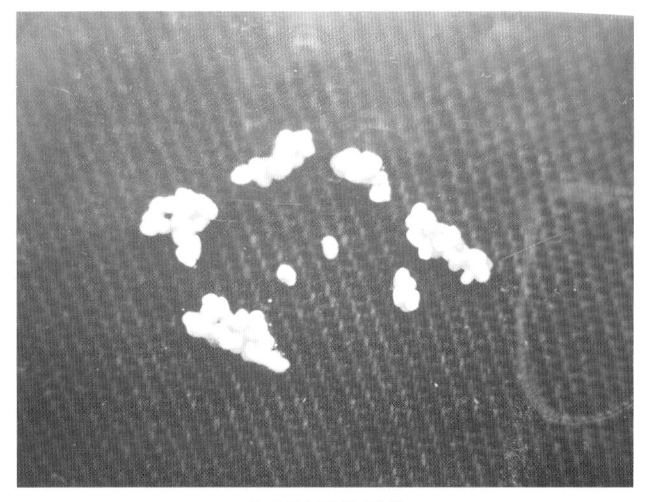

咖啡豹蠹蛾卵粒

咖啡豹蠹蛾幼虫

咖啡豹蠹蛾幼虫蛀食柠檬枝条

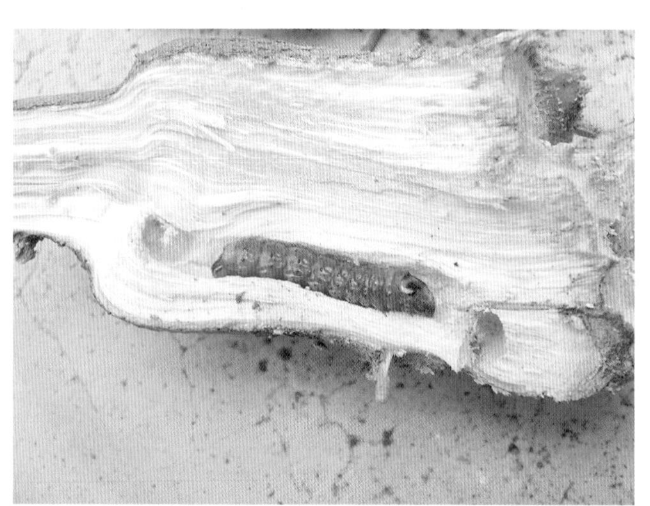

咖啡豹蠹蛾幼虫在枳砧处蛀食

蝙蝠蛾科

一点蝙蛾

一点蝙蛾（*Phassus signifer sinensis* Moore），分布于我国华东、华中、华南及东北地区。为害柿、桃、茶树、柳杉、泡桐、山油麻等果树林木，2009年在粤北首次发现为害冰糖橙和柚。

【为害状】 以幼虫在近地面处咬食皮层，状如环剥，并蛀入木质部形成蛀道，导致幼树叶片黄化、脱落，严重者全株枯死。

【形态特征】 成虫体长43.2～45.0毫米，翅展63.0～65.0毫米；全体暗褐色，密被粉褐色绒毛和鳞片；头部小，头顶具长毛，暗黄褐色；触角短小，丝状；前翅中部有一个近三角形的黑褐色斑纹，其上有银白色斑点，近翅中部银白色短斜纹的端部分离出一点，状似“！”号，外侧另有1个近半圆形银白色斑；外缘线暗褐色，亚外缘线短斜波状纹，较宽，暗褐色；前足扁宽，多毛，静止时伸向前方，似蝙蝠。雄蛾后足腿节背面密生橙红色刷状长毛。卵长0.5～0.7毫米，椭圆形，初产时白色，渐变黑色。老熟幼虫体长48.0～61.2毫米，乳黄色；头深褐色，坚硬，有光泽，头壳中偏后有倒“Y”形开裂，其两侧有不规则的条纹状下陷沟，有5对刚毛；两上颚中间靠后有一吐丝器，能伸缩；胸部和腹部黄白色，气门椭圆形，围气门片黑色，气门筛黄褐色；胸足3对，黄褐色；腹足4对，尾足1对。蛹长39.0～49.4毫米，圆筒形，黄褐色至黑褐色；头部黑褐色，背面至前胸背板有不规则的下陷纹；中胸背面有近平行排列的黑褐色下陷纹；腹背面第三至第七腹节前缘各有1个稍短于蛹宽的褐色波浪状齿突纹，后缘则为一个褐色直线状齿突纹；腹面第四至第六腹节后缘有2个弯月形的深点齿突，构成似展翅飞翔的蝙蝠齿突纹；第七腹节中部有波纹状斑，后缘有短横线褐色斑。末节有一凹陷的腔，无臀棘。

【发生规律】 广东韶关一年1代，跨年完成，以幼虫越冬。次年幼虫继续取食为害，至3月中旬化蛹，4月上旬成虫羽化，成虫白天静伏杂草丛中或小灌木枝叶上，黄昏前后开始活动交尾产卵。卵散产，一次可产17～24粒，一夜可连续产卵916粒。有一定的趋光性，寿命10～15天。田间于4月下旬幼虫开始为害，韶关发现幼虫在2～3年生的枳砧甜橙幼树主干直径约3.5厘米、离土面2～4厘米处蛀食皮层，并蛀入木质部形成蛀道，藏身其中。取食时，爬出蛀道在洞外绕主干周围咬食韧皮部，并把粪便和木屑缀丝做成苞被覆盖其上。被害处成一宽6～18毫米的虫道，可达周径1/3～1圈，状如环状剥皮，当年夏季即可见叶片叶脉发黄，秋冬可见叶片脱落，或不正常开花结果。幼虫老熟后，在蛀道中化蛹，蛹期30天左右。

【防治方法】

（1）铲除树盘杂草，破坏成虫产卵环境，降低田间虫口基数；经常检查果园，发现叶片异常时，认真检查树干基部，如有虫蛀食，利用幼虫蛀道直且短的特点，用铁丝钩杀幼虫。

（2）成虫产卵期和幼虫孵化期，定期在树干周围喷布有机磷农药，拒避成虫产卵和杀死初孵幼虫；剥除虫苞，用80%敌敌畏乳油30～50倍液从蛀孔注入毒杀幼虫。

幼虫在近地面部位蛀食皮层并吐丝将残屑和粪便连缀

为害后期的症状

一点蝙蛾为害导致植株死亡

幼虫在蛀孔处

一点蝙蛾成虫（侧面）

一点蝙蛾成虫

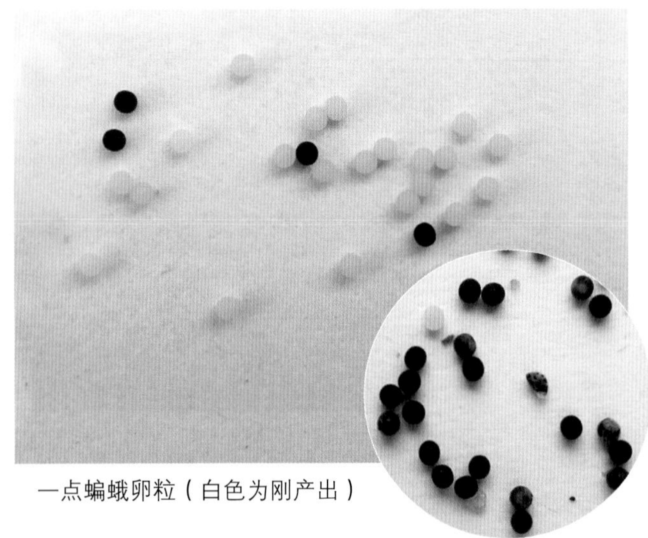

一点蝙蛾卵粒（白色为刚产出）

一点蝙蛾幼虫（背面）

一点蝙蛾幼虫（侧面）

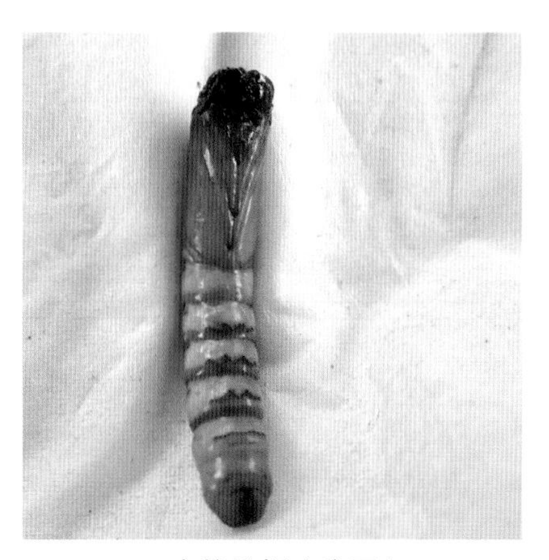

一点蝙蛾幼虫在蛀道内化蛹

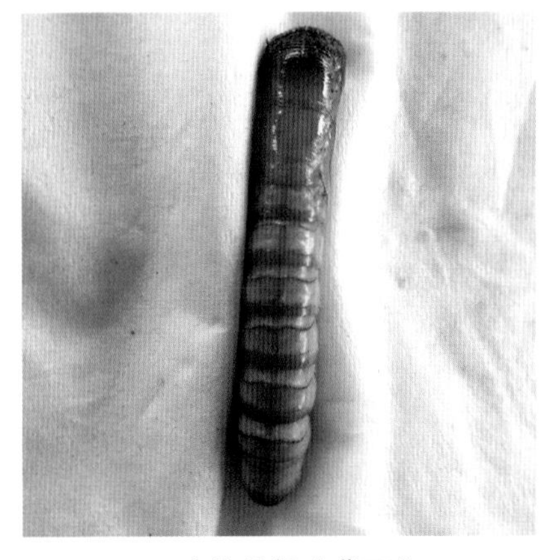

一点蝙蛾蛹（背面）

一点蝙蛾蛹（侧面）

一点蝙蛾蛹（腹面）

（三）鞘翅目

天 牛 科

1.星天牛

星天牛［*Anoplophora chinensis*（Förster）］，别名盘根虫、花牯牛、抱脚虫、围头虫、“蛀虫”等。我国柑橘产区均有分布。

【为害状】 以幼虫在近地面处蛀食寄主植物的树干和大根，造成主干基部皮层坏死剥离，故有“围头虫”的俗称。幼虫在木质部内长期蛀食，蛀道曲折，被害植株逐渐衰弱，以至于整株死亡。

【形态特征】 成虫体长22～39毫米，漆黑色，有金属光泽；触角超过体长，雄虫尤甚，倍长于体，第三至第十一节基部均有淡蓝色的毛环；复眼黑褐色；头部和腹面被银灰色和灰蓝色细毛；前胸背板光滑，中瘤明显，侧刺突粗壮；鞘翅漆黑，基部密布大小不一的颗粒，表面散布许多白色斑点，排成不规则5横列。卵长圆筒形，长约6毫米，乳白色，孵化前转暗褐色。幼虫淡黄色，老熟时45～67毫米，前胸背板前方左右各有一黄褐色飞鸟形斑纹，后方具同色的“凸”字形大斑块，略隆起，体被稀疏褐毛，但前胸背板近前缘处的长毛为密；胸腹足退化，中胸腹面、后胸及腹部第一至第七节背、腹两侧均有移动器。蛹为裸蛹，乳白色，老熟时黑褐色，触角细长、卷曲。

【发生规律】 一年发生1代，跨年完成。以幼虫在树干基部或主根木质部蛀道内越冬。次年4月底5月初出现成虫，5～6月中旬为成虫羽化盛期，6月中旬后渐减少，田间8月仍见少数成虫。成虫羽化后从羽化孔爬出，飞向树冠枝梢，啃食寄主细枝皮层或咬食叶片补充营养，尤喜在苦楝树上停息和取食，在晴天上午和傍晚活动、交尾产卵。卵多产在树干离地面5厘米的范围内，少数产在30～70厘米处。产卵时先将皮层咬成“L”或“⊥”形伤口，将产卵器插入，产卵于皮层下，每处产卵1粒，每雌虫产卵约70余粒，伤口表面湿润。卵期9～14天。幼虫孵化后，先在产卵处皮下蛀食，有白色泡沫状黏物外溢积聚，常诱来独角犀等觅食和扩大为害，随后向下蛀食树干基部达地平线以后，再向四周扩大蛀食，一般蛀入范围在地面下17厘米左右，但亦有继续沿根向下蛀食，深逾30余厘米者。常因数头幼虫在树头皮下环绕蛀食成圈，故称“围头”。幼虫在皮下蛀食如遇大根，可沿根而下继续蛀食。在皮层内蛀食时，所排粪便均填塞在皮下蛀道。幼虫在皮下蛀食2～3个月后，转入木质部往上蛀食，形成隧道，并向蛀入口推出白色粪便和木屑，状如甘蔗渣，容易发现和区分。幼虫在木质部蛀成一条与树干或大根平行的隧道，有少数弯曲或斜行，此时，钩杀幼虫较为容易。幼虫于11～12月进入越冬状态，如当年已成长的幼虫，次年春天化蛹，否则仍需继续取食发育至老熟化蛹，蛹期20～30天，幼虫期达300多天。

【防治方法】

（1）成虫羽化盛期，以清晨和晴天中午组织人工捕杀成虫；成虫羽化产卵前用生石灰5千克、硫黄粉0.5千克、水20千克、盐0.25千克，调成灰浆，涂刷树干和基部，可减少成虫产卵；6～7月勤查树干，当发现树干基部有产卵伤口或有白色泡沫状物堆积时，即用利刀刮杀卵粒及低龄幼虫；幼虫在树皮下蛀食期或蛀入木质部未深入时，可用带钩的铁丝顺着虫道清除虫粪钩杀幼虫。

（2）发现树干基部有新鲜虫粪时，表明星天牛幼虫已深入木质部为害，需用药剂进行毒杀。方法是用脱脂棉球蘸80%敌敌畏乳油10～50倍液塞入蛀孔内，或用注射器将药液注入孔道，然后用湿泥土封堵孔口，熏蒸毒杀幼虫。

星天牛在根颈处为害

星天牛幼虫为害根部排出的木屑粪便

星天牛蛀食造成植株衰弱

星天牛成虫咬食甜橙枝条皮部

星天牛在枳砧处寻找产卵位置

星天牛雄虫（左），雌虫（右）

星天牛卵粒（放大）

星天牛产卵处

星天牛低龄幼虫尚未蛀入木质部

星天牛幼虫在根部为害

星天牛幼虫前胸背面左右各有飞鸟状纹

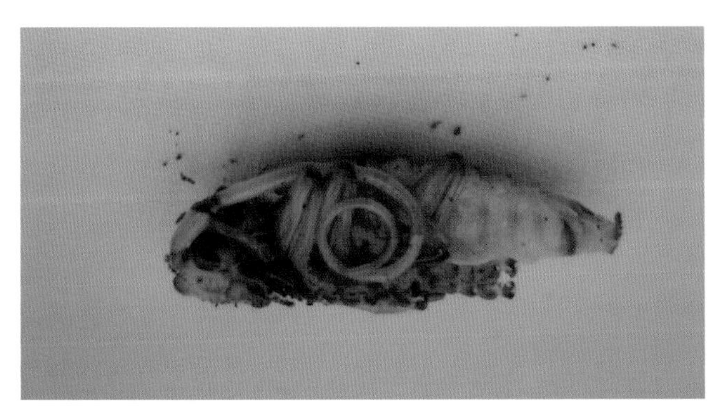

星天牛蛹

星天牛蛹室和羽化后的成虫

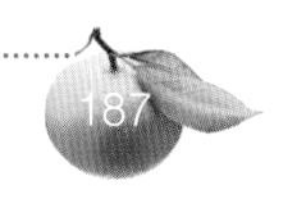

2.褐天牛

褐天牛［*Nadezhaiella cantori*（Hope）］，又名橘褐天牛、橘天牛、老木虫、桩虫、牵牛郎等。我国各柑橘产区均有分布。

【为害状】 幼虫孵化后先在树皮下蛀食，后蛀入木质部，排出黏胶状的粪便，附在孔口和落在枝叶、地面上。被害树木质部被蛀空，生长衰弱，最后死亡。

【形态特征】 成虫体长26～51毫米，宽10～14毫米；体黑褐色，有光泽，上被灰黄色短绒毛；触角基瘤隆起，雄虫触角超过体长1/2～2/3，雌虫触角较体略短。卵长3毫米，卵圆形，黄褐色，壳有网纹。老熟幼虫体长46～56毫米，乳白色，前胸背板前方有横列成4段的黄褐色宽带，位于中央的2段较长，两侧较短。蛹为裸蛹，体长约40毫米，淡黄色，翅芽达腹部第三节末端。

【发生规律】 两年完成1个世代。越冬虫态有成虫、二年生幼虫和当年生幼虫。一般7月上旬前孵化的幼虫，于次年8月上旬至10月上旬化蛹，10月上旬至11月上旬羽化成虫，在蛹室越冬，到第三年4月下旬至7月陆续出现，6月前后为盛发期。8月以后孵出的幼虫，需经历两个冬天，以第三年5～6月化蛹，8月以后羽化成虫外出活动。羽化的成虫在蛀孔内隐藏数日或数月方外出活动，时间的长短视外界的气温而异。5～7月晴天闷热的傍晚出洞，以晚上8～9时出洞最盛，成虫在树干上爬行，交尾产卵。雌成虫交尾后数小时至30余天开始产卵，卵产在离地面33厘米以上的树干裂缝、枝条残桩或伤口内，每处产卵1粒，偶有2粒。每雌虫产卵数十粒至百余粒，成虫出洞后寿命3～4个月，最长可达一年，产卵期可持续3个月。卵期7～15天。初孵幼虫，先在卵壳附近树皮下横向蛀食，蛀入皮层时，有泡沫状胶质物流出，约1个月蛀入木质部，蛀道一般向上，若遇坚硬木质或老虫道时即改变方向，造成若干岔道。据洞外虫粪的形状，可判别幼虫龄期，小幼虫的粪便为白色粉末，胶附于孔口外；中等幼虫粪便呈锯木屑状，散落于地面；大幼虫粪便粒状且杂有粗条状木屑，此时，幼虫已老熟，开始筑室化蛹。在虫道上会咬出3～5个气孔与外界相通，表面留一层树皮未咬穿，树皮上密布蜂窝状小孔。化蛹前吐出一种石灰质的物质封闭两端，作成蛹室在其中化蛹。夏卵孵出的幼虫期为15～17个月，秋卵孵出的幼虫期为20个月。蛹期约1个月。

【防治方法】

（1）农业措施 夜间成虫出现时进行人工捕捉；成虫开始产卵前用编织袋裁成宽20厘米左右的条带，包扎距地面1米以下的枝干，防止产卵；6月份前后，经常巡查果园，发现产卵部位及低龄幼虫为害用小刀刮杀。

褐天牛为害状 （邱书林提供）

（2）生物防治 褐天牛有多种寄生性天敌，其中以寄生幼虫的天牛茧蜂和寄生卵的长尾啮小蜂最为常见，对天牛的抑制作用显著。此外，啄木鸟也是天牛的重要天敌。

（3）化学防治 清除虫道内的粪便，塞入蘸有80%敌敌畏乳油或50%乐果乳油10倍液的棉花团，或注入药液，随后封闭孔口，熏杀幼虫和成虫；枝干和伤口处涂白，防止成虫产卵。涂白剂有：水泥10千克、生石灰10千克、新鲜牛粪1千克，加适量水调成糊状。或生石灰20份、硫黄1份、敌敌畏0.25份、食盐0.5份、桐油0.1份，加适量水调成糊状。

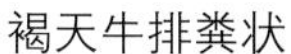
褐天牛排粪状

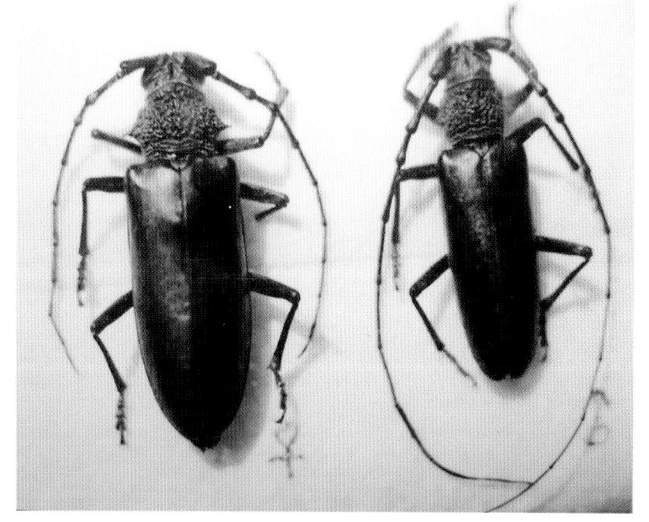

褐天牛成虫 (任伊森提供)

3. 光盾绿天牛

光盾绿天牛［*Chelidoniun argentatun*（Dalman）］，又名光绿橘天牛、光绿天牛、柑橘枝天牛，俗称“枝梢天牛”、吹箫虫。分布于广东、广西、福建、浙江、四川、重庆、江苏、安徽、海南等省（自治区、直辖市）。为害柑橘类植物。

【为害状】 以幼虫蛀食柑橘小枝条，随后沿枝条向下蛀食，直至大枝、主干，造成叶片黄化，枝条枯死，全株生势衰退，产量锐减。

【形态特征】 成虫体长24～27毫米，全体墨绿色，有光泽；腹面初为乳黄色，后转墨绿色，被银灰色短绒毛；头深绿色，刻点细密，触角和足深蓝色或墨绿色，跗足黑色；触角柄节上密布刻点，5～10节端部有尖刺；鞘翅墨绿色，满布细密刻点和皱纹；雄虫触角长于体，前胸长、宽约等，侧刺突端部略钝，小盾片绿色，有光泽；雄虫腹面可见6节，第五节后缘凹陷，雌虫腹面只见5节，末节后缘钝圆。卵长扁圆形，长约4.7毫米，黄绿色。幼虫淡黄色，老熟时体长46～51毫米，体表有褐色分布不均的毛；头较小，红褐色，有细小的胸足3对，前胸背板前缘横列4块褐色斑纹，后缘有一长形、乳白色的皮质硬块。蛹为裸蛹，乳白色或淡黄色，头部长形，向后贴向腹面，背被褐色刺毛。

【发生规律】 一年发生1代，跨年完成。以幼虫在寄主蛀道中越冬，第二年4月中、下旬在蛀道内堵塞两端筑室化蛹。成虫于4月下旬至5月初开始出现，盛发于5～6月。成虫羽化出洞后，取食寄主嫩叶补充营养，交尾后多选择寄主嫩绿细枝的分叉口，或叶柄与嫩枝的分叉口上产卵，每处产卵1粒，上覆盖胶质物，卵期18～19天。成虫灵活，常停息在树冠上部，稍有惊扰，即行飞翔，但雨天飞翔力差，有利于人工捕捉。幼虫孵出后，从卵壳下蛀入小枝条，呈螺旋状蛀食，后沿枝梢向上端蛀食木质部，被害枝梢枯死，幼虫则掉头向下蛀食，由小枝条逐渐蛀入大枝。蛀道每隔一定距离向外蛀一个孔口下斜的洞孔，便于粪便和木屑排出，犹如箫孔状，故有“吹箫虫”之称。洞孔的大小与数目则随幼虫的成长而渐增。在最下端一个洞孔下方的不远处，即为幼虫匿居处，据此可以追踪幼虫之所在。幼虫历期290～320天。次年1月，幼虫进入越冬期。越冬幼虫于4月在蛀道内化蛹，蛹期23～25天。受害的枝梢，易被大风吹折。

【防治方法】

（1）成虫常栖息于寄主枝椏间，小雨天可人工捕杀；6～7月幼虫初孵期，可见被害枯枝，此时，幼虫向上蛀食，应随时摘除，当幼虫掉头向下蛀食时，则剪除小枝集中烧毁。

（2）先用小枝堵塞蛀道倒数的第二个孔洞，使幼虫不能向上逃逸，然后从下端的孔洞注入80%敌敌畏乳剂30倍液，并封闭洞口毒杀幼虫。

光盾绿天牛为害甜橙幼树枝条

光盾绿天牛为害状

光盾绿天牛为害状

光盾绿天牛为害状

光盾绿天牛为害排出的粪便为颗粒状

光盾绿天牛成虫

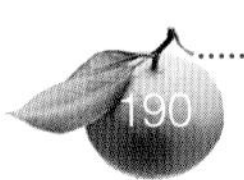

光盾绿天牛产卵处有胶质物覆盖

光盾绿天牛低龄幼虫为害状

光盾绿天牛幼虫

光盾绿天牛预蛹（下）和蛹（上）

光盾绿天牛将羽化的蛹

光盾绿天牛蛹

4.灰安天牛

灰安天牛［*Anoplophora versteegi*（Ritsema）］，又名灰星天牛。广西、海南、云南有分布。在云南瑞丽是为害柠檬的重要害虫之一。

【为害状】 与星天牛相似。

【形态特征】 体长82～86毫米，宽8～13毫米；体被极密的淡灰色绒毛，灰色中常微带蓝色，把黑色底完全覆盖仅有若干无毛部分，形成黑色小斑点；前胸背板3个，排成一横行，中央一个较大，两侧较小，位于侧刺突内侧基部，在这3个斑点之间的后方及侧刺突基部后方，一般还有许多刻点状

灰安天牛（灰星天牛）　（郭俊提供）

的小黑点；每鞘翅上有20～30个斑点，有时更少，排成五六条横行，每行约5个，从内向外侧下斜；触角被同样的淡灰色绒毛，柄节端疤及自第三节起，各节端部或长或短呈深色，端部数节大部分是深色；头部中央有1条无毛直纹，触角基瘤极显突，雄虫体与触角长比约为1 ∶ 2.5，有时稍短，雌虫约为1 ∶ 1.6，前胸背板宽胜于长，侧刺突极显著；鞘翅上密布刻点，无颗粒。

【发生规律】 与星天牛相似。

【防治方法】 参考星天牛。

吉丁虫科

1.爆皮虫

爆皮虫（*Agrilus citri* Matsumara）又名柑橘锈皮虫、柑橘长吉丁虫、锈皮虫。分布于浙江、福建、四川、重庆、湖南、贵州、广东、广西等地。

【为害状】 为害柑橘类，其中以橘和橙受害最重。幼虫蛀害主干和大枝，在皮层下韧皮部及形成层蛀食成许多弯曲蛀道，常见数条虫道由产卵处向四周放射伸出。被害处树皮常整片爆裂，整个大枝干枯，甚至整株枯死。成虫啮食叶片边缘补充营养，造成缺刻。

【形态特征】 成虫体长6～9毫米，腹面古青铜色，腹背面深蓝色，有金属光泽；头部泛金黄色，复眼黑；触角锯齿状，11节；前胸背板与头部等宽，密布很细皱纹；翅鞘上密布细小刻点。卵扁平，椭圆形，初产时乳白，后变橙黄，0.7～0.9毫米。老熟幼虫体长16～21毫米，扁平，口器黑褐色，胴部乳白；前胸特别膨大，背、腹面中央各有1条明显纵纹；中胸最小，胸气孔1对，生在中胸两侧；腹部9节，前8节各有气孔1对，末节尾端有1对黑褐色尾叉。蛹扁圆锥形，长8.5～10毫米，初蛹期为乳白色，后变黄色，最后变蓝黑色，具金属光泽。

爆皮虫幼虫为害造成流胶

爆皮虫为害流胶状

爆皮虫幼虫为害状

爆皮虫幼虫蛀食形成层

爆皮虫成虫在啮食橘叶叶缘

爆皮虫成虫的背面、腹面和侧面

爆皮虫成虫虫体腹背显蓝色光

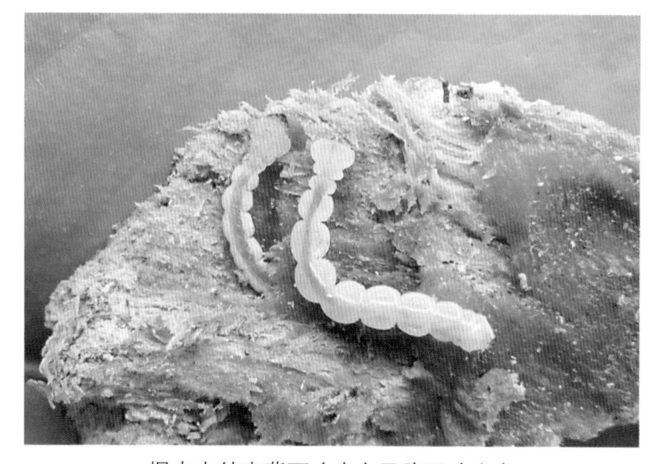

爆皮虫幼虫背面（右）及腹面（左）

【发生规律】 一年发生1代，以幼虫在树干木质部的浅处或皮层中越冬，由于越冬幼虫龄期不一，次年发生极不整齐。一般3月下旬开始化蛹，4月下旬为化蛹盛期，第一批成虫于5月下旬为出洞盛期，6月中、下旬为产卵盛期，7月上、中旬为卵孵化盛期。后期出洞较集中的两批成虫分别在7月上旬和8月下旬。广东成虫于5月出现，盛期在5月上、中旬；第二次在9月上、中旬。成虫出洞后约1周开始交尾，其后1～2天产卵，卵多产在树干皮层的细小裂缝处，树皮粗糙裂缝多或已遭其害的植株为害更重。

【防治方法】

(1) 在成虫出洞前(4月中旬以前)彻底挖除并烧毁被害严重和枯死的橘树。

(2) 在成虫出洞前用塑料薄膜或稻草包扎有虫源的树干，然后涂刷带有药液的湿泥(用80%敌敌畏乳油加10～20倍的黏土)，可阻止成虫出洞产卵。在成虫产卵前的5月份进行树干涂白，减少产卵。

(3) 初孵幼虫盛发期刮杀、毒杀幼虫。6～9月注意勤检查，发现树干上有泡沫状物或汁液浸出时，用小刀刮杀皮下幼虫或在被害处间隔1～1.5厘米纵划2～3刀，深达木质部，再涂80%敌敌畏乳油5～10倍液灭杀初孵幼虫。

(4) 成虫出洞高峰期用0.3%绿晶印楝素1 000倍液，40.7%乐斯本乳油800～1 000倍液喷射树冠，消灭成虫。或用高浓度敌敌畏乳油50～100倍液、48%乐斯本乳油100倍液、绿颖(韩国SK99%矿物油)100倍液喷布(涂抹)枝干。

2.溜皮虫

溜皮虫(*Agrilus* sp.)又名缠皮虫、串皮虫。分布于浙江、福建、四川、广东、广西、重庆等省(自治区、直辖市)。

【为害状】 幼虫蛀害柑橘树的枝条或小树主干，在皮层下从上而下蛀害，形成螺旋形蛀道，受害枝的上部干枯，严重时每株树上可达数百条幼虫，使树势衰弱，产量降低。

【形态特征】 成虫体长9～11毫米，宽2～3毫米，全体黑色，略具金属光泽；腹面绿；头部具纵行皱纹；前胸背板有较粗横列皱纹；翅鞘上密布细小刻点，并有不规则的白色细毛，形成花斑，以鞘翅末端1/3处的花斑最为显著；触角锯齿状，11节；复眼黄褐色，肾形。卵馒头形，直径0.17毫米，初产时乳白色，孵化前变黑。老熟幼虫体长23～26毫米，体扁平，白色；前胸特别膨大，黄色，中央有一条纵带，中央隆起，各节前狭后宽，腹部末端有黑褐色钳形突起1对。蛹纺锤形，体长9～12毫米，乳白色至黄褐色。

【发生规律】 一年发生1代，以幼虫在树枝木质部越冬。成虫产卵、孵化及幼虫活动期不整齐。成虫出洞后5～6天交尾，交尾后1～2天产卵。每一雌虫卵2～7粒，卵黏附在树枝表皮，常有绿色物覆盖。卵期15～24天。夏天羽化的成虫于5～6月产卵，幼虫为害时间较长，喜在小枝条上为害，幼虫在7月上旬为害甚烈，7月下旬潜入木质部，次年5～6月羽化为成虫。秋天羽化的成虫7～8月产卵，幼虫为害时间较短，幼虫于10月上旬钻入木质部，次年6～7月羽化为成虫。

【防治方法】 冬季和早春成虫出洞前剪除虫枝、挖除死树集中烧毁；用小刀在有泡沫状流胶液处，刮杀初孵幼虫；在已入木质部的幼虫最后一个螺旋弯道内寻找半月形的进口孔处，顺螺旋纹方向转45°角，距进孔口约1厘米处，用尖钻刺杀幼虫。其他参考爆皮虫的防治。

溜皮虫成虫　(引自夏声广等)

溜皮虫为害造成泡状物　(引自夏声广等)

3. 六星吉丁虫

六星吉丁虫（*Chrysobothris succedanea* Saunders），又名六点吉丁虫、柑橘大爆皮虫。分布于湖南、福建、浙江、广西、广东等省（自治区）。

【为害状】 幼虫蛀食枝干韧皮部与形成层。为害成年树自下而上，由主干蛀至主枝。为害幼树自主枝向下蛀至主干近嫁接口处。其为害状与爆皮虫相似，不同的是蛀道较宽大，无放射状。为害严重时树势衰弱，甚至枯死。

【形态特征】 成虫体长10～12毫米，蓝黑色，有光泽；腹面中间亮绿色，两边古铜色；触角11节，呈锯齿状；两鞘翅上各有3个稍下陷的青色小圆斑，常排成整齐的1列。卵扁圆形，长约0.9毫米，初产时乳白色，后为橙黄色。老熟幼虫体扁平，黄褐色，长18～24毫米，蛹长10～13毫米，初为乳白色，后变为酱褐色，多数为裸蛹，少数有白色薄茧。蛹室侧面略呈长肾状形，正面似蚕豆形，顺着枝干方向或与枝干成45°角。

六星吉丁虫高龄幼虫背面　　（引自夏声广等）

【发生规律】 一年发生1代，10月份前后以老熟幼虫在木质部内作蛹室越冬。次年3月开始陆续化蛹，发生很不整齐。成虫出洞始于5月，6月为出洞高峰期。成虫白天栖息于枝叶间，可取食叶片成缺刻，有坠地假死的习性。卵产于枝干树皮裂缝或伤口处，每处产卵1～3粒。6月下旬至7月上旬为产卵盛期。幼虫老熟后蛀入木质部，作蛹室化蛹，但深度较浅。

【防治方法】

（1）加强栽培管理，保持健康树势；成虫出洞前清除并烧毁死树死枝，以减少虫源。

（2）成虫开始大量羽化而尚未出洞前，先刮除树干受害部的翘皮，再用80%敌敌畏乳油加黏土10～20倍和适量水调成糊状，或直接用水稀释到30倍液，也可用40%乐果乳油加等量煤油涂在被害处，使成虫在咬穿树皮时中毒死亡；成虫出洞高峰期树冠喷药，杀死已上树的成虫，药剂有40%乐果乳油1 000倍液，90%晶体敌百虫800～1 000倍液，2.5%敌杀死乳油3 000倍液；初孵幼虫盛期，先用刀刮去受害部的胶沫和一层薄皮，再用80%敌敌畏乳油3倍液或40%乐果乳油5倍液涂抹，可杀死皮层下的幼虫。乐果农药不能在朱红、红橘、乳橘和柠檬等敏感品种上使用。药剂涂干时，涂药面不应过大，否则可能产生药害。

象 虫 科

1. 大绿象虫

大绿象虫（*Hypomeces squamosus* Fabricius），又名蓝绿象、绿鳞象虫、绿绒象甲、绒绿象虫、桃象虫等。分布于我国南方各地。

【为害状】 以成虫咬食新梢叶片，造成残缺，严重时，全部被吃光。也可为害花和咬断嫩梢和果柄，造成落花落果。

【形态特征】 成虫体长15～18毫米，宽5～6毫米，全体黑色，密被墨绿、淡绿、淡棕、古铜、灰、绿等闪光鳞毛，有时杂有黄橙色鳞粉，个体颜色不一；头、喙背面扁平，中间有一宽而深的中沟，触角短而粗，复眼十分突出，前胸背板以后缘最宽，前缘最狭，中央有纵沟；每一鞘翅上各有由10条刻点组成的纵沟纹，刻点前端各有短毛1根；小盾片三角形；雌虫腹部较大，雄虫较小。卵椭圆形，长约2毫米，黄白色，孵化前呈黑褐色。幼虫初孵时乳白色，成长后黄白色，长约15～17毫米，体肥多皱，无足。蛹长约14毫米，黄白色。

【发生规律】 一年发生1代，以老熟幼虫或成虫在土中越冬。以幼虫越冬的，次年3月化蛹，4月成虫开始出土，5月上、中旬盛发，成虫期很长，全年可见成虫活动和为害。成虫白天活动取食，早、晚不甚活动，躲藏在叶片或枝梢下，飞翔能力弱，善爬行，有假死性，稍受触动即向下掉，落在其他叶片上或落在地上。刚出土的成虫常群集在灌木上活动、取食。成虫一生可多次交尾，多次产卵，产卵期长达57～98天，平均80余天。一头雌虫一生可产卵80余粒，卵散产于叶片的两叶相叠处，卵多在中午孵化，孵化时幼虫咬破卵壳爬出，落地后爬入土中，初龄幼虫多在10～15厘米的表土中取食营生，三龄幼虫常互相残杀，高龄幼虫深居于40～60厘米的土中。整个幼虫期生活在地下，取食腐殖质、果树和杂草的须根，幼虫期53～129天，共5龄，少数6龄。幼虫老熟后在土中造广椭圆形蛹室及从蛹室通向土表的隧道1条，在蛹室中化蛹。蛹期12～15天，成虫羽化后通过隧道，顶开孔口盖爬出土面。

大绿象虫成虫

【防治方法】

（1）冬季清园期结合果园松土，破坏其越冬场所，杀死部分越冬的幼虫和成虫，以减少虫源；成虫期，树下铺塑料薄膜，摇动树冠，收集掉落的成虫烧毁；成虫出土期，用桐油加松脂熬制成胶糊，刷在树干茎部，宽度约10厘米，象甲上树即被黏住，每天将黏住的象甲收集烧毁。

（2）春、夏梢成虫为害盛期，用40%水胺硫磷乳油800倍液，或50%辛硫磷乳油800～1 000倍液，连续多次喷布。也可在3月底4月初，在地面喷洒辛硫磷200倍液，使在土表爬行的成虫接触死亡。

大绿象虫成虫（粉绿型）

大绿象虫成虫（粉黄型）

大绿象虫转黑色的卵粒

两种体色的大绿象虫(左雄)

2. 小绿象虫

小绿象虫（*Platymycteropsis mandarinus* Fairmaire），又名柑橘斜脊象。广东、广西、福建、江西、湖南、湖北和陕西等省、自治区均有分布。

【为害状】 与大绿象虫为害状相同。但造成新叶缺刻更为严重，几乎全叶食光。

【形态特征】 成虫体长5～9毫米，宽1.8～3.1毫米；体长椭圆形，密被淡绿色或黄绿色的鳞片；头喙刻点小，喙短，中间和两侧具细隆线，端部较宽；触角红褐色，柄节细长而弯，超过前胸前缘，鞭节头2节细长，棒节颇尖；前胸梯形，略窄于鞘翅基部，中叶三角形，端部较钝，小盾片很小，鞘翅卵形，肩倾斜，每鞘翅上各有由10条刻点组成的纵沟纹；足腿节淡绿色，粗，胫节及跗节淡绿色和红褐色混杂。

【发生规律】 小绿象虫在福建和广西一年发生2代，以幼虫在土中越冬。第一代成虫于4月底至5月初出土活动，5月底至6月初为发生盛期。在广东为害柑橘的第一次夏梢甚烈，在其上取食、交尾，严重发生时，1枝夏梢上有数头成虫同时取食，将叶片几乎食光。第二代成虫于7月下旬出现，8月中旬至9月下旬为发生盛期，为害秋梢叶片，群体数量大。具有群集性和假死习性，且感觉极为灵敏，人稍靠近即转移停息位置，以叶片遮挡、躲避，若有振动，立即掉落地面。

【防治方法】 参考大绿象虫。

小绿象虫群集为害

小绿象虫为害叶片状

小绿象虫成虫

小绿象虫成虫

3. 灰象虫

灰象虫（*Sympiezomia citre* Chao），又名柑橘灰象、柑橘大灰象虫、灰鳞象虫、泥翅象虫，俗称橘猴、尖嘴龟、葫芦虫、长鼻虫等。分布于广东、广西、福建、浙江、江西、湖南、四川、贵州、陕西等柑橘产区。

【为害状】 成虫咬食春梢新叶造成缺刻或孔洞，幼龄柑橘春梢叶片受害尤重。也咬食幼果，造成果面凹陷缺刻，或在果面留下疤痕。严重为害导致落果。

【形态特征】 雌虫体长9.3～12.3毫米，雄虫略小，体长8～10毫米；体被灰白色或灰褐色鳞毛，无光泽；头部粗而宽，背面黑色，表面有3条纵沟，中央1沟凹入，两侧沟较浅；复眼黑色，外突；前胸背板卵形，后缘较前缘宽，中央具一细纵沟，整个胸部布满粗糙而凸出的圆点；小盾片半圆形，中央也有1条纵沟，鞘翅卵圆形，末端尖锐；鞘翅上布有黑褐色、灰褐色相杂斑纹和10条刻点纵列；后翅退化，无飞翔能力；前足胫节内缘具1列齿状突起。雄虫腹部窄长，鞘翅末端不缢缩，钝圆锥形；雌虫腹部膨大，胸部宽短，鞘翅末端缢缩，且较尖锐。卵长圆筒形，略扁，长1.1～1.4毫米，初乳白色，后紫灰色。幼虫乳白色至淡黄色，老熟时体长11.0～13.5毫米，头部淡黄色，体节可辨11节。蛹淡黄色，长8～12毫米，头管弯向胸前，如钳状，前胸背板隆起，中胸后缘微凹，背面有6对短刚毛；腹背面各节横列6对刚毛，末端两侧有1对棘刺，黑褐色。

【发生规律】 一年发生1代，以成虫在土壤中越冬，一些橘区以成虫和少数幼虫越冬。越冬成虫于次年3月底至4月中旬出土，成虫出土后在地上爬行，沿树干或下垂枝条爬上树冠，常见3～5头一起，在当年抽生的春梢叶片上咬食、交尾、产卵。4月中旬至5月上旬为害甚烈，当叶片老熟后，转害幼果。成虫有假死性，亦具敏感性，当人靠近时，即转至叶片另一面，以避视线，一旦惊动，即掉落地上。5月为产卵盛期，卵产于两叶片重叠间，卵粒单层黏连成块，大小不一，产卵完后，用分泌的胶质将两叶和卵块相互黏合。每雌一生可产卵数百粒，产卵期在5～7月，产卵期平均95天。幼虫孵化后即落地入土10～50厘米，取食植物细根和腐殖质。幼虫5～6龄，多为6龄，幼虫期长达372～400天。老熟幼虫在土中筑椭圆形蛹室，在其中化蛹。

【防治方法】

（1）冬季深翻树冠下土层15厘米，破坏土室；成虫上树后，利用其假死性，在地面铺垫塑料薄膜，然后摇动树枝，收集消灭。

（2）成虫出土时，在地面喷洒50%辛硫磷乳油200倍液；树冠喷布50%辛硫磷乳油1 000～1 500倍液杀死和驱赶成虫。

灰象虫为害甜橙叶片

灰象虫为害状

灰象虫成虫

灰象虫成虫

丽金龟科

1. 铜绿金龟

铜绿金龟（*Anomala corpulenta* Motschulsky），又称铜绿丽金色，俗称铜克郎。我国除新疆、西藏无报道外，分布遍及全国各省、自治区、直辖市。

【为害状】 幼虫（蛴螬）是重要的地下害虫，生活在土壤中，取食萌发的种子，造成缺苗断垄；咬断幼茎，导致植株枯死；取食根系，使植物衰弱。且伤口易被病菌侵入，造成植物病害。成虫取食植物叶片、花器，使叶片残缺，花器脱落。

【形态特征】 成虫体长19～21毫米，体铜绿色，有金属光泽；触角黄褐色，鳃叶状；前胸背板及鞘翅铜绿色，前胸背板有浅的细密刻点；鞘翅具3条不甚明显的纵脊，前足胫节具2外齿，前、中足大爪分叉。卵椭圆形，乳白色，长约2毫米，壳光滑。老熟幼虫体长约40毫米，头部黄褐色，体乳白色，腹部末节背面有排成2纵列的刺状毛，在刺毛列外边有深黄色钩状刚毛。蛹长椭圆形，初蛹白色，后转土黄色，体长22～25毫米，裸蛹。

【发生规律】 一年发生1代，以三龄幼虫越冬。次年春季气温回升，幼虫从土中上升，继续为害，取食植物根系，然后在土中筑室化蛹，蛹期7～10天。6月上旬成虫开始羽化出土，6～7月为盛期。成虫多在傍晚6～7时出土、交尾、产卵和取食，天亮前飞离寄主，重新到土中潜伏，也有停栖在取食的叶片上不动。有强的趋光性和假死性，成虫于6月中旬开始产卵，卵产在有机质较丰富的疏松土壤中，或杂草堆肥、厩肥和垃圾堆积处。幼虫孵出后在其中营生，取食有机物质、植物细根。每雌产卵50～60粒，卵期7～10天。7月中、下旬孵出幼虫，10月上中旬幼虫入土越冬。

【防治方法】

（1）成虫发生盛期，利用其假死性进行捕捉；结合清理园内外有机质肥堆，捡净幼虫（蛴螬）可减少成虫的发生。

（2）成虫发生期用40瓦黑光灯诱杀，也可用频振杀虫灯诱杀。

（3）严重发生的果园，每亩用1千克5%辛硫磷颗粒剂撒施于地面，翻入土中，杀死幼虫。也可用50%辛硫磷乳油或40%水胺硫磷乳油800倍液，48%乐斯本乳油1 000倍液喷布树冠。

铜绿金龟为害状

铜绿金龟成虫

铜绿金龟成虫腹面

铜绿金龟成虫(右1为雄虫)

2.红脚丽金龟

红脚丽金龟（*Anomala cupripes* Hope），又名红脚异丽金龟、大绿金龟、红脚绿金龟。分布广，食性杂。

【为害状】 同铜绿金龟。

【形态特征】 成虫体长18～26毫米，头、胸背面和鞘翅均草绿色或墨绿色，闪金属光泽，触角紫红色；头比铜绿金龟子长，前胸背板刻点细密，后缘弯月形，小盾片边缘黄褐色，鞘翅布纵列刻点，疏密、深浅不一，明显；腹面及足紫红色或枣红色，有光泽；腹末有疏的白色短绒毛。卵乳白色，短椭圆形。老熟幼虫土黄白色，头部褐色，体背密被褐色刚毛，气门褐色；胸足3对。蛹为裸蛹，长椭圆形，土黄色。

【发生规律】 红脚丽金龟一年发生1代。幼虫在土中营生，化蛹在土中。生活习性、发生时期与铜绿金龟相同，在田间常见红脚丽金龟与铜绿金龟在果园内同时发生和为害。

【防治方法】 参照铜绿金龟。

红脚丽金龟为害状

红脚丽金龟成虫（左）与铜绿金龟成虫（右）

红脚丽金龟成虫腹面（左）与铜绿金龟成虫腹面（右）

红脚丽金龟卵粒

花金龟科

1. 花潜金龟

花潜金龟［*Oxycetonia jucunda*（Faldermann）］，又名大斑青花龟、红斑花金龟、食花金龟甲，还有银点花金龟甲、小青花金龟之名。分布广。

【为害状】 在柑橘花期发生为害。以成虫咬食花药，损伤花瓣、雄蕊和子房，造成花器残缺，影响果实正常发育，还使成熟果实花皮，影响外观。

【形态特征】 成虫与小青花金龟极为相似，体长10～15毫米，头部黑褐色，体背黑色，翅上花纹简单，多见赤褐色；体色有黑色、墨绿色和青绿色。体黑色者，前胸背板有一大的“山”形黄斑，或只是黑色无黄斑。鞘翅各有一个肾形赤褐色大斑，在赤褐色大斑外侧前、后各有1个白色横斑，近外缘处亦有一白色横斑，另有多个白色小斑；鞘翅上有6～7纵列刻点。卵白色，长约1.8毫米。幼虫乳白色，长约22毫米，头黑褐色。蛹淡黄色。

【发生规律】 一年发生1代。以幼虫在土中越冬。次年柑橘开花时，开始羽化出土，群集于花上，取食花蜜、花粉，还咬食花丝、花瓣、子房，损伤雄蕊，影响授粉，且舐食子房，损伤果皮，影响果实的生长发育和导致果皮伤痕。

【防治方法】

（1）冬季清园松土，破坏幼虫营生场所，消灭越冬幼虫，减少虫源。

（2）柑橘花期及早喷布药剂，减少成虫飞入园区为害。采用的药剂可参考铜绿金龟甲的防治。

花潜金龟（左：前胸背板有大斑型，右：无斑型）

花潜金龟咬食花药（前胸背板有大斑型）

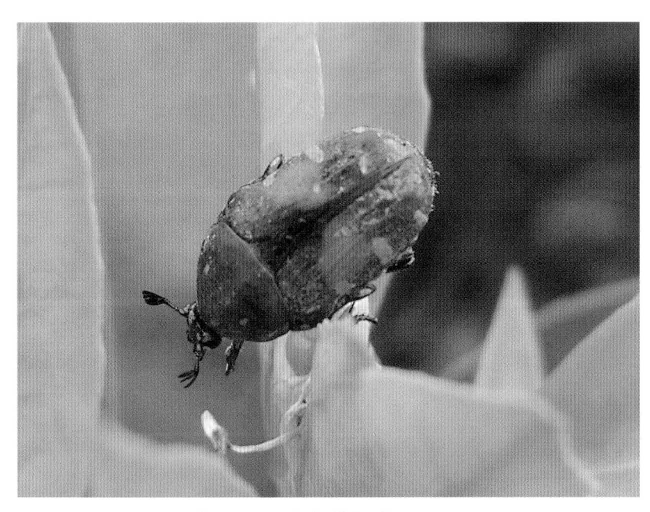

花潜金龟（前胸背板有大斑型）

花潜金龟（前胸背板无斑型）

2. 白星花金龟

白星花金龟（*Potosia brevitarsis* Lewi），又名白星花潜、白星金龟子、白纹铜花金龟、铜克螂。分布广，杂食性。

【为害状】 以成虫咬食成熟果实，将果实咬成孔洞，导致果实腐烂，或取食有伤口的果实，加速果实腐烂。成虫还为害嫩芽芽尖、嫩叶。

【形态特征】 成虫体长20～24毫米，扁椭圆形，全体紫铜色或青铜色，有光泽；前胸背板和鞘翅上有不规则、大小不一的白色斑，前胸背板前端两侧各有1个白色小斑，近后缘的2个白色斑分布在两侧的凹陷处；鞘翅面具凹塌点，上布白色斑。卵乳白色，卵圆形或椭圆形，长约2毫米。老熟幼虫体长34～39毫米，体乳白色，弯曲呈“C”形，头部赤褐色，体背每节有刚毛3列。蛹为裸蛹，体长约23毫米，黄白色。

【发生规律】 一年发生1代，以幼虫在土中越冬，次年6～7月为成虫羽化盛期，出土成虫有群集为害习性，取食果实或嫩芽叶片，或在树干烂皮处取食汁液。当受惊动时，即飞逃。成虫有趋光性，对糖醋类有趋附性。幼虫一生均在土中生活，取食腐殖质、植物细根。老熟幼虫在土中筑室，在其中化蛹。

【防治方法】 参考铜绿金龟的防治。

白星花金龟成虫

鳃金龟科

中华齿爪金龟

中华齿爪金龟（*Holotrichia sinensis* Hope），又名中华金龟子，俗称清明虫。分布于山东、江苏、浙江、江西、广东、广西、福建、台湾等省（自治区）。

【为害状】 以成虫暴发性为害当年新抽生的柑橘春梢嫩叶，造成叶片残缺不全，或被吃光，只存主脉和叶尖，导致秃枝。

【形态特征】 成虫体长约22毫米，棕褐色，头部和前胸背板色较深，背面密布细小刻点；触角10节，鳃片部短小；前胸背板侧缘强烈扩突成角状，小盾片近倒三角形；鞘翅背面平，散生许多小刻点，每翅上有4条纵肋，近合缝线的1条在后面扩阔；腹端外露，臀板光滑；足深褐色，有金属光泽；各节的爪均有齿。卵乳白色，椭圆形。幼虫终生在土壤中生活，取食腐殖质和各种植物的幼根。

【发生规律】 一年发生1代，以幼虫在土中越冬。次年天气回暖开始化蛹，并羽化成虫。广东于3月下旬初成虫出土，在天气闷热、微吹南风的黄昏开始活动，成群飞出，晚上8时为活动高峰，成虫飞到柑橘树冠，停在当年抽出春梢上咬食叶片、交尾，产卵于土中。饱食之后，停在枝条上，后半夜才转移到土中藏匿。为害期约10天左右，“清明”过后较少发生。尤以幼树受害严重，春梢叶片残缺，生长受到影响。在幼树园内，以园边4～5行尤甚。

【防治方法】 参考铜绿金龟的防治。

中华齿爪金龟成虫

中华齿爪金龟与卵粒

犀金龟科

独角犀

独角犀（*Dynastes gideom* Linnaeus），又名橡胶犀金龟、独角仙。分布于广东、广西、云南、贵州、福建等省（自治区）。为一种常见虫种。

【为害状】 以成虫咬食嫩枝和果实，把果皮咬破，取食果肉。尤喜在有裂口的果实上为害。同时，也在有星天牛幼虫蛀食处取食，将树皮部伤口扩大，加重脚腐，导致树体更快衰退。

【形态特征】 成虫体长30～45毫米，近卵圆形，黑褐色，有光泽；雄成虫头部额顶有一粗大的角状突起，向上翘，向后弯，末端分叉；前胸背板有一前伸的角状突，末端或分二叉；雌虫体较小，头、胸部均无角状突起。卵呈卵圆形，长约3毫米，初产时乳白色，后变污黄色。老熟幼虫体长50～60毫米，圆筒形，黄白色，头部黑褐色，体常弯曲，密生细毛，后端各体节较长，光滑无皱纹。蛹体长35～55毫米，黄白色，将羽化时变成红色。

【发生规律】 一年发生1代，以幼虫在肥堆或有机质多的土壤中越冬。次年4月中下旬化蛹。5月中下旬为羽化期。5～8月可见成虫在田间活动。初期为害荔枝果实，随后为害龙眼果实，于7～8月在柑橘树干基部为害树皮，尤其嗜食星天牛幼虫蛀口处带腐烂黏液的树皮，使伤口扩大，加速树势衰弱。初羽化的成虫在土壤中栖息，晚上爬出土面活动。成虫羽化后17～22天进行交尾，交尾10多天后产卵。卵产在有机质多的堆肥或较疏松的土壤中。产卵期在6月中旬至7月下旬，盛期在6月中下旬，卵期8～15天，平均12天。幼虫在土中生活，春末夏初多在地下30厘米左右，冬季一般在表土30厘米以下。老熟幼虫在土中作土室化蛹。成虫有趋光性。

独角犀为害状

【防治方法】

（1）果园除草松土，破坏幼虫生活场所，减少虫源；冬季施用有机质肥时，将果园周围的堆肥和厩肥全部清理，并捡拾干净其中的越冬幼虫；果实成熟期，巡查果园，发现独角仙成虫，可行人工捕捉；树干涂白可减轻被害。

（2）发生量较大的果园，可设灯光诱杀成虫，或拉网捕杀。

（3）独角犀喜为害成熟果实，一般不宜采用药剂防治。但虫口密度大的果园，必要时可选用低毒的药剂进行喷杀。

独角犀雌成虫

独角犀雄成虫

叶 甲 科 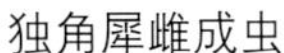

1. 恶性橘啮跳甲

恶性橘啮跳甲（*Clitea metallica* Chen），又名柑橘恶性叶虫、恶性叶甲、黑叶跳虫、黑蚤虫、黄滑牛、牛屎虫、乌蜩等。分布于四川、重庆、云南、湖南、浙江、江西、广东、广西、福建等省（自治区、直辖市）。寄主仅限于柑橘类。

【为害状】 以成虫和幼虫为害新梢嫩叶、嫩茎、花蕾。导致叶片严重残缺、干枯，花蕾和幼果脱落，产量减少。

【形态特征】 成虫长椭圆形，雌虫体长3.0～3.8毫米，体宽1.7～2.0毫米，雄虫略小；头、胸和鞘翅蓝黑色，有金属光泽；头小，缩入前胸；口器、足及腹部腹面均为黄褐色；触角丝状，11节，黄褐色；前胸背板密布小刻点，每鞘翅上纵列小刻点10行半；胸部腹面黑色；后足腿节膨大，善跳跃。卵长椭圆形，长约0.6毫米，初为白色，渐变为黄白色，孵化前为深褐色，卵壳外被黄褐色网状黏膜。幼虫共3龄，老熟幼虫体长约6～7毫米，头部黑色，胸、腹部草黄色，半透明；前胸背板具深色骨化区，半月形，分成左右2块，中、后胸两侧各有1个黑色突起，胸足黑色。蛹为裸蛹，椭圆形，长约2.7毫米，由淡黄色渐变为橙黄色，腹部末端有1对色泽较深的叉状突起，头向腹部弯曲，体背有刚毛。

【发生规律】 均以成虫在树干上的裂缝、地衣、苔藓下或霉桩、树穴、杂草、枯枝、卷叶、松土中越冬。浙江、四川一年发生3代，江西、湖南、福建发生3～4代，广东可发生6～7代。以第一代幼虫为害春梢最为严重，以后各代发生极少。成虫不太活动，常聚集于嫩梢取食叶片，能飞善跳，有假死性。雌成虫一生可多次交尾，卵产在嫩叶背面或叶边缘、叶尖上，雌虫产卵前，先把叶片咬成小穴，然后产卵于穴内，绝大多数为2粒并列，每雌虫一般产卵百余粒，广东潮阳室内饲养，平均产卵可达780粒，最多可达1 761粒。幼虫孵化后先在春梢叶背取食叶肉，留存表皮，稍长大后则连表皮一起食光，被害叶片呈不规则缺刻和孔洞，幼虫有群集习性，1片嫩叶上常有3～5头，1条枝条多者达数十头一起为害。幼虫背上覆有混着深绿色粪便的黏液，故俗称牛屎虫。黏液和粪便污染嫩叶，经1日后叶即变黑，严重的经3～4日即萎缩脱落。幼虫共3龄，老熟后沿枝干下爬，在地衣、苔藓、霉桩、树皮裂缝和土壤中化蛹，深度约为1～2厘米，先筑一圆形土室在其中化蛹。蛹期一般3～9天，各代历期长短不同。

【防治方法】

（1）冬季清园，清除树上霉桩、枯枝、老死翘皮、苔藓、地衣、落叶、杂草，涂白树干，封塞树洞，清除其越冬和化蛹场所。

（2）开花前后幼虫大量出现和5月中下旬成虫大量取食时喷药。药剂有2.5%敌杀死乳油2 000～2 500倍液，或20%速灭杀丁乳油3 000～4 000倍液，90%晶体敌百虫或50%马拉硫磷乳油800～1 000倍液。

恶性橘啮跳甲为害状

恶性橘啮跳甲成虫

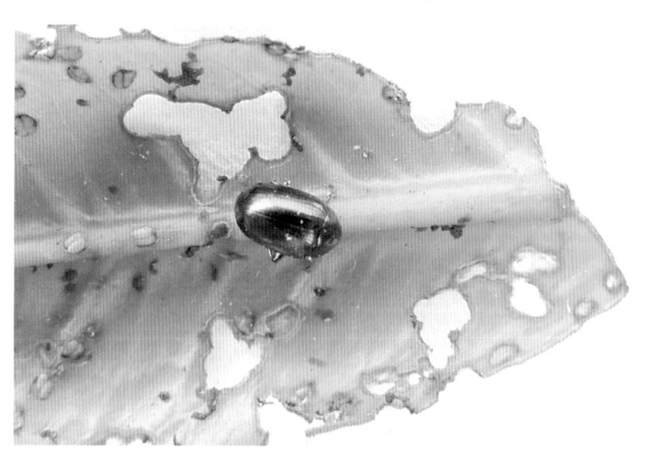
恶性橘啮跳甲成虫和卵

恶性橘啮跳甲幼虫及为害状

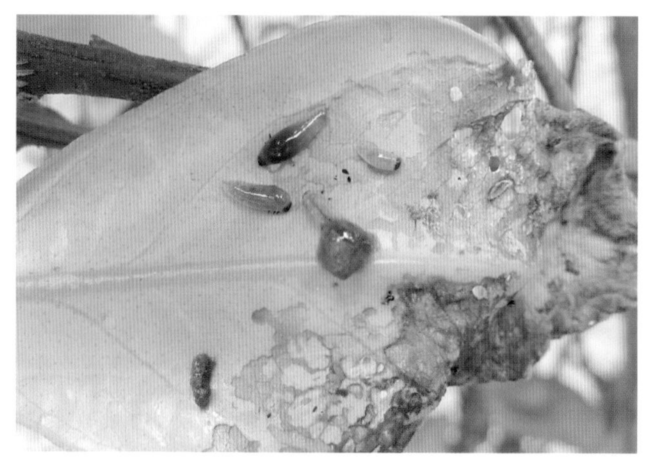
恶性橘啮跳甲幼虫为害叶片

恶性橘啮跳甲在土中筑室化蛹

恶性橘啮跳甲蛹（背面）

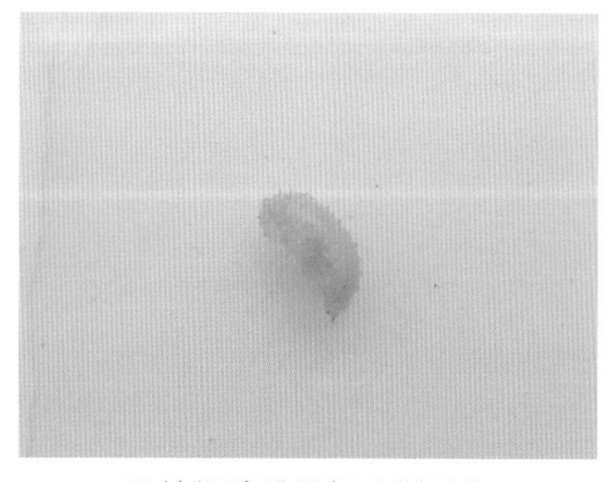
恶性橘啮跳甲蛹（侧面）

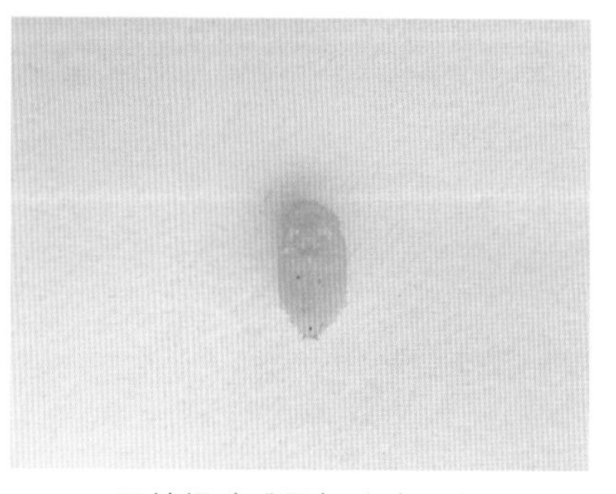
恶性橘啮跳甲蛹（腹面）

2.柑橘潜叶跳甲

柑橘潜叶跳甲（*Podagricomela nigricollis* Chen），又名橘潜叶虫、红色叶跳虫、红狗虫、橘潜蟒、红色金龟仔等。在长江以南各柑橘产区有不同程度为害，其中以广东、福建、浙江、四川、重庆等地较严重。

【为害状】 成虫取食柑橘春梢叶片，把叶片咬成孔洞或缺刻。幼虫潜叶取食叶肉，形成隧道，严重时，叶片枯黄，腐烂脱落，春梢秃枝。

【形态特征】 成虫宽椭圆形，体长3.0～3.7毫米，背面中央隆起，体色变异较大。头和前胸背板黑色，有光泽；触角丝状，11节，除基部3节黄褐色外，其余各节和足黑褐色至黑色；头向前倾斜，前胸背板遍布小刻点，鞘翅橘黄色或棕黄色，每鞘翅上有纵列刻点11行，易见的有9行。雌虫体较大，色泽较浅，腹末圆形，刚毛少。雄虫体稍小，色泽较深，腹端3裂，刚毛多。卵椭圆形，长0.68～0.86毫米，灰白色，黏附在叶的边缘上，表面有不规则的黑色线状纹。老熟幼虫体长4.7～7.0毫米，体深黄色，头部色较浅；前胸背板硬化，胸部各节两侧圆钝，前狭后宽，几成梯形；腹节10节，每节背面有横线2条，侧面各有1对刚毛。蛹体长3.4～3.6毫米，淡黄至深黄色，头部向腹部弯曲，口器达前足基部，复眼肾脏形，触角弯曲，全体有刚毛多对，腹末端背面具臂叉1对。

【发生规律】 在华南一年发生2代，浙江为1代，以成虫在土壤中、树皮裂缝处、树干上的青苔及地衣下越冬。在浙江黄岩，3月下旬至4月上旬开始活动，4月上中旬产卵，4月上旬至5月中旬为幼虫为害期，5月上中旬化蛹，5月中下旬成虫羽化，6月上旬开始蛰伏。广东3月上中旬成虫开始活动，为害新抽出的春梢嫩叶，交尾产卵，卵产在新叶的叶缘上，每叶叶缘可达数粒。初孵幼虫从卵壳爬出后，随即咬破叶片表皮，潜入叶内，开始咬食叶肉，形成蜿蜒隧道，新鲜的虫道中央有幼虫排泄物所形成的黑线条。3月下旬至4月上旬幼虫为害盛期，严重时一叶片内有幼虫达7头一起蛀食，很快使叶片枯萎脱落。幼虫共3龄，老熟幼虫随叶片落下，咬孔爬出，在树干周围松土中作蛹室化蛹，入土深度一般3厘米。蛹期约10天。成虫有群居习性，善跳跃，有假死性，且有多次交尾习性。

【防治方法】

（1）幼虫为害期及时摘除带虫叶片，及时清除被害落叶集中烧毁；清洁柑树主干、枝条，铲除园内杂草，柑橘园松土，破坏越冬场所；化蛹盛期进行中耕松土，灭杀虫蛹。

（2）在越冬成虫恢复活动期和产卵期喷药防治。药剂防治可参照恶性橘啮跳甲。

柑橘潜叶跳甲幼虫为害状

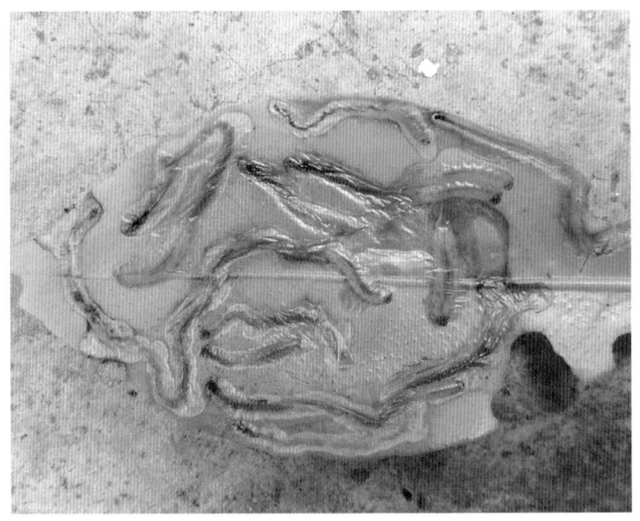

一叶内多头柑橘潜叶跳甲幼虫为害

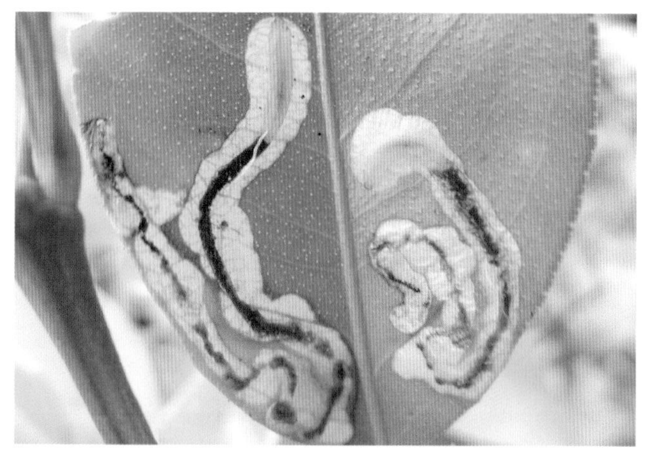

柑橘潜叶跳甲幼虫为害状

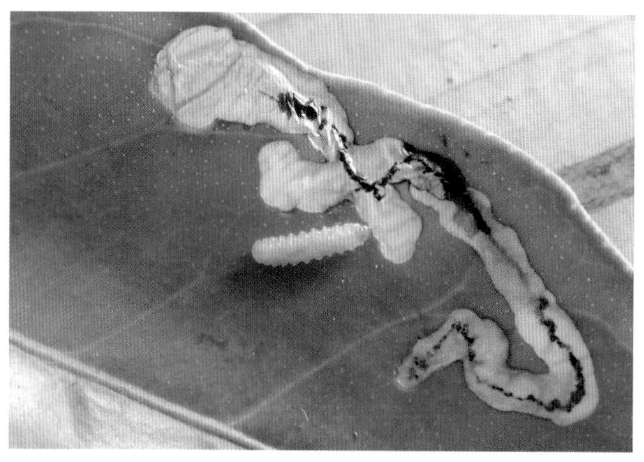

柑橘潜叶跳甲幼虫

柑橘潜叶跳甲成虫

柑橘潜叶跳甲成虫

柑橘潜叶跳甲产卵在叶缘处

柑橘潜叶跳甲卵粒表面带花纹

柑橘潜叶跳甲孵化的幼虫尚未潜入叶肉

潜入叶片不久的柑橘潜叶跳甲幼虫

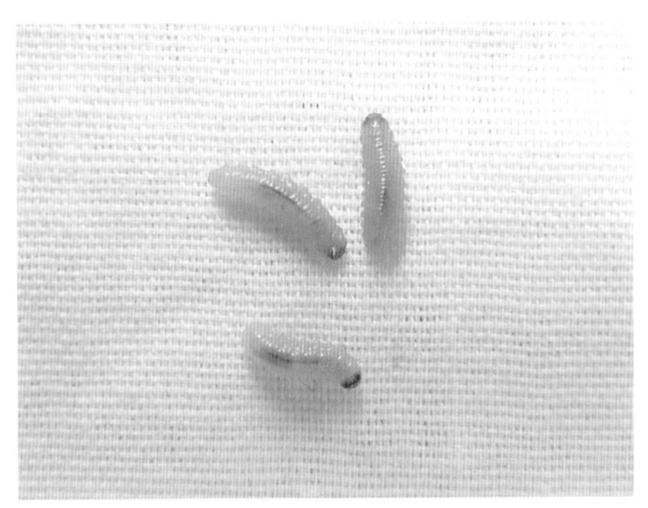

柑橘潜叶跳甲幼虫

柑橘潜叶跳甲在泥土中化蛹

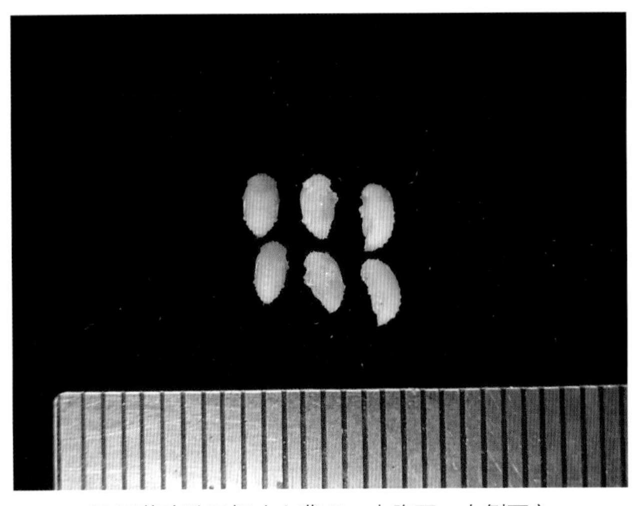

柑橘潜叶跳甲蛹（左背面，中腹面，右侧面）

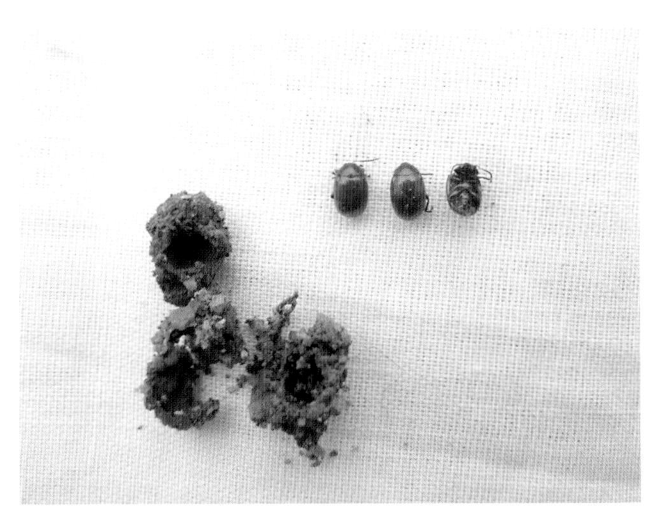

羽化出土的柑橘潜叶跳甲成虫和泥土蛹室

3. 枸橘潜叶跳甲

枸橘潜叶跳甲（*Podagricomela weisei* Heikertinger），又叫拟恶性叶甲、枸橘潜蜂、潜叶绿跳甲、硬壳虫。分布在浙江、江苏、江西等省的局部地区。主要为害枸橘、香橼和柚等柑橘类。

【为害状】 成虫取食叶片，食成缺刻或孔洞。幼虫潜入叶内，取食叶肉。为害状同柑橘潜叶跳甲。

【形态特征】 成虫体宽椭圆形，体长2.8～3.5毫米，头黄褐色，向前倾斜，复眼黑色，小盾片淡红色，触角丝状11节，基部4节黄褐色；前胸背板和鞘翅均为黑绿色，有金属闪光；前胸背板上有微细刻点，每翅上有纵行刻点沟纹11行，易见9行，胸部腹面黑色，腹部腹面橘黄色；足橘黄色，后足腿节发达。卵椭圆形，初为黄色，孵化前微带灰色。幼虫共3龄，第三龄体长5.75毫米，体扁平，黄色，头部色较深，胸部前狭后宽梯形状，前胸背板硬化，腹节10节，向后端微狭，背面每节有横线2条，将体分成3部分，侧面刚毛1对，足暗灰色。蛹深黄色，体长3.4～3.5毫米，头部向下弯曲，复眼肾形。成虫与恶性橘啮跳甲成虫形态极相似，不易辨别。其主要区别：枸橘潜叶跳甲一般呈阔椭圆形，背面翠绿色，头全部淡棕红色或淡棕黄色，后足最阔处在中部，各足胫端各具1刺。恶性橘啮跳甲体呈长椭圆形，背面呈深金绿色，头大部分金绿色，只在前端淡棕黄色，后足股节最阔处一般在中部以前，后足胫端具一刺，中、前足胫端一般无刺。

【发生规律】 一年发生1代，以成虫在柑橘树冠下的土壤中或裂皮下越冬。次年3月中旬至4月上旬越冬成虫出蛰，取食春梢新叶，并交尾、产卵，卵单粒产在叶缘处，以叶片背面尖端为多。成虫有多次交尾

习性，且能跳跃，有假死性。幼虫孵出后，潜入叶内，终生潜食叶肉，只留上下表皮。形成一条蜿蜒隧道，当食料不足或环境不适时，或转叶为害，一生可为害叶片2～5片。幼虫老熟后，随被害叶片脱落地面，咬孔爬出入土，筑室化蛹。

【防治方法】 参考恶性橘啮跳甲的防治。

枸橘潜叶跳甲及其为害状 （杨植乔提供）

枸橘潜叶跳甲 （杨植乔提供）

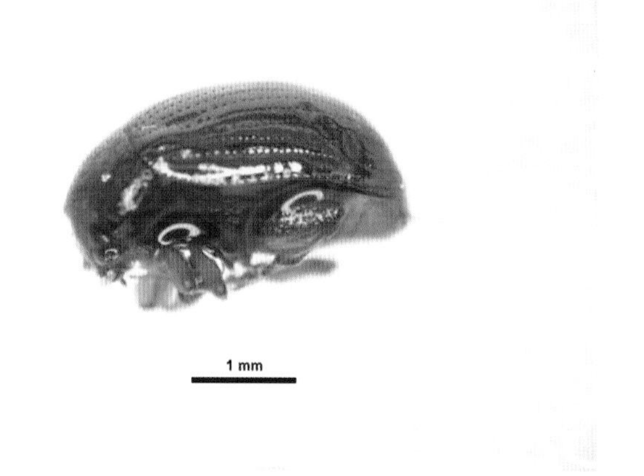

枸橘潜叶跳甲 （张宏宇、杨植乔提供）

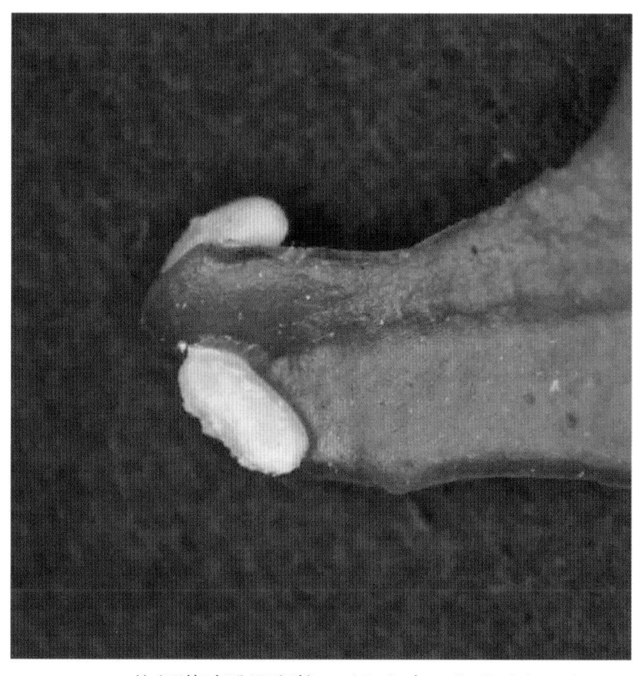

枸橘潜叶跳甲卵粒 （张宏宇、杨植乔提供）

枸橘潜叶跳甲幼虫 （张宏宇、杨植乔提供）

（四）半翅目

蝽　科

1. 长吻蝽

长吻蝽［*Rhynchocoris humeralis*（Thunberg）］，又名角肩椿象、角肩蝽、棱蝽、柑橘大绿蝽，俗称打屁虫。分布于广东、广西、福建、江西、浙江、四川、重庆、湖南、湖北、云南、贵州、海南、台湾等省（自治区、直辖市）。主要为害柑橘类。

【为害状】 成虫、若虫以刺吸口器刺入果实，吸取果肉汁液，幼果膨大期被害，导致落果，近成熟果实被害，伤口出现黄斑，或带浅绿色，变硬，果瓤干缩、粒化，或腐烂脱落。也可为害嫩枝。

【形态特征】 成虫体长22毫米，绿色，长盾形；触角线状，5节；前胸背板前缘两侧呈角状突出，尖锐，故谓角肩蝽。角肩边缘黑色，其上布许多粗大黑色刻点；前胸背板和革质翅部分均密布刻点；复眼突出；小盾片长，大舌形，亦有许多刻点；前翅绿色，肩角处有棕色斑，翅膜质部分灰褐色至深灰褐色。卵淡翠绿色，球形，直径2.5毫米。若虫共5龄，一至三龄淡黄至赤黄色，具黑斑；四龄胸部绿色，腹部黄色，翅芽显著；五龄若虫全体绿色。

【发生规律】 南方年发生1代，以成虫在柑橘枝叶茂密处和草丛荫蔽处越冬。次年4月开始出蛰活动、取食、交尾，产卵期5～10月，7月产卵最多，卵产于叶面，少数产于果面，每一卵块14粒，常呈“B”形排列或不规则排列。7～8月为若虫盛发期，为害正在膨大的幼果，1株树上至少有十多头若虫分散为害，吸食果汁，导致幼果严重脱落。刚孵出的若虫群集在卵壳周围，不取食为害，二龄开始分散取食，常3～5头群集，四、五龄分散活动取食。成虫常栖息在果实和叶片上，遇惊动即飞逃。11月大部分蜕皮变为成虫，为害至12月上旬开始陆续越冬。

【防治方法】

（1）阴雨天和晴天的清晨、傍晚，可用网兜捕杀成虫。产卵期常查果园，及时摘除卵块及未分散为害的一龄若虫；当若虫分散为害后，可检查有果实落地的植株，寻虫捉除。

（2）保护和利用天敌，柑橘园常见卵的寄生蜂为荔枝卵跳小蜂、荔枝卵平腹小蜂等。

（3）成虫和若虫盛发期，喷布药剂进行防治。药剂选用90%晶体敌百虫800倍液，50%辛硫磷乳油1 000倍液，80%敌敌畏乳油800倍液，40.7%乐斯本乳油1 000～1 500倍液。

长吻蝽成虫

长吻蝽卵块

长吻蝽若虫

长吻蝽成虫

*2.*稻绿蝽

稻绿蝽［*Nezara viridula*（Linneus）］，广泛分布，寄主植物极杂。

【为害状】 以成虫、若虫吸食柑橘幼嫩枝叶、花柄、幼果和成熟果的汁液，使嫩枝凋萎，花器脱落，幼果发育受阻或脱落，成熟果被害，果汁减少，汁胞粒化，无食用价值。

【形态特征】 成虫虫体椭圆形，有三种体色：全绿型、黄肩型、黄翅型。全绿型又称稻绿蝽代表型（*N. viridula forma typica* L.），体长12～16毫米，宽6～8.5毫米；虫体、足均青绿色；头近三角形，小盾片前缘有3个横列的黄白色小点，两侧角外各有1个小黑点，越冬成虫有时无黄白色和黑色小点；触角5节，第三、四、五节末端棕褐色，复眼黑色，单眼红色。稻绿蝽黄肩型又称黄肩绿蝽（*N. viridula forma torquata* Fab.），体长12.5～15豪米，与全绿型相似，只在头、前胸背板前半部为浅橙黄色或橙黄色，在黄色区的后缘成波浪形。稻绿蝽黄翅型又称点斑型或点绿蝽（*N. viridula forma aurantiaca* Costa），体长13～14.5毫米，全体橙黄色至黄绿色，头部复眼间有绿色斑2个，前胸背板横列绿色斑3个，中间1个最大；小盾片前缘有白色小点2个，近前缘中部有1大绿斑，两侧基角为绿色斑，成一横列，盾片舌部绿色；前翅革质靠后端各有1个绿色大斑，与盾片舌部绿斑也排成一横列。卵近圆筒形，高约1.5毫米，呈长六边形的卵块整齐排列，卵顶部有一卵盖，边缘一环白色齿突，初产时乳白色，3天后为橙红色，孵化前为鲜橙红色。若虫初孵化时浅橙红色，前胸背板和复眼深橙红色，二龄若虫黑色，背部显斑点纹，三龄后渐显绿色或黄绿色，前胸和翅芽散生黑色斑点，相杂有白色小点，外缘橘红色或肉红色，腹缘具半圆形红斑或污褐斑。黄肩型的体浅灰黑色。

【发生规律】 浙江一年1代，华南一年2～3代。以成虫在林木茂密处、杂草丛、寄主植物上或背风荫蔽的缝隙处越冬。次年3月在柑橘园越冬的成虫开始活动，取食春梢嫩芽、花柄汁液，4月交尾产卵，卵产于叶面，数十粒或百余粒整齐排列成块状，卵期约7天。若虫共5龄，初孵化时，聚集在卵壳周围尚不活动，二龄后开始分散取食，若虫经50～65天变为成虫。广东越冬成虫3月中旬为害当年春梢、花器、幼果，使花器或幼果发育不良而脱落。夏、秋季的嫩梢被害后，伤口呈浅黄色或黄褐色斑晕，伤口上部幼嫩枝叶萎蔫继而干枯。以第一代为害膨大期的幼果最盛，此时广东正值早稻收获，稻绿蝽从稻田迁飞柑橘园为害，导致青果脱落。第二代在10月发生，为害将近成熟的果实，造成果实汁胞干瘪、硬化，或果实脱落。

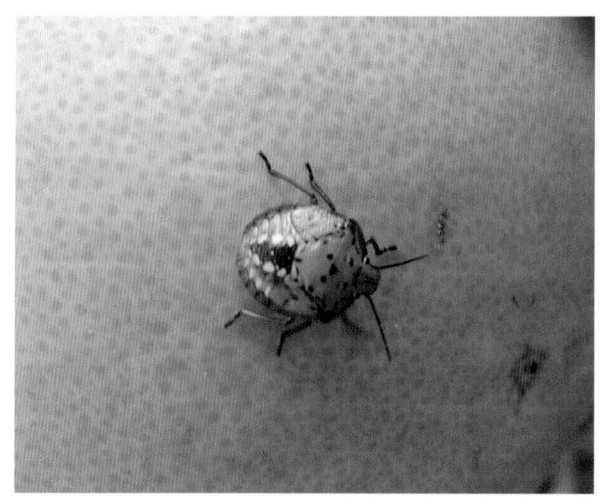

稻绿蝽若虫为害葡萄柚果实

【防治方法】 参照长吻蝽的防治。

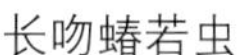

稻绿蝽成虫

越冬稻绿蝽（全绿型）在橙花上取食

稻绿蝽(左全绿型，右黄肩型)

稻绿蝽黄翅型

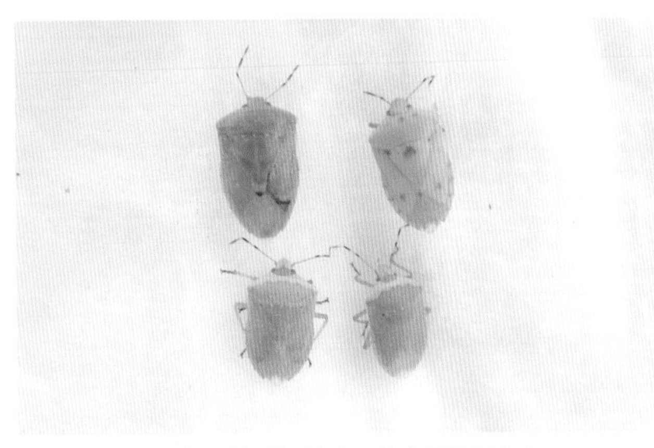
不同翅型的稻绿蝽（下黄肩两种颜色）

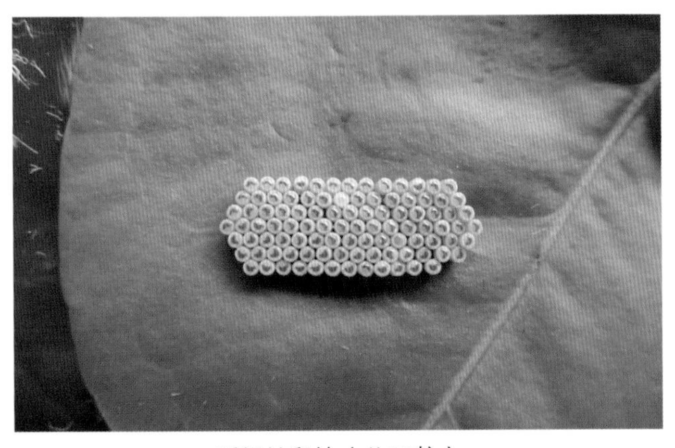
稻绿蝽卵块（共99粒）

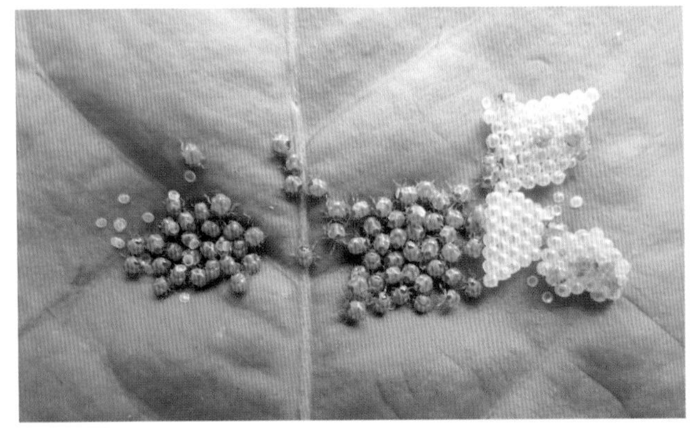
稻绿蝽初孵若虫

蜕皮后的稻绿蝽二龄若虫

3.麻皮蝽

麻皮蝽［*Erthesina fullo* (Thunberg)］，又名黄斑椿象、臭屁虫、臭大姐、麻椿象、麻纹蝽。分布广。

【为害状】 以若虫、成虫刺吸枝条、叶柄和果肉汁液，对树势和产量及品质均有很大影响。

【形态特征】 成虫体长18～22毫米，宽8～11毫米；体稍宽大，体背棕黑褐色，头端至小盾片中部具1条黄白色或黄色细纵脊；前胸背板、小盾片、前翅革质部布有不规则细碎黄白色凸起斑纹，靠后端中间黄白色斑稀少，形成1个近圆形棕黑褐色大斑；腹部侧接缘节间具小黄斑；前翅膜质部黑色或棕黑褐色；头部稍狭长，前尖，头两侧有黄白色细脊边；复眼黑色；触角5节，黑色，丝状，第五节基部1/3淡黄白色或黄色；喙4节，淡黄色，末节黑色，喙缝暗褐色；足基节间褐黑色，跗节端部黑褐色，具1对爪；后足基节旁有挥发性臭腺的开口。卵近圆形，初产淡绿色，孵化前灰褐色，具顶盖，盖缘具齿状。初孵若虫围在卵壳四周，后分散取食，各龄体色不一，形状不同，三龄期始，显前尖削后浑圆的梨形；老龄若虫体长约19毫米，似成虫。

【发生规律】 因地域差异，年发生代数不同。在东北一年发生1代，江西、广西一年发生3代，广州一年4代。以成虫在草丛或树洞、树皮裂缝、枯枝落叶下、墙缝、屋檐下越冬。次年4～5月柑橘发芽时开始活动、交尾产卵和为害花器、幼果，产卵于叶片上，块状，一般为12粒一块，亦有9～11粒一块，呈2行或不规则状排列。卵期约10多天，5月中下旬可见初孵若虫，6月为第一个为害高峰，7～8月羽化为成虫为害至深秋，10月上中旬为第三个为害高峰，后转入越冬。成虫及若虫均以锥形口器刺吸植物汁液。成虫飞行力强，喜在树体上部活动，有假死性，受惊扰时分泌臭液。

【防治方法】 参照长吻蝽的防治。

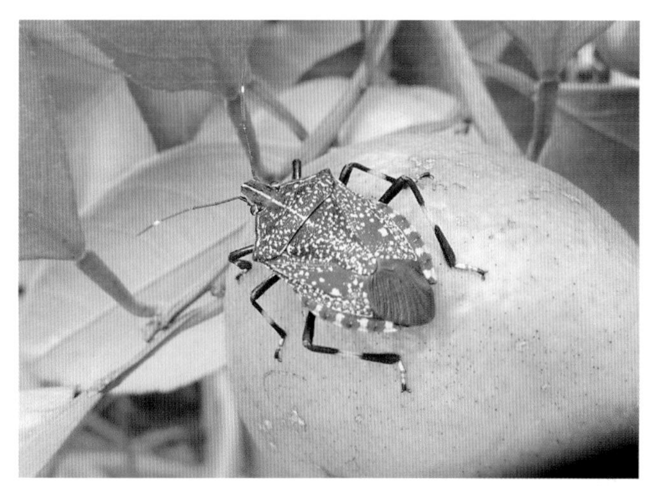

麻皮蝽成虫

麻皮蝽成虫

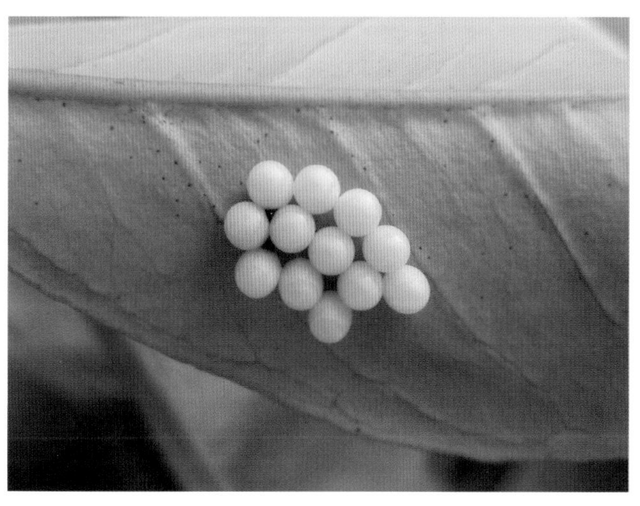

麻皮蝽卵块（多数为12粒）

初孵化的麻皮蝽若虫

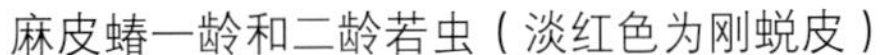

麻皮蝽一龄和二龄若虫（淡红色为刚蜕皮）

麻皮蝽老龄若虫

4. 茶翅蝽

茶翅蝽［*Halyomorpha halys*（Stål）］，又名茶翅椿象、臭木椿象、臭板虫、茶色蝽。分布广，食性杂。

【为害状】 成、若虫吸食嫩梢及果实汁液。被害果果面凹凸不平，受害处变硬、味苦，或果肉木栓化。伤口常有胶滴溢出。

【形态特征】 成虫体长14～16毫米，扁椭圆形，淡黄褐色至茶褐色，略带紫红色；前胸背板、小盾片和前翅革质部有黑褐色刻点，前胸背板前缘横列4个黄褐色小点，小盾片基部横列5个小黄白色点，两侧斑点明显；触角5节，第四节两端、第五节基部为白黄色，其他为黑褐色；喙伸达第一腹节中部；足、后足胫节白色，中足和前足的胫节白色渐次；腹部侧接缘为黑黄相间。卵短圆筒形，高1毫米左右，有卵盖，盖缘白色，18～28粒一块；初灰白色，孵化前黑褐色。若虫初孵体长1.5毫米左右，近圆形，前胸背板两侧有刺突，腹部淡橙黄色，各腹节两侧节间各有一长方形黑斑，共8对，腹部第三、五、七节背面中部各有1个较大的长方形黑斑，老熟若虫与成虫相似，无翅。

【生活习性】 一年发生1～2代，豫西果区一年2代。以成虫在屋角、檐下、树洞、土缝及草堆等处越冬。次年3月中下旬，越冬成虫开始活动，4月中旬始向果园飞迁，取食、交尾、产卵，卵多产于叶片背面。北方果区一般5月上旬陆续出蛰活动，6月上旬至8月下旬产卵，卵期10～15天。7月上旬出现若虫，6月中、下旬为卵孵化盛期，8月中旬为成虫盛期。8月上旬至10月田间均有若虫出现，与成虫同时为害柑橘果实。10月中下旬，成虫陆续转入越冬。广东越冬成虫于次年4月上中旬出现，为害甜橙花蕾，卵期约10天。成虫有假死性且极灵敏，人若靠近未行干扰就已躲避，或飞逃或掉落地面。

【防治方法】

（1）清除枯枝落叶和杂草，集中烧毁，消灭越冬成虫。摘除卵块及捕杀初孵期的若虫。

（2）化学防治参照长吻蝽用药。

茶翅蝽为害花

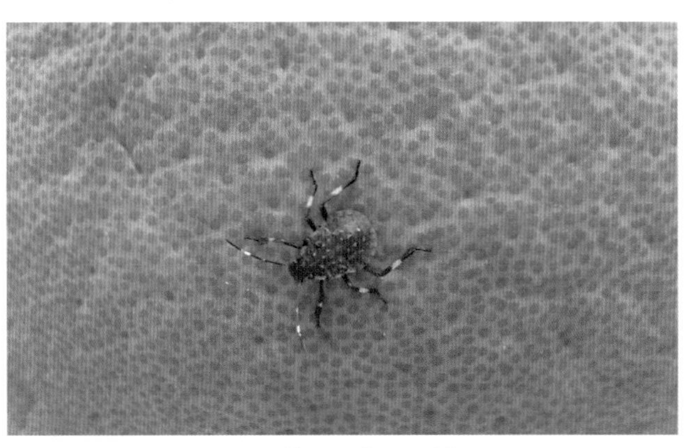

茶翅蝽若虫为害沙田柚果

茶翅蝽若虫为害葡萄柚

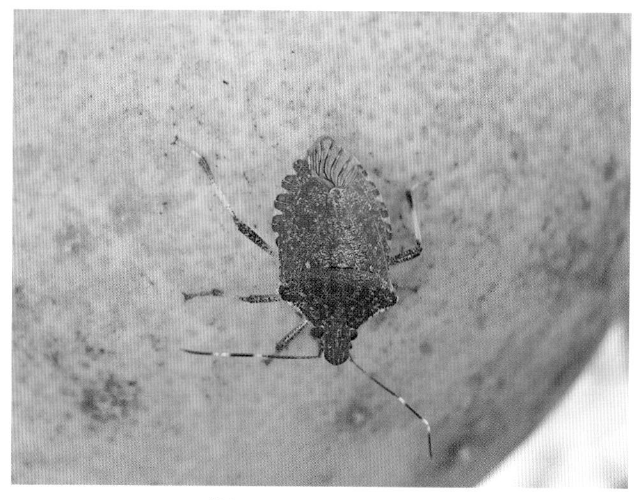

茶翅蝽成虫为害葡萄柚

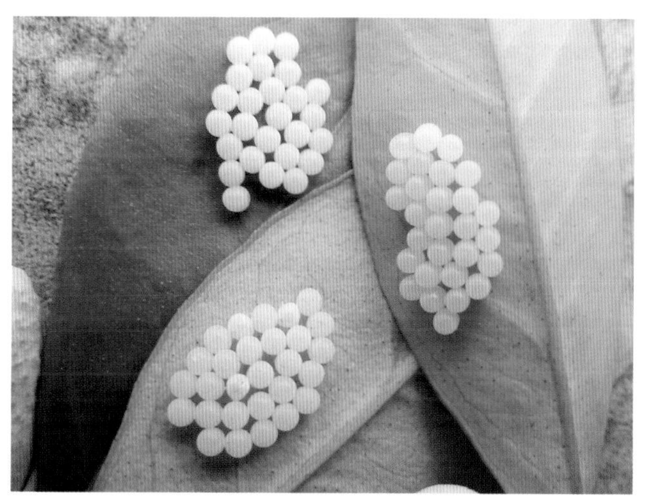

茶翅蝽卵块

茶翅蝽初孵若虫

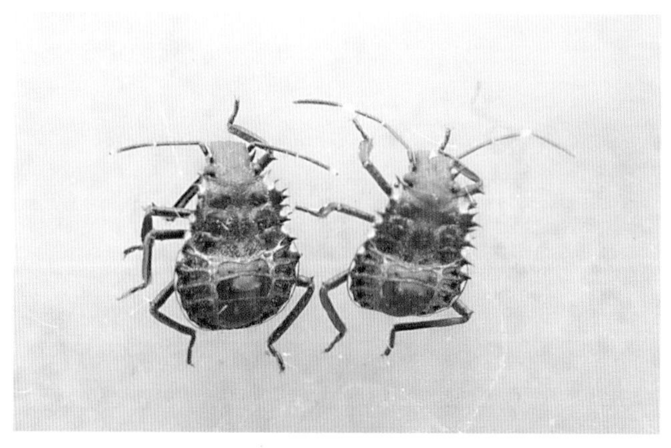

茶翅蝽二龄若虫

茶翅蝽若虫

5.橘蝽

橘蝽（*Cappaea taprobanensis* Dallas），别名放屁虫、臭大姐。分布广东、广西、四川、重庆、福建、湖南、云南、台湾等省（自治区、直辖市）。为害柑橘类。

【为害状】 以成虫和若虫群集于柑橘枝干的皮部吸食为害。

【形态特征】 成虫雌虫体长10～12毫米，雄虫9～10毫米；体棕黑色；头部侧缘和中部3条纵线为黄褐色，中线从头部直达盾片端部，前胸背板侧缘无缺，前端近圆，中部微向内弯，近后端稍外凸，上有与背板平行的黄褐色线数条；复眼黑色，单眼稍红；吻长达腹部第二节，盾片"犁嘴"形，上有黄褐色线纹，稍似"米"字形；后足跗节黄白色。

【发生规律】 一年发生2～3代，于5月开始产卵。粤北于3月中旬可见成虫活动，吸食春梢嫩芽汁液，第一代成虫发生在6～7月，取食夏梢汁液，交尾产卵。每1卵块有卵粒15粒。若虫共4龄，初孵若虫有群集为害习性，随后分散取食活动。

【防治方法】 参考长吻蝽的防治。

橘蝽成虫

橘蝽在刺吸嫩芽汁液

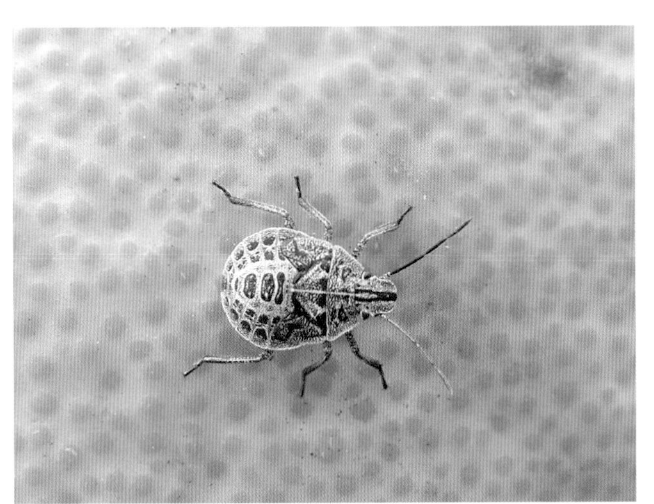
橘蝽若虫

6. 丽盾蝽

丽盾蝽［*Chrysocoris grandis*（Thunberg）］，分布于云南、贵州、河南、江西、福建、广东、广西、台湾等省、自治区。为害柑橘、荔枝、龙眼、番石榴、油桐、梨、苦楝和其他多种灌木类植物。

【为害状】 以成虫、若虫刺食叶片、花、嫩梢和果实，叶片和果实受害处出现褐色斑点，受害果实小，嫩梢枯死。严重时坐果率低，且果实脱落。

【形态特征】 成虫椭圆形，体长18~25毫米，宽8～12毫米。头部基部与中叶黑。前胸背板前半中有一黑色斑点，斑点有似倒三角形或长方形不一。小盾片基缘处黑色，盾舌黑色，翅中央及两侧各有一短黑横斑（翅近中部处有3个黑色横斑，呈"品"字形分布）。触角、足黑色。腹下基部及其后各节的后半黑色。

丽盾蝽成虫

【发生规律】 一年发生1代，种群有不断加大的趋势。广东以成虫越冬为主，多集中在密蔽的叶片背面。广东广州、惠州博罗、韶关曲江在每年的4月可见成虫活动，多分散为害，进入5～6月为害较重，在11～12月仍可见成虫。

【防治方法】参考其他蝽类的防治。

7.岱蝽

岱蝽（*Dalpada oculata* Fabricius），分布于甘肃、河北、陕西、河南、江苏、安徽、浙江、江西、湖南、福建、广东、海南、广西、贵州、云南等省、自治区。

【为害状】 同橘蝽。

【形态特征】 成虫体长16毫米，宽8.1毫米；体底色为白黄色，前胸背板和前翅革质部分密布紫褐色至紫黑色刻点，或形成紫黑色斑，使体色成为紫褐色或黑紫色，略具金属光泽；触角黑，第四、五节基部淡黄褐；头部有2条白黄色纵线，前胸背板两侧缘后半部明显突出，端部紫黑色，后半部隐约有4条绿黑色纵纹；小盾片基部两侧各有1个白黄色大斑，内侧有3个较明显的白黄色短横线，中间一个似“┬”形，盾舌白黄色，间杂紫褐色小刻纹，前翅革片上有密疏不一的紫褐色刻点，或不规则的黑斑；头下方及胸腹部侧方黑褐，具金属光泽。腹面黄白色，中胸腹板有黑色斑1个，腹第三节腹面有1对黑色大斑，第四节有1对小黑斑，腹端黑色；足腿节基半白黄色，端半具黑褐色斑块。卵产于寄主的枝条上，圆形，上有卵盖。

岱蝽成虫

【发生规律】 一年发生代数因地区而有差异。以成虫越冬，次年春暖成虫逐渐活动，广东以3月开始，在甜橙园内可见成虫为害春梢嫩枝叶、花柄，4月普遍发生，但以7～8月为盛期，为害对象多是荔枝、龙眼果实，继而为害柑橘膨大中的果实，造成果实脱落。但在柑橘园中未见严重发生。

【防治方法】 参照橘蝽防治。

缘蝽科

1.曲胫侎缘蝽

曲胫侎缘蝽（*Mictis tenebrosa* Fabricius），在我国长江以南及云南、西藏等地均有分布。

【为害状】 成虫、若虫为害新抽出的嫩梢，以刺吸口器插入嫩枝或叶柄，吸取汁液，造成嫩枝凋萎、干枯。

【形态特征】 成虫体长19.5～24毫米，宽6.5～9毫米；灰褐色或灰黑褐色；雌成虫腹部两侧缘较宽；头小，触角颜色同体色，共5节，第五节最长；若虫触角第五节为红褐色；前胸背板缘直，具微齿，侧角钝圆；后胸侧板臭腺孔外侧橙红，近后足基节外侧有1个白绒毛组成的斑点；雄虫后足腿节显著弯曲、粗大，无刺突，胫节腹面呈三角形突出，腹部第三节可见腹板两侧具短刺状突起，中间有1个锥形突；雌虫后足腿节稍粗大，末端腹面有1个三角形短刺，腹部亦有1个锥形突。卵呈腰鼓状，长2.0～2.3毫米，宽约1.7毫米，8～14粒成串排列，深黑褐色，微有光泽，上有白色斑，近底部周围有一白边带，底部中央有椭圆形窝以产卵时固定在附着物上，解剖雌虫，腹内有卵粒18～20粒；假卵盖位于一端的上方，近圆形，假卵盖上靠近卵中央的一侧，有1条清晰的弧形隆起线。若虫共5龄，初孵出时鲜红色，后胸至腹末背面中央为黑褐色，后全体变黑色，近似黑蚂蚁；1～3龄若虫的前胫节强烈扩展成叶状，中、后足胫节也稍扩展；各龄腹背第四、五和第六、七节中央各具1对臭腺孔。

【生活习性】 江西南昌一年发生2代，以成虫在寄主附近的枯枝落叶下越冬。次年3月上中旬开始活动，为害新抽出的春芽，4月下旬至5月初交尾、产卵，直至8月。交尾期间继续取食，将口器刺入嫩枝或叶柄，吸取汁液，被害伤口处2～4天变成水渍状黑褐色，上端的芽、叶萎蔫，随后枯死。第一代若虫于5月中旬至7月中旬孵出，6月中旬至8月中旬成虫陆续羽化，6月下旬至8月下旬产卵。第二代若虫于7月上旬至9月初孵出，8月上旬至10月上旬羽化，10月中下旬至11月中旬陆续进入越冬。卵产于小枝或叶背上，初孵若虫静伏于卵壳旁，不久即在卵壳附近群集取食，二龄起分散，与成虫同在嫩梢上取食。当成虫、若虫受惊动时，多为躲闪，继续扰动时，可假死落到别的枝叶上或掉落地面，或飞逃别处。

【防治方法】 参考长吻蝽的防治。

曲胫侎缘蝽为害状

曲胫侎缘蝽为害柚秋梢状

曲胫侎缘蝽若虫和雌成虫为害嫩梢

曲胫侎缘蝽雌成虫为害嫩梢

曲胫侎缘蝽成虫（左雄，右雌）

曲胫侎缘蝽雄成虫

曲胫侎缘蝽成虫交尾

曲胫侎缘蝽腹内取出的卵（共19粒，蓝色为未成熟卵）

曲胫侎缘蝽卵块

曲胫侎缘蝽初孵化的若虫鲜红色（腹面）

曲胫侎缘蝽若虫

2.斑背安缘蝽

斑背安缘蝽（*Anoplocnemis binotata* Distant），我国广泛分布，局部地区密度较大。为害柑橘偶见发生。

【为害状】 成虫、若虫吸食叶片及嫩枝、茎端汁液，被害处变黑，致嫩枝、嫩叶枯死。

【形态特征】 成虫体长20～24毫米，两侧角间宽8毫米；灰褐色至灰黑色，被白色短毛；触角基部3节黑，第四节基半部赭红色、端半部红褐、末节赭色；复眼黑褐色；头小，头顶前端具一短纵凹；喙长达中足前缘；雄成虫前胸背板后缘略显波状，两侧缘突出，尖刺状；雌成虫后缘平直，两侧角突出，钝圆；小盾片呈三角形，有横皱纹，基缘横列2个灰黄色小点；前翅革片棕褐，膜片烟褐色；后足腿节粗壮弯曲，内侧近端扩展成三角形齿，后足胫节内侧端部呈小齿状；体腹板赭褐或黑褐；雌虫第三腹板中部向后弯，雄虫第三腹板中部向后扩延近第四腹板的后缘形成横瘤突。

【发生规律】 长江以北一年发生1代，长江以南一年发生2代。以成虫在寄主附近的枯枝落叶下越冬，次年4月中、下旬开始活动、交尾，5月上旬至7月中旬产卵。第一代若虫从5月中旬到7月底陆续孵化，6月中旬到8月底羽化为成虫，7月上旬至9月上旬产卵；第二代若虫从7月中旬到9月中旬孵化，8月下旬到10月下旬先后羽化，11月陆续进入越冬状态。成、若虫常群集在嫩枝叶上取食，遇惊坠地，有假死性，其习性与曲胫侎缘蝽相似。雌成虫产卵于茎秆及杂草上，聚生横置，纵列成串。每雌可产卵40～85粒。

【防治方法】 参考长吻蝽的防治。

斑背安缘蝽成虫为害状

斑背安缘蝽成虫

兜 蝽 科

九香虫

九香虫（*Aspongopus chinensis* Dallas），俗称臭黑婆。为南方柑橘产区常见的蝽种之一。

【为害状】 以成虫、若虫分散为害叶片的群集性刺吸枝条汁液，有时亦为害果实致果实成为僵果。

【形态特征】 成虫体黑褐色或铜褐色，长约20毫米；复眼棕褐色，触角5节，第二节长于第三节，第五节暗红色；前胸背板和小盾片具横皱纹，近似平行；背板前侧缘斜直；小盾片前缘中间有1个黄色斑，末端钝圆，前翅膜质部黄褐色，缘近圆形，不盖过腹端；足紫褐色；雌虫后足扩大，内侧具一椭圆形灰黄色凹陷斑；侧接缘各节腹背面中央有一黄点斑，或少数个体缺；翅革质部刻点细密，深紫色微有光泽。卵圆柱形，高约1.1毫米，初产时乳白色，后变黄白色，表面密布细微粒，在1/3处有一环圈，较粗糙，卵盖大。若虫共5龄，老龄若虫体长10～11毫米，体白黄色，相间黑褐色斑，头部黑褐色，胸板背面中央有一个似花瓶颈的黑褐色斑纹，两外侧各有一条短横线；盾片的翅芽明显，在革质与膜质交界处有一黑褐色线纹；腹背面具明显横皱褶，其中间有7个依次渐小的黑褐色花斑。

九香虫成虫

【发生规律】 广东一年发生代数未详。贵州一年发生1代，以成虫在石下或树枝背风处群集越冬。次年5月上中旬开始活动，6月上旬进入柑橘园内产卵，卵历期5～10天，若虫期约3个月。9月上旬成虫大量出现。成虫在柑橘园中一般为个体为害，偶见其群集

在细枝上吸食。交尾于白天，产卵在叶片或枝梢上。二龄若虫开始分散取食。广东杨村于7月上旬可见少数成虫和老龄若虫群集于簕仔树枝上吸食，直至7月下旬；韶关于6月下旬在甜橙园内可见成虫活动取食。

【防治方法】 参考长吻蝽等蝽类的防治。

（五）双翅目

瘿蚊科

1.柑橘花蕾蛆

柑橘花蕾蛆（*Gontarinia citri* Barnes），又名橘蕾瘿蚊、柑橘瘿蝇、柑橘花蕾蝇蚊、花蛆、包花虫、灯笼花。我国各柑橘产区均有分布，寄主植物限于柑橘类。

【为害状】 成虫在柑橘花蕾上产卵，孵出的幼虫蛀害花蕾，导致花蕾膨大、变短，花瓣变形，不能正常发育，不能开花结果，最后花朵脱落。

【形态特征】 雌成虫体长约2毫米，黄褐色，全身被细毛；头扁圆形，复眼黑色；触角念珠状，14节，每节环生刚毛；前翅膜质透明，翅面及缘均被黑褐色细毛，后翅特化为平衡棒，上被细长绒毛；腹部可见8节，节间连接处生一圈黑褐色粗毛，第九节延长成为针状的伪产卵管；足细长，黄褐色。雄成虫体长1.2～1.4毫米，灰黄色，全身密被细毛；触角14节，长过于体，呈哑铃状，基部2节分界明显，其余各节膨大部分各生一圈放射状刚毛和环状刚毛；腹部细小，9节，末节有1对上卷的交尾抱握器。卵长约0.16毫米，表面被一层胶质，一端有细丝。幼虫体长2.8毫米，长纺锤形，橙黄色，全体12节，前胸腹面具一褐色“Y”形剑骨片。蛹体长1.8～2毫米，初为乳白色，后变黄褐色，复眼和翅芽黑褐色。

【发生规律】 一年发生1代，少数地区和年份可发生2代。均以老熟幼虫在土中结茧越冬，在树冠周围30厘米内外、6厘米土层内虫口密度最大。由于各柑橘产区柑橘显蕾期不同，其成虫出现的盛期也不相同，四川江津等地为3月下旬至4月上旬，浙江黄岩、江西南昌等地为4月上、中旬，而广东、福建和云南西双版纳等地为2月下旬和3月中旬。成虫羽化出土以雨后最盛。在柑橘显蕾开花季节遇多雨天气，常是该虫严重发生年份。羽化后的成虫，先在地面爬行，寻找杂草等潜伏，早、晚活动，飞翔于树冠花蕾之间，交尾产卵，露白的花蕾是其产卵的对象，产卵时将产卵管从花蕾顶端插入，卵产于子房周围，每1个花蕾内可产卵数粒或数十粒排列成堆，且常有被重复产卵。卵期3～4天。幼虫共3龄，孵化后在花蕾内的子房周围为害，并分泌黏液，以增强其对干燥环境的适应力。被害花蕾膨大呈灯笼状，花瓣多有绿点，不能开花而脱落。在1个花蕾内一般有幼虫30～40头不等。幼虫有弹跳能力，在平面弹跳距离约达10厘米，最远可达20厘米。幼虫有抗水力，在水中浸泡时仍可存活20～30天，但在干旱环境中存活只有5～10天。幼虫老熟后，随被害花蕾枯黄破裂而陆续爬出，弹跳落地，钻入土中，或随被害花蕾落地后再爬出花蕾钻入土中，分泌黏液，做成土茧，卷缩其中呈休眠状态，一直到次年春季才开始活动，脱出老茧向土表移动，并再结新茧化蛹，成虫羽化出土。

【防治方法】

（1）冬季园区翻土，破坏其越冬环境，以减少虫口密度；春季及时摘除被害花蕾，集中处理。

（2）成虫出土前或柑橘花蕾露白前约1周及时进行地面施药，以毒杀出土成虫，可用50%辛硫磷乳油150～200克均匀混和细土15千克，撒施地面；用80%敌敌畏乳油1 000倍液和90%晶体敌百虫800倍液的混合液，52.5%农地乐（毒死蜱·氯氰）乳油1 000～1 200倍液，或20%速灭杀丁乳油2 500～3 000倍液，喷洒1～2次，效果也佳；幼虫脱蕾入土前也可地面撒药毒杀幼虫；柑橘显蕾期树冠喷药毒杀成虫，可选用90%晶体敌百虫800倍液，50%辛硫磷乳油或50%杀螟松乳油1 000～1 200倍液，40.7%乐斯本乳油1 000～2 000倍液，以及拟除虫菊酯类及其复配剂。

花蕾蛆为害状(右两花蕾)

花蕾蛆严重为害花蕾　　（刘朝吉提供）

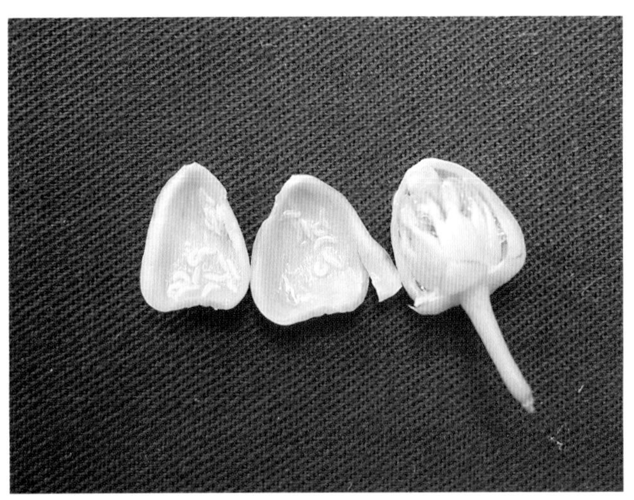

花蕾蛆幼虫及花蕾被害状

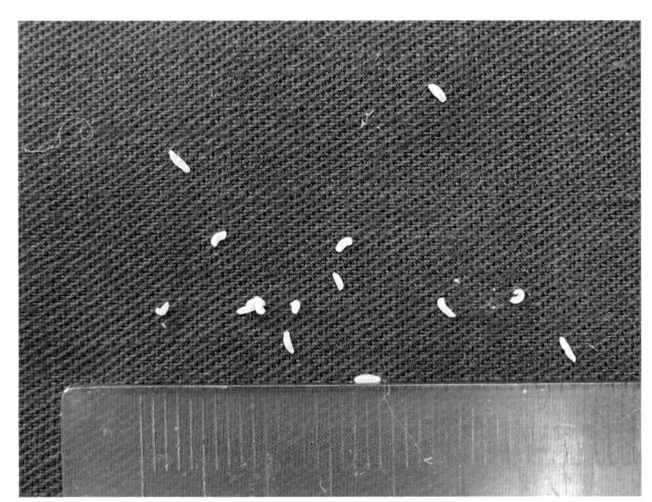

花蕾蛆幼虫

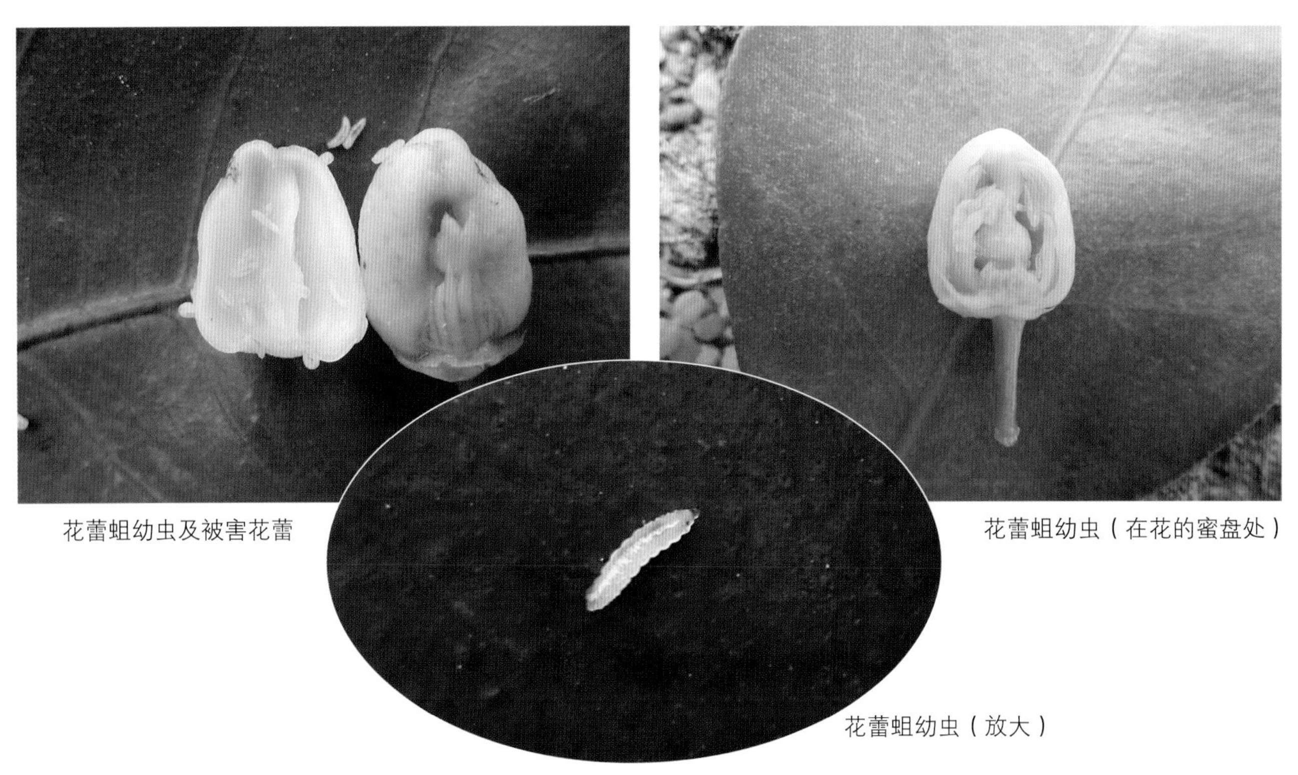

花蕾蛆幼虫及被害花蕾

花蕾蛆幼虫（在花的蜜盘处）

花蕾蛆幼虫（放大）

2.柑橘芽瘿蚊

柑橘芽瘿蚊（*Contarinia* sp.）又名柑瘿蚊。在广东、广西和江西全南地区有发生，有明显扩大地域为害的趋势。

【为害状】 成虫产卵于刚露出的幼芽上，孵化后幼虫钻入芽内蛀食，受害幼芽肿大形成瘤状的虫瘿，使芽不能继续生长，叶柄和未展开的叶片枯黄、腐烂。

【形态特征】 雌成虫体长1.3～1.5毫米，橙红色，全体密被细毛；复眼肾形，黑色；触角17节，各节之间有短柄相接，节上密被细毛；翅长约1.4毫米，宽约0.6毫米，翅脉3条；腹部可见8节，第九节为一细长的可自由伸缩的伪产卵管。雄成虫体黄褐色，长1.1～1.3毫米，较雌虫略小；触角全长0.94毫米，是雌虫的1.5倍，端部末节有一长柄与下节相连。卵为长椭圆形，长约0.05毫米，表面光滑，初产时乳白色，后变为紫红色。幼虫体乳白色，纺锤形，共3龄；初孵幼虫体长0.24毫米，老熟时1.02毫米；末龄幼虫在第二节腹面中央有黄褐色“Y”形骨一个，其末端形成一对正三角形叉突。蛹的头顶有额刚毛1对，前胸背面前缘具长呼吸管1对，复眼黑色，有光泽，足和翅芽黑色；雄蛹体长1.2毫米，后足超过体长，中足伸达腹末；雌蛹体长1.5毫米，后足伸达第五腹节前端。

【发生规律】 一年发生3～4代（广东一年发生4代），世代重叠。以老熟幼虫在土壤浅层中越夏、越冬。在广州，1月上旬开始羽化出土，产卵于未张开的芽蕾上。初孵幼虫钻入嫩芽为害，被害芽肿大呈虫瘿状，小叶卷曲，或幼芽缩成小瘿瘤，或小叶柄膨大呈瘤状，被害部位色较淡或显白黄色。4月以前，从发现被害后约10天，橘芽即干枯、脱落。在被害芽干枯前，幼虫弹跳入土筑室化蛹。4月至5月初，由于温度增高，被害芽多发霉腐烂。幼虫多在1～2厘米的土表活动和化蛹。5月以后，幼虫即在表土中结茧，直至12月底或次年1月上旬才化蛹，并羽化为成虫。在粤北，于2月下旬开始直至3～4月为害春芽，5月为害早夏梢的嫩芽，至5月中旬仍可在嫩芽上见到虫瘿。广东其他地区一般为害春芽。江西全南发生期稍迟，2月下旬始见为害，3月中旬至4月中旬出现为害盛期，4月底以后未见为害。在广西有金柑芽瘿蚊发生的报道。柑橘芽瘿蚊通过苗木和苗木根部带虫的土壤远距离传播。

【防治方法】

（1）加强检疫，防止疫区的苗木、带虫（蛹）的土壤和接穗进入无虫区和新种植区。

（2）冬季清园结合浅耕树盘，破坏其越冬场所，减少发生密度；春芽期常巡查果园，发现嫩芽被害时，随时抹除并集中烧毁。

（3）注意保护和利用柑瘿蚊黑蜂和长距旋小蜂等天敌。

（4）越冬成虫出土前（萌芽前）或幼虫入土初（即芽枯和芽烂初期）在地面撒药，每667米^{2}用3%米乐尔颗粒剂2.0～2.5千克拌适量的细土，撒于树盘表土上，也可地面喷布有机磷类药剂进行防治；发生柑橘芽瘿蚊的园区，当柑橘树萌芽初期，用90%晶体敌百虫，或50%辛硫磷乳油或40%水胺硫磷乳油800～1 000倍液，每7～10天1次，连续2～3次。

柑橘芽瘿蚊为害导致芽苞肿大

柑橘芽瘿蚊为害导致芽枯死

柑橘芽瘿蚊幼虫为害导致幼芽肿大黄化

柑橘芽瘿蚊幼虫为害嫩叶叶柄导致叶柄肿大，
并可见腋芽上的幼虫

柑橘芽瘿蚊为害花蕾

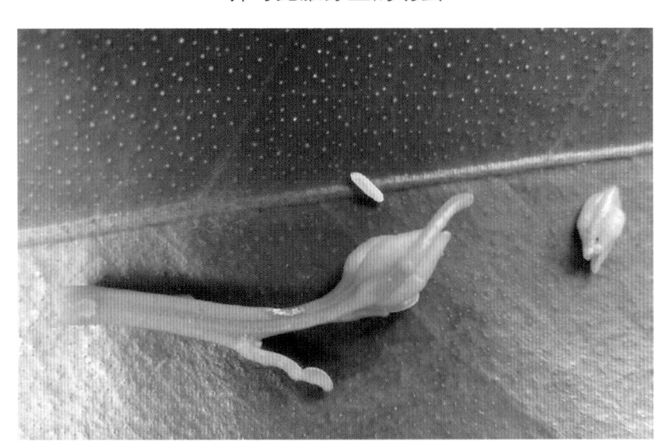

柑橘芽瘿蚊幼虫及被害幼芽

柑橘芽瘿蚊成虫

雷瘿蚊科

橘实雷瘿蚊

橘实雷瘿蚊（*Resseliella citrifrugis* Jiang），又名柚瘿蚊、柚果瘿蚊，俗称红沙虫、橘红瘿蚊。主要为害沙田柚、桑麻柚、琯溪蜜柚的果实。

【为害状】 以幼虫蛀食柚果白皮层，形成弯曲蛀道，蛀道周边呈红褐色，果皮产卵孔部位赤褐色至褐色，周围有明显别于正常果皮的黄色至深黄色晕斑，白皮层褐色，并有黏胶状物质，被害果实未熟先黄，从幼果期至采果前造成大量落果。

【形态特征】 雌虫体长约2毫米，翅展3.5～4.0毫米，腹部红褐色，密被黑色细毛；复眼黑色，触角念珠状，14节，每节有刚毛两圈；翅膜质，长椭圆形，具纵脉3条，基部收缩，被黑色细毛；足幼长，并呈黑黄相间的细纹。雌性亚鞭节圆筒形，约为体长的1/2。雄性亚鞭节哑铃形，较长且弯曲。雌虫体形较雄虫大。卵长椭圆形，微小。老熟幼虫体长4～5毫米，红色，纺锤形，口端有小黑点；腹部有浅黄色斑，腹末节端部有2对微形突起；胸部有三角形红色斑点，中胸背板有一"Y"形剑骨片。蛹为被蛹，长2.7～3.2毫米，外裹黄色薄丝茧，初期淡红色，近羽化时头部、翅芽及足均黑褐色。

【发生规律】 在湖南一年发生3～4代，个别年份4～5代。广东梅州一年发生4代，世代重叠，均属为害世代，为害高峰期分别在5月中旬至6月初、6月中下旬至7月初、8月上旬末至9月上旬、9月下旬至10月上中旬，以第二代为害最为严重。老熟幼虫在10月下旬至11月从虫道内爬出，弹跳入土越冬，或滞留在柚果内越冬。次年3月底至4月初，当温度、湿度适宜时，开始化蛹和羽化出土，成虫羽化后的当晚开始交尾、产卵，产卵部位多在近果蒂部或背光较粗糙的表皮处，卵产于果皮中的白皮层。产卵处形成一细小硬结，每个果实有卵几十粒至百余粒。每头雌虫可产卵50～100粒，卵期3～6天。成虫飞翔力弱，无趋光性，寿命2～4天。幼虫是为害虫态，孵化后便蛀入白皮层为害，有时可沿中心柱蛀食果肉。一个蛀孔内有多头幼虫为害，一个果实内有时多达300头幼虫同时为害。随着虫龄的不断增大，蛀道呈弯曲隧道。被害的果实初期呈水渍状斑晕，然后落地腐烂。幼虫期15～25天。低龄幼虫可随落果继续在果内取食，直至老熟后才爬出入土化蛹。老熟幼虫鲜红色，从被害果内钻出，弹跳入土化蛹。橘实雷瘿蚊的发生与环境湿度关系密切，同一果园内，阴坡面比阳坡面发生重，靠近水坑或水沟的植株虫果率比其他地方要高。传播方式靠气流、水流和果品调运。

【防治方法】

（1）检疫 新种植地区不购买疫区苗木，必须购买时，应清洗苗木的泥土，并作根部杀虫处理。不采购带虫的柚果在无虫区销售，以防止传播。

（2）农业措施 在冬、春季清除果园内杂草，及时翻耕土壤；加强修剪，改善园内通风透光条件；整理园内园外排水系统，降低土壤湿度，改善园内小气候，创造果树生长的好环境；5月开始，人工及时摘拾树上与地面虫果，集中深埋。

（3）化学防治 抓好第一代防治是全年防治的关键。在成虫羽化期（主要在谢花后幼果期的4月份）对树冠和地面同时喷药，杀灭成虫，防止谢花后在幼果果面产卵。可选用40.7%乐斯本乳油或50%辛硫磷乳油1 000～1 500倍液，25%喹硫磷（爱卡士）乳油1 000倍液，20%灭扫利（甲氰菊酯）乳油2 000～2 500倍液，每10天1次，连续3～4次。或用50%辛硫磷乳油200倍液作地面喷洒，相隔12天喷1次，连续喷布2～3次。还可用3%米乐尔颗粒剂，在土壤湿润时全园撒施。

橘实雷瘿蚊幼虫为害初期在产卵孔处流胶

橘实雷瘿蚊幼虫为害导致果实腐烂

橘实雷瘿蚊幼虫在柚果皮部蛀食状

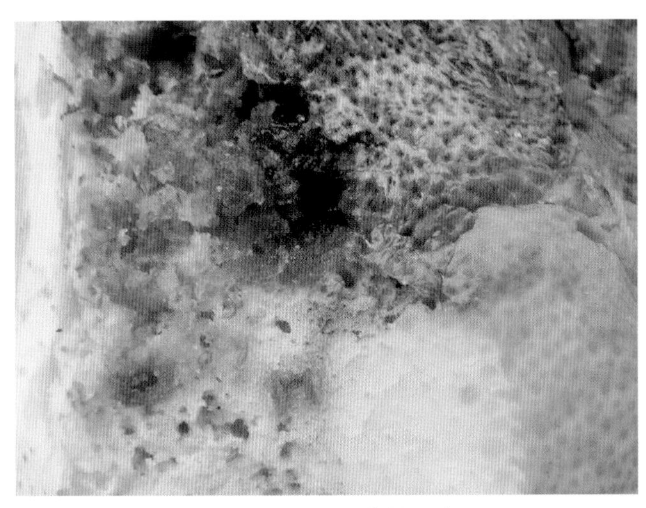

橘实雷瘿蚊幼虫为害柚果皮层

橘实雷瘿蚊红色幼虫体

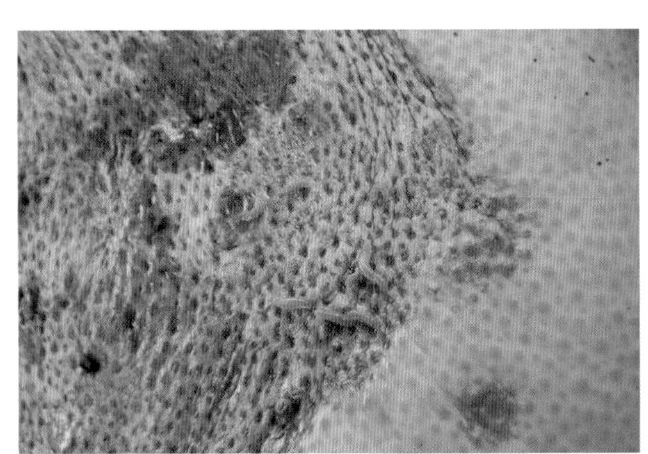

橘实雷瘿蚊幼虫

实蝇科

1.柑橘小实蝇

柑橘小实蝇［*Dacus*（*Bactrocera*）*dorsallis*（Hendel）］，又名橘小实蝇、东方果实蝇、果蝇，俗称黄苍蝇、果蛆、针蜂。为国内检疫性害虫。寄主除柑橘类外，还为害枇杷、杨桃、番石榴、桃、李、番木瓜、香蕉、番荔枝、蒲桃、莲雾、人心果、梨等果树。

【为害状】 以幼虫蛀食果肉，导致果实腐烂、脱落，造成严重失收。

【形态特征】 成虫体长6～8毫米，翅展约16毫米，全体深黑色和黄色相间；复眼绿蓝色，闪光，复眼间黄色，额中央有一黑褐色粗糙的前中瘤，其上布有短刚毛；触角细长，触角芒上无细毛，前胸两侧缘各有1个黄色斑，胸部背面中央黑色，两侧各有1条黄色纵带，在纵带外侧亦有一黄色条斑，小盾片鲜黄色，与黄色纵带连成"U"形；腹部黄色，5节，第一节为黑褐色，第二节赤黄色，一、二节背板前缘有一黑褐色横带，第三节背板前缘有一较宽的黑色横带，横带两侧形成大黑斑，中央有一条黑色的纵带直抵腹端，构成一个明显的"T"形斑纹；翅透明，翅脉黄褐色；雌虫产卵管发达，由3节组成。卵梭形，长约1毫米，宽约0.1毫米，乳白色。幼虫蛆形，老熟时体长约10～11毫米，黄白色，头端小而尖，尾端大而钝圆，共11节。蛹为围蛹，长约5毫米，黄褐色。

【发生规律】 华南地区一年发生3～5代，据广州报道可达11代，田间世代重叠，各虫态并存。无明显的越冬现象，但在有明显冬季的地区，以蛹越冬。广东于2月可见少量成虫活动，4月中旬以后渐多，7～9月为盛发期，尤以9月为最高峰，10月后渐次，1月无见成虫。中国柑橘研究所在增城甜橙园监测，3月初成虫出现，6月出现第一次高峰，9月上旬至10月中旬出现第二次高峰，第二次高峰虫数多于第一

次高峰，成虫在室内22℃恒温条件下，交尾时间长达两个多小时。成虫于早晨至12时羽化，以8～9时为盛。卵产于将近成熟的果皮下1～4毫米处的果瓤与果皮间，产卵处有针刺状小孔，常有汁液溢出形成胶状乳突，后呈灰色或红褐色斑点。每处卵数2～15粒，每头雌虫产卵量200～400粒，分多次产出。卵期夏秋季1～2天，冬季3～6天。幼虫孵出后即在果内取食为害，果肉随之腐烂，最后果实脱落。幼虫有弹跳力，虫期在夏秋季需7～12日，冬季13～20日，老熟后脱果入土3～7厘米处筑土室化蛹。蛹期夏秋季8～14日，冬季15～20日。柑橘小实蝇的发生与气候因素、当地种植水果种类、食物链的衔接、带虫的鲜果远运销售密切相关。

柑橘小实蝇远距离传播，主要是人为携带有虫的果实或混有虫蛹的种子，或被害烂果随水流漂到下游，或购买苗木时，将有虫蛹的土壤随苗木一起传入新区。

【防治方法】

（1）严格检疫　严防幼虫、虫蛹和带虫的土壤传入新种植区。

（2）农业措施　柑橘园内和周边不种植其他品种的果树，以切断柑橘小实蝇的食物链；及早摘除被害果实和捡净落地的虫果，集中深埋；果实初熟前进行果实套袋；冬季清园时翻土，破坏其越冬环境，减少虫源；加强预测预报，建立统一防治机制，确保一个区域内的有效防治。

（3）化学防治　将浸泡过甲基丁香酚(即诱虫醚)加3%马拉硫磷或二溴磷溶液的蔗渣纤维板小方块悬挂于树上，在成虫发生期每月悬挂2次，诱杀雄成虫；也可用甲基丁香酚置在诱捕器内，并加入少量敌百虫液，挂于柑橘园边诱杀雄成虫；果实初熟时开始，用90%晶体敌百虫1 000倍液，加3%红糖制得毒饵喷布园边树冠，每隔5株喷布1株的1/2树冠，隔5天喷1次，以诱杀成虫；应用黄板在橘园诱杀也有一定的效果；7～10月发生高峰期，喷药防治特早熟柑橘和初熟品种，可选用1.8%阿维菌素乳油2 000倍液，20%好年冬（丁硫克百威）乳油1 500倍液，90%晶体敌百虫800倍液，40.7%乐斯本乳油1 000倍液，分别加入3%红糖喷布树冠，可收到较好效果。

柑橘小实蝇为害状

柑橘小实蝇为害温州蜜柑

柑橘小实蝇幼虫为害

柑橘小实蝇幼虫为害状

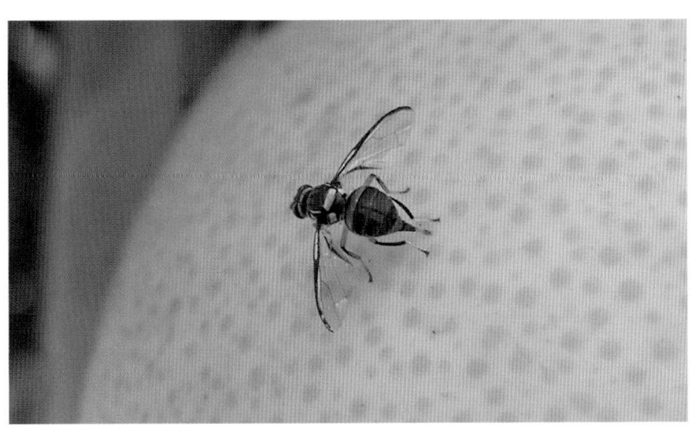

柑橘小实蝇在蜜柚果实上产卵

柑橘小实蝇成虫

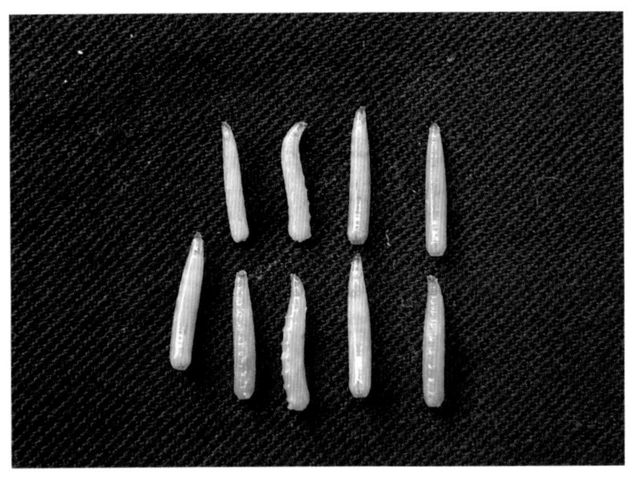

柑橘小实蝇幼虫

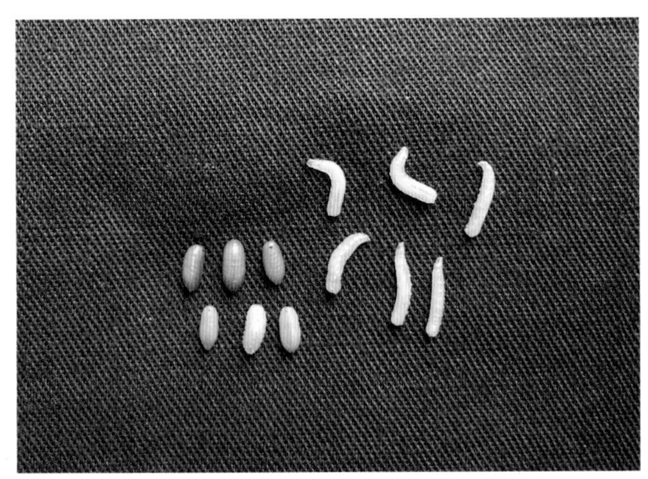

柑橘小实蝇幼虫和蛹

柑橘小实蝇在沙盘中化蛹

柑橘小实蝇为害致温州蜜柑落果

2. 柑橘大实蝇

柑橘大实蝇［*Bactrocera*（*Tetradacus*）*minax*（Enderlein）］，又名柑蛆（指幼虫）、蛆柑（指被害果）、黄果蝇。寄主仅限于柑橘类，为国内、外检疫对象。

【为害状】 以幼虫为害柑橘果实瓤囊，使果实内部腐烂，脱落。严重时满园落果。

【形态特征】 成虫体长12～13毫米（不包括产卵管），翅展20～24毫米；体黄褐色，复眼亮铜绿色，单眼三角区黑色；触角3节，黄色，端节扁平膨大；胸部背面具6对鬃，中央有深茶褐色倒“Y”形斑纹；翅透明，前缘区大部分淡棕黄色，翅痣棕色，臀室区色较深；足黄色，跗节5节。卵梭形，长1.4～1.5毫米，一端稍尖，两端较透明，中部微弯，呈乳白色。老熟幼虫体长15～18毫米，头宽约2毫米，尾部宽约3.2毫米，乳白色圆锥形。蛹长约9毫米，宽4毫米，椭圆形，金黄色。

【发生规律】 一年发生1代，以蛹在柑橘园土壤中越冬。于4月下旬至5月上旬成虫先后羽化出土，5月中下旬转盛期，6月上旬至7月中旬渐少，但个别地区8月下旬仍可见到羽化。羽化时间以11～12时为最多，雨后晴天出现羽化高峰，成虫寿命大多为21～45天。成虫昼伏夜出，喜停叶片背面，晴天11～16时活动敏捷。成虫从羽化到产卵最短历时23天，最长69天，每头雌虫产卵期最短1天，最长36天，产卵量可达200多粒。成虫产卵多在下午2时至6时进行。产卵时，雌虫将产卵管经反复多次探插果皮后，直至刺入果实瓤瓣内产卵，每果内卵粒数不等，少者3～5粒，多则达40多粒，一般为10～14粒。一次产卵后，又飞往附近果实上连续多次产卵，也有产卵完毕后即与雄虫交尾。卵期一个月左右，于7～9月先后孵化为幼虫。幼虫共3龄，老熟幼虫乳黄色，具光泽。幼虫在果内取食瓤瓣汁液，破坏果肉组织，造成腐烂。被害果实大量脱落，幼虫从烂果中钻出入土。未脱落果实内的幼虫，于10月中旬至11月上中旬老熟脱果落地，潜入3～7厘米深的土中化蛹越冬，有的则随商品果实运输异地，当条件适宜时繁殖传播，形成新的群体。蛹期6个月左右。30℃以上高温对蛹的发育不利，5～8天可死亡，发育最适温度为20～25℃。

在有柑橘大实蝇为害的果园，柑橘小实蝇和蜜柑大实蝇较少进入。柑橘大实蝇在日照较短的果园内发生较多，在页岩风化的紫色土果园内蛹出土羽化率高，受害重，沙土果园次之，黏土果园受害较轻。土壤疏松，含水量在15%～18%时，有利于蛹成活和羽化。远距离传播主要是人为携带被害果或种子，或被害果随水漂流到下游，或越冬蛹随带土苗木传播到新区。成虫的飞翔距离可达数百米，飞翔也是传播途径之一。

【防治方法】

（1）加强检疫 严禁从疫区调运带虫的果实、种子和带土的苗木。一旦发现虫果必须经有效处理方可调运。检疫除害处理可用^{60}Coγ 射线70戈照射。

（2）农业措施 冬季翻耕，消灭地表10～15厘米耕作层的部分越冬蛹；8月下旬及早检查，发现被害果实立即摘除捡拾并加以处理（如深埋、烧毁、水浸、水煮等）。为害严重的柑橘产区，结果少的年份可于6～8月间摘除全部幼果，彻底消除成虫产卵场所；柑橘大实蝇发生前，进行果实套袋。

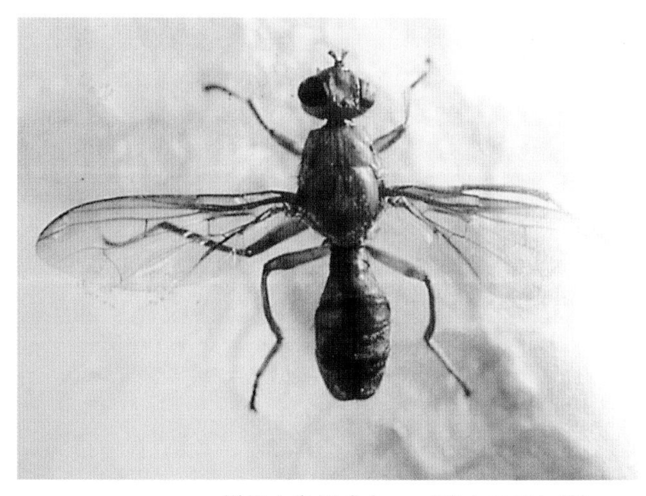

柑橘大实蝇成虫 （引自吕佩珂等）

柑橘大实蝇幼虫及蛹 （荣路琪摄）

（2）化学防治　6～7月成虫产卵期，在部分柑橘树冠上喷布90%晶体敌百虫或80%敌敌畏乳油800～1 000倍液加3%红糖液，全园喷布1/3植株，每株喷1/3树冠。4～5天1次，连续3～4次。或用沙糖2份，黄酒、醋和甜橙汁各1份，水10份，混合后盛于瓦罐中，罐口上方3厘米处设防雨盖，在柑橘园行间每隔10～20米挂1只，高度60厘米左右，隔半个月换诱液1次，可诱杀大量成虫。另外，还可在6～11月用75%酒精15份、90%晶体敌百虫1份和性诱剂3份，混合制成诱芯，设置诱捕器，每公顷挂2只。

（六）缨翅目

蓟马科

为害柑橘的蓟马种类多，资料可查的就有近30种。主要有柑橘蓟马、茶黄蓟马、黄胸蓟马等。

1.柑橘蓟马

柑橘蓟马［*Scirtothrips citri*（Moulton）］，又名橘蓟马。分布在我国浙江、广东、广西、湖北、云南、贵州、台湾等省（自治区）。

【为害状】　以成虫、幼虫刺吸柑橘嫩梢、嫩叶和幼果的汁液。被害幼果出现银灰色斑，叶片受害，主脉两侧有灰褐色条斑，不能正常展叶，严重时叶片畸形、扭曲，叶缘硬化。

【形态特征】　成虫体长0.9毫米，体淡橙黄色，纺锤形，腹部较圆，翅上缨毛细；触角8节，第一节淡黄色，第二节黄色，第三节至第八节灰褐色；翅灰色；头部宽约为头长的1.8倍，单眼鲜红色。二龄幼虫虫体大小近似成虫，无翅，老熟时体琥珀色。卵肾形，极小。拟蛹淡黄色。

受柑橘蓟马为害的花蕾

柑橘蓟马取食花药

为害子房的柑橘蓟马

大群柑橘蓟马为害花瓣，使花瓣出现赤褐斑

柑橘蓟马为害花瓣使花瓣出现轻度黄色斑

柑橘蓟马为害幼果症状

柑橘蓟马为害症状

柑橘蓟马为害斑

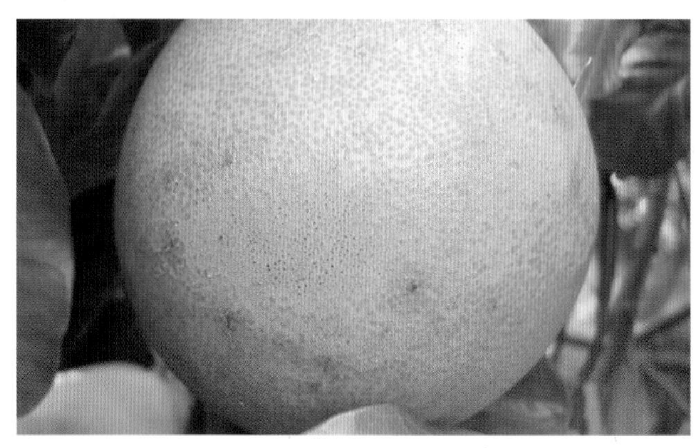

柑橘蓟马为害斑

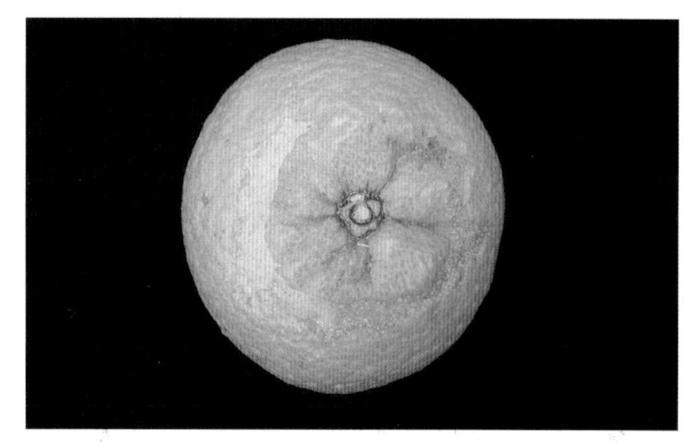

柑橘蓟马为害蕉柑状

【发生规律】 一年发生7～8代，以1～2代发生较为整齐，以后世代重叠。以卵在秋梢新叶组织内越冬。次年3～4月越冬卵孵化为幼虫，在嫩叶和幼果上取食，锉食汁液，破坏表皮细胞，幼果油胞受害后产生一层银灰色或灰白色的斑疤，尤其喜在幼果果萼四周至果肩处为害，造成圆圈形斑疤。其主要为害期在谢花后至幼果膨大期，田间4～10月均可见，但以4～7月为重要为害期。广东一些果园的春梢叶片受害普遍，失管或弃管果园尤为严重。叶片被害多在叶缘中部至叶尖及叶片背面前半部，造成叶缘黑褐色、叶面有灰白色或灰褐色锉伤纵带纹、叶片向内卷曲或呈波状，或叶片狭长、纵卷皱缩、硬化、失去光泽，树势衰弱。7月开始，常与茶黄蓟马为害夏梢嫩叶、嫩枝。老熟幼虫在地面或树皮缝隙中化蛹，经预蛹和蛹羽化成虫，成虫以晴天中午活动最盛。成虫产卵在嫩叶、嫩枝和幼果的组织内，每雌虫可产卵25～75粒。以柠檬、甜橙和脐橙受害最重。

【防治方法】

(1) 冬季清园，保持园区清洁；加强虫口监测和检查。

(2) 二龄幼虫是主要取食为害虫态，也是防治重点时期。药剂可选用2.5%敌杀死或20%速灭杀丁乳油或20%灭扫利乳油3 000倍液，50%乐果乳油800～1 000倍液，40%氧化乐果乳油1 000～1 200倍液，50%马拉硫磷乳油1 200～1 500倍液，50%辛硫磷乳油或40.7%乐斯本（毒死蜱）乳油1 000～1 500倍液，24%万灵（灭多威）水剂1 000倍液，80%敌敌畏乳油800倍液等。

*2.*茶黄蓟马

茶黄蓟马（*Scirtothrips dorsalis* Hood），又名茶叶蓟马、茶黄硬蓟马。分布于海南、广东、广西、四川、重庆、贵州、云南、福建、台湾等省（自治区、直辖市）。

【为害状】 以成虫、幼虫为害柑橘新梢、叶片和幼果。常聚集在叶面锉吸嫩叶汁液，被害叶片叶缘卷曲不能展开，呈波纹状，叶片变狭或纵卷皱缩。叶面主脉两侧出现纵向内凹锉伤条纹，灰白色或灰褐色，严重时，叶背呈现一片褐纹，条纹相应的叶正面稍凸起，叶质僵硬，变厚，最后叶片色淡，无光泽，易脱落。枝梢被害症状与叶片相同，受害表皮硬化，枝条稍变弯曲，严重时新梢生长受到抑制，叶片变小、畸形。幼果表面被害，果皮出现银灰色或灰褐色斑疤，影响果实外观。

【形态特征】 雌成虫体小，长约1毫米，橙黄色；触角约为头长的3倍，暗黄色，8节，第三节至第五节的基部常淡于体色；翅2对，透明细长，翅缘密生长毛；头部复眼略突出，暗红色；有3只鲜红色单眼，呈三角形排列；前翅橙黄色，窄，近基部具一小浅黄色区，前缘鬃24根，前缘鬃基部4＋3根，端鬃3根，其中中部1根，端部2根；后脉鬃2根；腹部背片第二至第八节具暗前脊，但第三至第七节仅两侧存在，前中部约1/3暗褐色；腹片第四至第七节前缘具深色横线。卵浅黄白色，肾脏形。幼虫初孵时乳白色，后变浅黄色，形似成虫，但体小于成虫，无翅。

【发生规律】 一年发生5～6代。以幼虫或成虫在粗皮下或芽的鳞苞内越冬，次年4月开始活动，5月上中旬幼虫群集在春梢顶部的嫩叶为害，广东各地于5月的第一次夏梢开始至9月的秋梢均是受害期，尤其6月下旬至7月抽出的新梢叶片受害严重。可行有性繁殖和孤雌生殖，雌虫羽化后，在叶片背面叶脉处产卵，幼虫孵出后，即行为害。四龄幼虫在地表枯枝落叶中化蛹。成虫善跳、易飞，行动活泼。成虫和幼虫均有避光趋湿习性。

【防治方法】 彻底清除园内枯枝、落叶和杂草，并集中烧毁；园内或附近勿种花生、烟叶、葡萄等易受蓟马为害的作物。化学防治可参考柑橘蓟马。

茶黄蓟马为害嫩芽和叶片症状

茶黄蓟马

茶黄蓟马为害叶片

茶黄蓟马为害叶片后期症状

（七）等翅目

白蚁科

黑翅土白蚁

黑翅土白蚁（*Odontotermes formosanus* Shitaki），又名黑翅大白蚁。分布地域极广，南自海南，北至河南，东抵江苏，西达西藏的东南部。东南亚诸国也有发生。

【为害状】 该虫为土栖生活。蛀蚀柑橘等的根部，在地面修筑泥被，在皮层和木质部蛀食，造成木质空洞，孔道纵横，使树体严重受伤，阻碍养分、水分流通而致树势衰弱、幼树死亡，老树受害尤重。

【形态特征】 兵蚁体长约6毫米，头至上颚端2.55毫米，宽1.33毫米，前胸背板长0.43毫米；头暗黄色，被稀毛；胸腹部淡黄至灰白色，有较密集的毛；头部背面卵形；上颚镰刀状，左上颚中点前方有一明显的齿，齿尖斜向前，右上颚内缘有一微刺；上唇舌状；触角15～17节，前胸背板前部窄，斜翘起，后部较宽，前缘及后缘中央有凹刻。有翅成蚁体长12～14毫米，翅长24～25毫米，头、胸、腹背面黑褐色，腹面棕黄色，全身密被细毛，头圆形，复眼和单眼呈椭圆形，复眼黑褐色。前胸背板前缘中央无明显的缺刻，有一淡色的“十”形纹，纹的两侧前方各有一椭圆形淡色点，后缘中部向前凹入，前翅鳞大于后翅鳞。另有工蚁、蚁后和蚁王之分别。卵乳白色，椭圆形，长径0.6毫米。

【发生规律】 在土壤内群聚生活，成熟的巢群，其主巢构筑在距地面0.8～3米的深度。活动取食的季节性明显。在福建、江西、浙江等地，11月中旬开始转入地下活动，次年3月当气温回暖时，开始为害，5～6月形成一个为害高峰，9～10月为第二个为害高峰。广东、广西、福建、海南的雨季一般受害较轻，而在旱季受害十分严重。广东秋季在柑橘园树干上常出现大量泥被，成群白蚁在其中取食干枯的树皮。在群体中蚁数很多，但工蚁占的比例最大，约达90%。兵蚁数量仅次于工蚁，其能分泌一种黄褐色液体以御敌。工蚁和兵蚁的眼睛已退化，活动时有畏光性，在地面上和取食食物时，都要以土筑成泥路、泥被，用作掩蔽，而有翅蚁却不畏光，分飞时有强烈的趋光性。4～6月间，在靠近蚁巢的地面上出现大量形如圆锤状的羽化孔突，在羽化孔下有成层排列的候飞室，候飞室与主巢间的距离一般为3～8米。当气温上升到20℃以上时，即外出觅食为害。5～6月为有翅蚁分飞期，常飞出蚁巢交配或分巢。

【防治方法】

（1）挖掘蚁巢，消灭蚁群；白蚁为害区域，挖深10毫米、直径50毫米的浅穴，用嫩草覆盖，每隔2～3天检查1次，如有白蚁，即用药剂喷杀。

（2）在有翅蚁出土季节，利用其强烈的趋光性，用日光灯诱杀。

黑翅土白蚁成虫

黑翅土白蚁蛀食树干，上盖泥被

黑翅土白蚁幼虫

黑翅土白蚁为害幼年柑树致枝叶枯萎

（3）诱出的白蚁用40%水胺硫磷乳油800倍液，或菊酯类药剂喷杀；将浸过20%速灭杀丁乳油100倍液的甘蔗渣，用薄纸包成小包，放在柑橘树基部附近，上盖塑料薄膜，再盖上杂草等物，诱白蚁啃食而中毒致死，或撒在蚁路上，使其带毒返巢，传至其他白蚁而致死；购买市售防治白蚁专用药剂，喷在白蚁蚁体上，使其传播感染致死。

（八）有肺目

蜗牛科

同型巴蜗牛

同型巴蜗牛［*Bradybaena similaris* (Ferussae)］，又称蜒蚰螺、触角螺、旱螺、小螺蛳、山螺丝、蜗牛等。分布广，杂食性。

【为害状】 取食柑橘的茎、叶、果实，造成枝条皮层缺损，叶片缺刻和孔洞，叶片枯黄。果实被害，轻者果皮呈灰白色疤痕，严重时可钻食果肉，导致果实脱落。同时分泌黏液，污染果面。

【形态特征】 成螺雌雄同型，蜗壳扁球形，高约12毫米，直径14.1毫米；黄褐色，上有褐色花纹，具5～6个螺层，壳口马蹄形，脐孔圆孔状；体柔软，头上2对触角，前触角较短小，有嗅觉功能，后触角较长大，顶端有眼；腹部两侧有扁平的足，体多为灰白色；休息时身体缩入壳内。卵白色，球形，为石灰质外壳，有光泽，孵化前为土黄色。幼螺体较小，形同成螺，壳薄，半透明，淡黄色，常多只集结成堆。

【发生规律】 一年发生1代，以成螺在冬作物土中或作物秸秆堆下和落叶、石堆下，或以幼体在冬作物根部土中越冬。在贵州一年发生2代，第一代在4月中下旬至6月上旬，第二代8月上旬至10月中旬。广东于4月开始至5月为一个为害高峰期，为害叶片甚至幼果，柑橘苗木受害尤烈，如果雨水均匀，虫口几乎不减，从6～10月均有发生，以6～8月尤甚。此时啃咬干枯枝条皮部，生长中的嫩芽、叶片和果实，造成果皮凹塌、疤斑，斑似溃疡病。9月开始可咬破果皮，取食果肉，形成孔洞，导致落果发生。10月数量减少，主要咬食枝条皮层。成螺适应性极强。若遇干旱，虫体即分泌一层白色蜡质膜，封堵螺口，黏在被害寄主枝叶上，不食不动，等待适宜天气到来。取食多在晴天的傍晚至清晨，连续雨天发生尤为严重，卵大多产在根际疏松湿润的土壤缝隙中或枯枝、石块下，每个成体可产卵30～235粒。

【防治方法】

（1）农业措施 蜗牛上树前，在树干中部倒向包扎塑料薄膜，做成“裙形”，以阻止蜗牛爬上枝条，并及时消灭在薄膜内的蜗牛；剪除贴地的下垂枝条，切断其爬上枝条的通路；蜗牛盛发前树干涂白，地面撒施石灰粉，使其爬行受阻；结合施肥，在树冠下撒施碳酸氢铵+钾肥，效果好；蜗牛发生季节，在园内饲养鸡鸭，人工配合将枝干上的蜗牛刮落地面，让鸡鸭啄食。

（2）化学防治　用6%密达颗粒剂（灭蜗灵）465～665克，或10%多聚乙醛（蜗牛敌）颗粒剂1千克，拌土10～15千克，在蜗牛盛发期的晴天傍晚在树冠下撒施。还可用2%灭旱螺颗粒剂330～400克、45%百螺敌颗粒剂40～80克拌土撒施。或用5%～10%硫酸铜液，或1%～5%食盐液于早晨8时前及下午6时后对树盘、树干等处喷射。

同型巴蜗牛

晴天时，同型巴蜗牛栖息在甜橙叶片的背面

同型巴蜗牛为害叶片状

同型巴蜗牛为害果实状

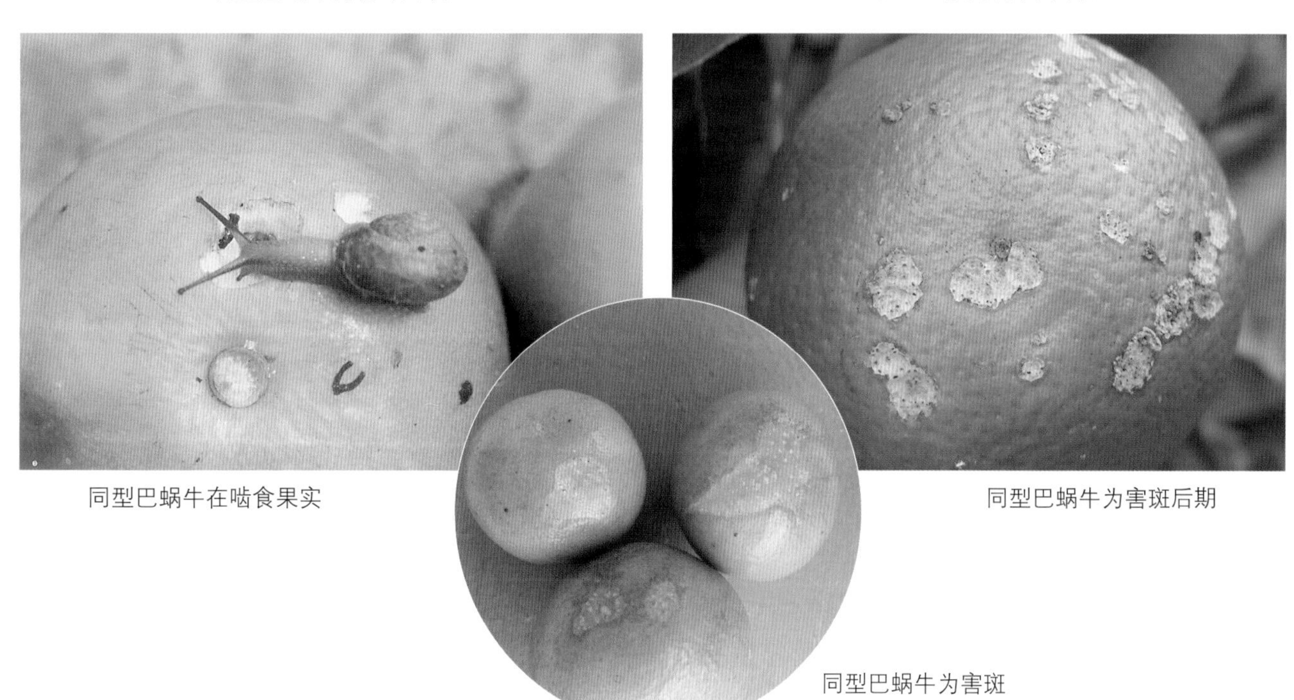

同型巴蜗牛在啮食果实

同型巴蜗牛为害斑后期

同型巴蜗牛为害斑

蛞蝓科

野蛞蝓

野蛞蝓［*Agriolimax agrestis*（Linnaeus）］，又称野蛞蝓、水蜒蚰，俗称鼻涕虫。主要分布长江流域与华南、华东的柑橘产区，杂食性。

【为害状】 取食幼嫩叶片成孔洞，是一种食性复杂和食量较大的害虫。

【形态特征】 成虫体伸直时，体长30～60毫米，体宽4～6毫米；体形纺锤状，柔软、光滑有黏液，而无外壳，体表暗黑色、暗灰色、黄白色、灰红色等多种类型；触角2对，暗黑色，下边一对短，约1毫米，称前触角，有感觉作用，上边一对长约4毫米，称后触角，端部具眼；口腔内有角质齿舌；体背前端具外套膜，为体长的1/3，边缘卷起，其内有退化的贝壳（即盾板），上有明显的同心圆线，即生长线，同心圆线中心在外套膜后端偏右；呼吸孔在体右侧前方，其上有细小的色线环绕；崎钝，黏液无色；在右触角后方约2毫米处为生殖孔。卵椭圆形，韧而富有弹性，直径2～2.5毫米，白色透明可见卵核，近孵化时色变深。幼虫初孵时体长2～2.5毫米，淡褐色，体形同成虫。

【发生规律】 蛞蝓多生活于阴暗潮湿的温室、菜窖、住宅附近、农田及多腐殖质的石块落叶下、草丛中以及下水道旁，也发生在较为潮湿的苗圃里。以成虫体或幼体在作物根部湿土下越冬。5～7月在田间大量活动为害，入夏气温升高，活动减弱，秋季气候凉爽后，又活动为害。完成一个世代约250天。雌雄同体，异体受精，亦可同体受精繁殖。5～7月产卵，卵产于湿度大有隐蔽的土缝中，产卵期长达160天。卵期16～17天。蛞蝓怕光，强光下2～3小时即死亡，因此均在夜间活动。从傍晚开始出动，晚上10～11时达高峰，清晨之前又陆续潜入土中或荫蔽处停息。耐饥力强，阴暗潮湿的环境易于大发生。

【防治方法】

（1）农业措施 种植前彻底清除田间及周边杂草，耕翻晒地，种植后及时铲除田间、地边杂草，清除蛞蝓的滋生场所；在沟边、苗床或作物间，于傍晚撒石灰带，每667米^{2}用石灰粉7～7.5千克，阻止蛞蝓到苗木和柑橘树上为害。

（2）化学防治 在雨后或傍晚，每667米^{2}用6%密达颗粒剂0.5～0.6千克，拌细沙5千克，均匀撒施；为害面积不大时，可用1%食盐水或硫酸铜1 000倍液，于下午4时以后或清晨蛞蝓未入土前，全株喷洒；为害严重的地块可用灭蛭灵（硫特普·敌敌畏）900倍液喷雾，有较好的防治效果。

野蛞蝓

野蛞蝓为害状

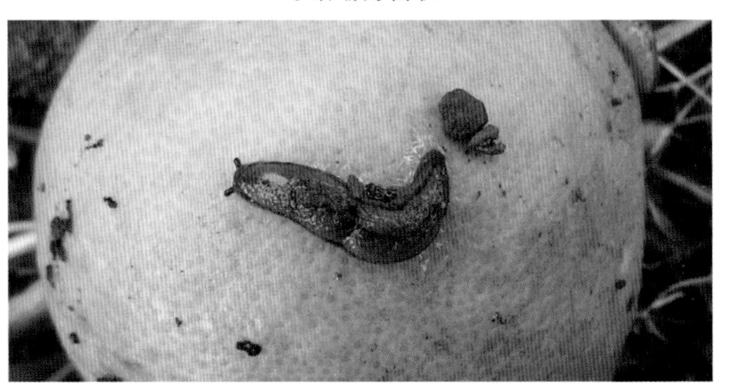

野蛞蝓

（九）直翅目

斑腿蝗科

1. 大青蝗

大青蝗［*Chondracris rosea*（De Geer）］，又名棉蝗、大蚱蜢。我国柑橘产区均有分布，为杂食性害虫。

【为害状】 以成虫和蝗蝻（若虫）咬食新梢叶片或枝条皮部，造成叶片缺刻、枝梢枯死。

【形态特征】 雌成虫体长62～81毫米，雄成虫体长45～56毫米；体草绿色或黄绿色；前翅发达，透明，后翅翅基紫红色；头短而宽，顶钝圆，头顶中部、前胸背板中隆线及前翅臀脉域具黄色纵线纹；触角24节，丝状，长度超过前胸背板后缘；足3对，跗节均4节，后足发达，为跳跃足；胫节外侧玫瑰红色，沿外缘和内缘各有刺8根和11根，刺端黑色，其余为黄白色；产卵器略呈剑状，端部黑褐色；尾须较短小。卵长椭圆形，中间略弯曲，长6～7毫米；初产为黄色，后渐变为褐色；卵块长柱状，数十粒至百多粒一块，外黏有一层薄纱状物；卵粒不规则堆积在卵块的下半部，上部为产卵后排出的乳白色泡状物覆盖。跳蝻，共6龄，极少数雌性为7龄，各龄体色无明显变化，前胸背板的中隆线甚高，3条横沟明显，且都割断中隆线。

【发生规律】 在广东多数地区一年发生1代。以卵在土中越冬。次年4月中、下旬孵化成为跳蝻，7～8月陆续羽化为成虫，并交尾产卵。成虫有多次交尾习性，交尾后继续取食。在沙质坚实地，或与林中空地交接的林缘地产卵。产卵时，用产卵瓣掘土成穴，将腹部完全插入土中，若土质较松或土内有树根、石块阻隔，则弃之不产卵，再行瓣掘，找到适合的场所，才行产卵。产卵穴可深达70～100毫米。卵将孵出时，卵壳淡绿色。孵化时，幼蝻沿着卵块顶部的泡状物，借身体蠕动钻出，几分钟后脱去卵膜。成虫、若虫白天活动取食，成虫对白光和紫光有趋性。

【防治方法】

（1）在每天上午9时前，人工捕捉成虫。

（2）若虫孵化期可用50%马拉硫磷乳油或40%水胺硫磷乳油800倍液，40.7%乐斯本乳油1 000倍液喷杀。

大青蝗成虫

大青蝗蝗蝻

2.短角外斑腿蝗

短角外斑腿蝗［*Xenocatantops brachycerus* (C.Willemse)］，又称短角异斑腿蝗或短角斑腿蝗，俗称小花蝗、花斑蝗、斑腿蝗等。食性杂。

【为害状】 据报道只为害果实，但在山地果园可同时为害甜橙春梢叶片和幼果，把叶片咬成缺刻，幼果咬成斑疤，严重被害造成果实脱落。

【形态特征】 成虫虫体暗褐色、红褐色或黄褐色。雌虫体长24～27毫米，雄虫体长18～21.5毫米；头、胸部密布圆形小瘤突；面颜隆起，中纵沟明显；前胸背板中隆线明显，有3条横沟，且切断中隆线，其后一条横沟在背板中部，后胸两侧各有一长形白色斜斑纹；前翅发达，暗褐色，超过后腿节顶端，翅端部横脉斜；后翅透明，翅顶烟褐色；后腿节发达，外侧具完整白色斜斑2个，近端另有1个小斑；后胫节红褐色；善弹跳。

【发生规律】 一年发生1代。以卵在山地、草坡或果园边的土壤中越冬。广东在3月中旬开始出现成虫，直接为害甜橙春梢叶片和花器，以后渐入盛期。严重时，园边的甜橙幼树叶片可全部被啮食。直至9月仍见成虫。其他柑橘产区，在4月下旬末至5月上旬开始孵化，5月下旬至6月中旬为盛孵期。若蛹共6龄，前几龄多在荒山草地取食，老龄以后多进入园内为害，取食果实，于9月下旬至10月为害最烈。在广东柑橘园中甚少见到严重为害。

【防治方法】 可参照大青蝗防治。

短角外斑腿蝗成虫

短角外斑腿蝗在咬食橙花

短角外斑腿蝗雌成虫（左）

螽斯科

螽　斯

为害柑橘的螽斯有多种，如双叶拟缘螽（*Pseudopsyra bilobata* Karny）等。

【为害状】 食害各种果树、林木、作物、蔬菜及杂草的叶片，呈不规则缺刻。成虫和若虫多白天活动取食，亦可食害花和果实。一般发生数量少，为害不大。

【形态特征】 成虫体长35～40毫米，雄较雌略小，雌产卵器长25～27毫米；全体绿色，带暗褐色斑纹；复眼椭圆形，褐色；触角丝状，细长，超过腹端；前翅雌虫伸达腹端，雄虫超出腹端；翅脉暗褐色至黑色，翅上并有暗褐色至黑色斑纹；雄前翅基部有发音器，后翅较发达，不善飞行。若虫触角特别细长，与成虫相似，体较小，无翅，成长过程中渐长出翅芽。

【发生规律】 一年发生1代。以卵于植物组织内越冬。次年5月间孵化，7～8月羽化为成虫，秋后交尾，产卵于植物组织内。成虫寿命较长，直到有霜冻才死亡。在温暖的南方可在落地植物中越冬。雄虫前翅摩擦发出鸣声，晴朗高温时尤喜鸣。

【防治方法】

（1）人工捕捉若虫和成虫。

（2）若虫期用敌百虫、敌敌畏、马拉硫磷等均有良好效果。

双叶拟缘螽成虫

螽斯产卵枝

双叶拟缘螽产卵状

双叶拟缘螽产卵在柑橘枝条内

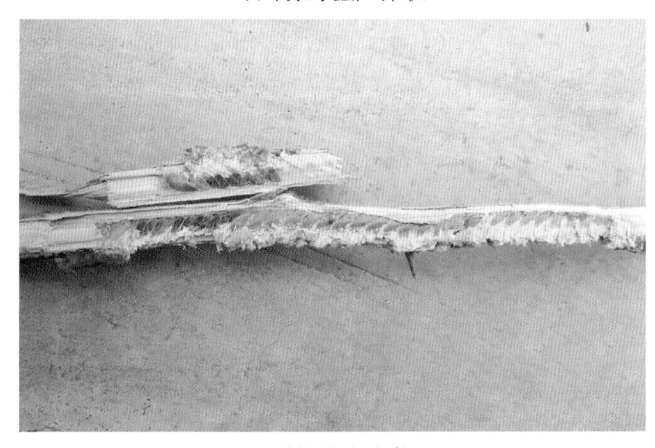

双叶拟缘螽卵粒

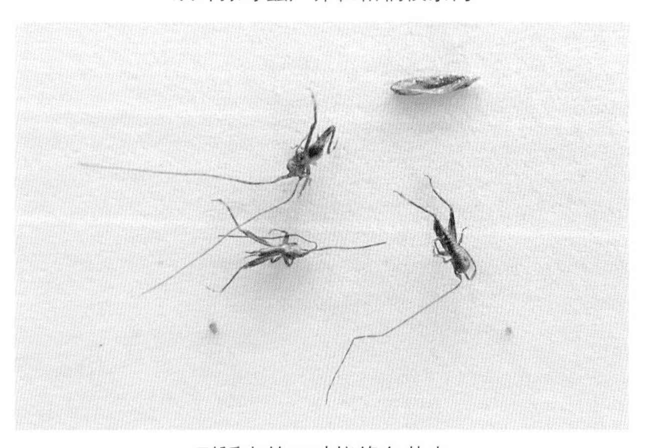

刚孵出的双叶拟缘螽若虫

蟋蟀科

大蟋蟀

大蟋蟀（*Brchytrupes portentosus* Lichtenstein），又名花生大蟋蟀，俗称大头蟋蟀，大土狗、“土猴”。为害柑橘苗木及幼树的枝梢。

【为害状】 以成虫和若虫咬伤幼苗的茎、叶和嫩梢，造成缺苗、断枝。食性甚广，能为害多种观赏植物。

【形态特征】 成虫体长40～50毫米，暗褐色或棕褐色，近长方形；触角丝状，前胸背板中央具一纵沟，其两侧各有一横向月牙状斑纹；雌虫体稍小，前翅网纹状，雄虫体较大，前翅皱纹，翅中央各有一个斜形大皱斑，斑后端有一椭圆形斑；后足腿节发达，胫节粗，具二列刺状突起，尾须长。卵长筒形，表面光滑，浅黄色，略弯曲，两端钝圆。若虫外形似成虫，但体色较淡，共7龄，4龄后显露翅芽。

【发生规律】 一年发生1代，以若虫在土洞中越冬。第二年春开始出土活动，6月中旬出现成虫，7～8月交尾产卵盛期，卵期为15～30天，8～10月卵孵化，初孵若虫先食母虫所贮备食料，成长后才出洞分散，掘洞为居，白天深藏洞中，黄昏以后出洞觅食，咬食幼苗，或沿树干爬向枝梢，咬食皮层使枝条枯死，幼树甚受其害。11月中旬入土穴越冬。成虫喜欢晚间取食，若虫和成虫在松土中挖洞栖居，并常产卵于洞底部。秋、冬干旱温暖的年份往往盛发。

【防治方法】

（1）灌水（水中加几滴煤油）入虫道，迫使该虫向洞外爬出，然后捕杀；幼树树干倒扎松毛（松针）防该虫爬上树咬食枝叶。

（2）用炒过的麦麸、米糠或碎花生壳拌敌百虫等杀虫剂制成毒饵，傍晚置于洞口或苗圃株行间，以诱杀成虫和若虫。

大蟋蟀雄成虫

大蟋蟀雌成虫

大蟋蟀（若虫）

大蟋蟀雌成虫及孕育的卵粒

大蟋蟀卵粒

四、药　害

防治柑橘病虫害时喷布农药、促花保果时使用植物生长调节剂、柑橘园喷布除草剂等化学物质不当时产生的伤害称为药害。

【症状与发生条件】 由于农药使用的浓度不当，或喷布了某种不纯正的药剂，在受药部位，如柑橘枝梢、花器、果实和地下根系都会出现伤害。主要表现为枝条扭曲，叶片皱缩、畸形或斑点、斑疤，花蕾露柱，果皮斑疤或果实变形，根系腐烂等。药害严重时，叶片黄化、硬化、变小，果实脱落，果品质劣，树势衰弱，以至于枝叶枯死，全株死亡。

各种药剂的药害症状表现不同，同一药剂在不同季节、不同物候期甚至不同柑橘品种上的药害亦有差异。但其发生条件则基本相同：选择药剂种类和使用浓度不当，多种药剂随意混合，不能混合的药剂品种混合喷布，喷药当天的天气、温度等。如春梢未老熟即喷布克螨特乳油1 000～1 200倍液，会使春叶发生皱缩或斑点状皱缩，这是选择药剂不当且又浓度偏高所致，在夏末至秋季喷布克螨特乳油，即使1 500倍液的浓度也经常发生果皮花斑；在保果期，春叶还未老熟采用2, 4-D保幼果，会出现叶片卷曲，用7毫克/千克2, 4-D保果，气温25℃以下时无药害，气温达30℃时则出现药害，幼果发黄脱落。春、夏季雨后喷布波尔多液或铜剂类药剂，会因果园湿度大、果面水湿未干，使叶片出现斑点，果实发生铜斑。

【预防方法】

（1）使用药剂前要很好地了解药物的性质和可以防治的对象。

（2）一种病害或一种虫害应尽量使用一种药剂防治，避免多种药剂混合。因为目前市售农药许多都是混配剂型，多种药剂混用，实际是更多药剂再混合；在有2种病虫同时发生时，或要兼治时，尽可能选用有兼治效果的药剂。

（3）不要随意提高药剂的使用浓度。

（4）避免在日照强烈的中午时段喷布药剂。

（5）喷布含油类（柴油、机油等）药剂或强碱性药剂（波尔多液、石硫合剂、松脂合剂）应结合气温、季节和柑橘物候期改变使用浓度。

（6）某些药剂较难溶于水中，应先配成母液，然后再加水稀释为药液喷布。

（7）植物生长调节剂的使用，应按使用说明的方法进行。

（8）药剂混合后，应及时喷完，不可留在第二天使用；不能相混配的药剂不可强行相混合。

（9）除草剂使用应选择对柑橘根系无影响的品种，喷布时避免药雾飞溅在树冠上。

（10）必须用清水稀释药剂，不可用污水或泥水。

纯品甲基托布津+水胺硫磷药害

草甘膦60倍液＋2甲4氯185倍液药害状

除草剂农达伤害

甜柠檬草甘膦伤害

春甜橘杀无松除草剂药害斑

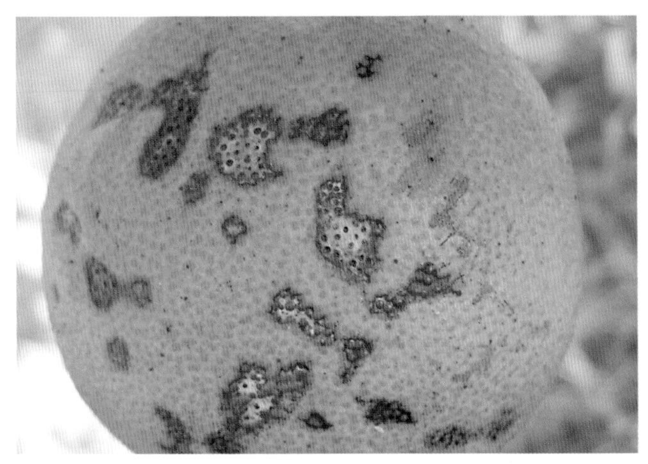

除草剂克芜踪200倍液药害斑

十月橘喷布克螨特2 000倍液药害

春甜橘10月喷克螨特2 000倍液药害

干旱时喷机油乳剂200倍液药害

机油乳剂加杀虫双药害

炔螨特+机油乳剂药害斑

炔螨特药害

炔螨特＋机油乳剂对未老熟的春叶造成药害

多种农药混合致伤害

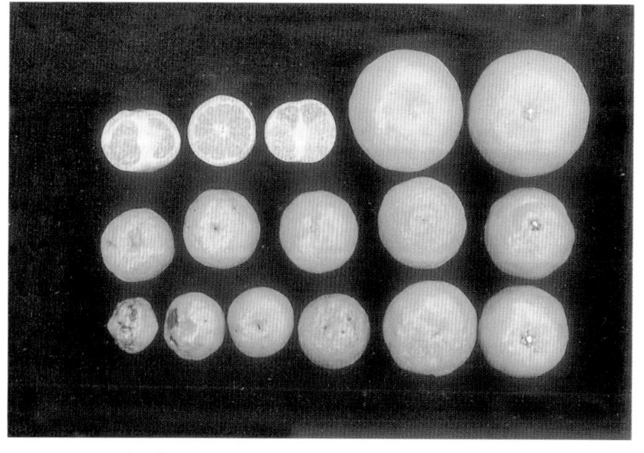

多种农药混合喷布造成的药害，果实硬化，膨大受阻(中 下)，上为正常果

保果喷6毫克/千克2,4-D产生药害

保幼果喷2,4-D过量导致叶柄变形、叶片反卷

幼果2,4-D药害

喷吡效隆5毫克/千克保果产生药害

喷吡效隆5毫克/千克保果产生药害

沙糖橘喷0.7%硫酸亚铁溶液叶片发生药害

喷0.7%硫酸亚铁溶液发生药害

烈日高温喷药伤害果实

杀梢剂3 000倍液对尤力克柠檬幼果产生药害

杀梢剂5 000倍液对尤力克柠檬幼果产生药害

杀梢剂伤害尤力克柠檬嫩枝

沙糖橘杀梢剂药害（300倍液上午9时后喷）

杀梢剂1 000倍液致幼果药害

常规浓度九二〇+细胞激动素伤害5～10厘米春梢嫩叶

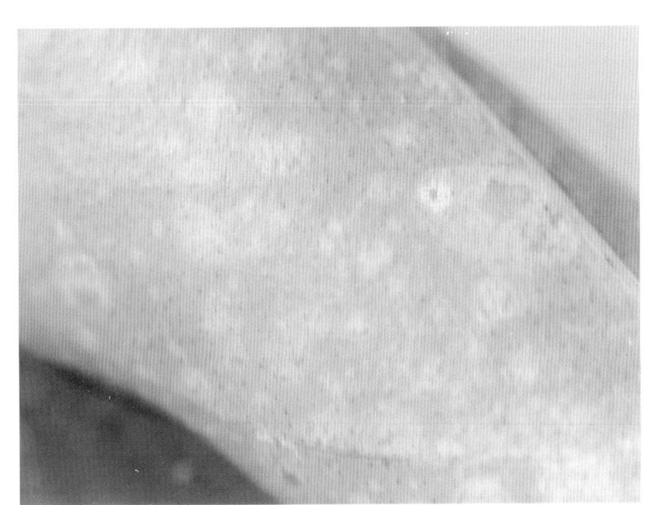

机油乳剂+稻虱净药害

杀螨农药+硫酸锌致春甜橘嫩叶药害

两种含阿维菌素农药500倍混合液致柑橘苗药害（刘朝吉提供）

氧氯化铜+敌百虫600倍液在苗圃的药害

氧氯化铜+敌百虫600倍液在苗圃的药害

洗衣粉300倍液溶解不完全+0.3%尿素的药害状

贡柑喷立克灵农药药害

湿度过大喷铜剂产生药斑

附录I　害螨、害虫天敌

柑橘害螨害虫天敌资源在我国十分丰富，柑橘全爪螨的天敌已知就有120种以上。其中捕食螨达45种以上，蚧类害虫天敌近60种。我国1 600年前就有利用黄猄蚁防治柑橘害虫的记载。20世纪50～60年代，引入、繁殖、释放澳洲瓢虫和大红瓢虫防治吹绵蚧，70年代利用赤眼蜂防治柑橘卷叶蛾幼虫。近年来，大面积释放胡瓜钝绥螨防治柑橘红蜘蛛，利用自然天敌座壳孢菌防治柑橘粉虱等，都取得很好效果。2008—2010年，笔者在广东省韶关市曲江区小坑柑橘园中就采集、捕捉到与柑橘虫害相关的天敌有：瓢虫47种、草蛉5种、食蚜蝇3种、猎蝽类16种，还有塔六点蓟马、矢尖蚧寄生菌等，充分说明天敌非常丰富。因此，要因地制宜，认识天敌，保护天敌，创造条件饲养和释放天敌，进行病虫害的生物防治。

1.捕 食 螨

钝绥螨　钝绥螨是寄螨目、植绥螨科的一类捕食性益螨。雌螨体长0.3～0.9毫米，乳白色至淡黄色，半透明，有光泽。取食后体色随食物颜色而变，饱食全爪螨后呈红色。捕食全爪螨的主要有胡瓜钝绥螨*Amblyseius cucumeris* Oudermans、尼氏钝绥螨*Amblyseius nicholsi* Ehara et Lee等。人工繁殖捕食螨已形成商品，应用到柑橘大面积防治全爪螨的捕食螨有胡瓜钝绥螨、柏氏钝绥螨*Amblyseius barkeri* (Hughes)等。

捕食螨

2.瓢　　虫

瓢虫属鞘翅目瓢虫科。虫体呈半球形拱起，表面光滑，常具红、黑、黄、白色斑点，是鲜艳的小型昆虫。全世界有5 000种以上的瓢虫，据庞虹等（2004）统计，我国有725种瓢虫，其中植食性的有145种，菌食性的约有20种，其余的均为捕食性瓢虫。以下介绍笔者在广东省韶关市曲江区小坑柑橘园所收集的捕食性瓢虫。

（1）大红瓢虫　大红瓢虫（*Rodolia rufopilosa* Mulsant），体长5.6～6.2毫米，体宽4.4～4.8毫米。虫体周缘近圆形，鞘翅肩角部分最宽，呈半球形拱起，密被金黄色细毛。复眼黑色，椭圆形。头、前胸背板、小盾片、鞘翅均为鲜红色。腹面及足为黄红色。小盾片近于等边三角形。前胸腹板中部拱起，纵隆线

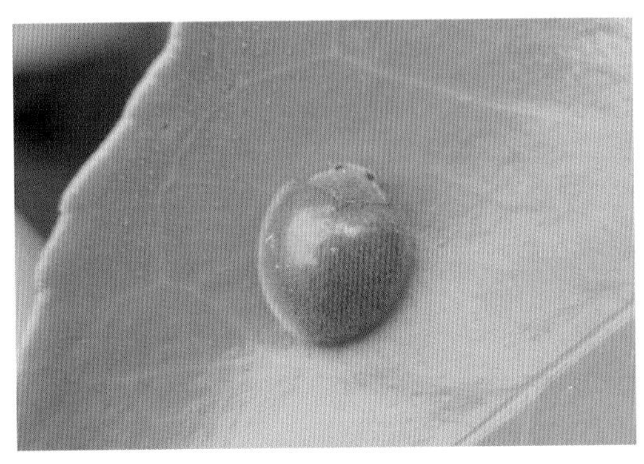

大红瓢虫

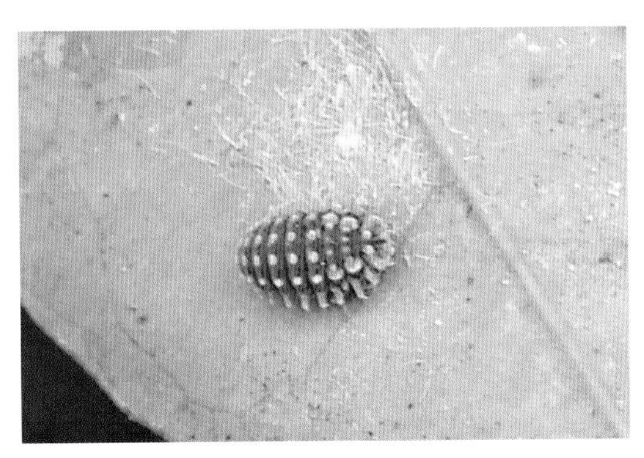

大红瓢虫幼虫

伸达前缘。爪在中部分叉。

寄主：吹绵蚧、草履蚧等。

（2）小红瓢虫 小红瓢虫（*Rodolia pumila* Weise），体长3.0～3.8毫米，宽2.8～3.5毫米。虫体呈半球形拱起，头部、前胸背板、小盾片橘红色。鞘翅缨红色，无斑纹。复眼黑色，小盾片正三角形。

寄主：吹绵蚧。

小红瓢虫

小红瓢虫和蛹体

小红瓢虫成虫、蛹和将羽化的蛹体

小红瓢虫老熟幼虫

（3）澳洲瓢虫 澳洲瓢虫［*Rodolia cardinalis*（Mulsant）］，体长3.0～3.9毫米，宽2.7～3.0毫米。虫体周缘短卵形。复眼黑色，背面红色而有黑色斑纹，前胸背板后缘黑色，两侧有黑斑，小盾片黑色。鞘翅上的黑色缝斑到达末端，在小盾片之下至中部扩展成较大黑斑，肩胛内侧下方有一豆荚形黑斑。鞘翅2/3处内线上有一斧状黑斑，此斑伸达外缘并沿外缘与黑色缝斑的末端相连。

寄主：吹绵蚧。

澳洲瓢虫成虫

吹绵蚧和澳洲瓢虫幼虫

澳洲瓢虫幼虫捕食吹绵蚧

(4) 稻红瓢虫 稻红瓢虫［*Micraspis discolor*（Fabricius)］，体长3.7～5.0毫米，体宽3.0～4.0毫米。虫体周缘卵形，末端收窄。全体红色至橘红色，头部、前胸背板和腹面的基色常浅于鞘翅的色泽，复眼黑色。前胸背板沿基缘的中部有弧形黑斑或少数独立的黑斑，鞘翅缝黑色，鞘翅的外缘常有黑色的细窄的边缘。

稻红瓢虫

寄主：蚜虫。

(5) 六斑月瓢虫 六斑月瓢虫［*Menochilus sexmaculatus*（Fabricius)］，体长5.0～6.6毫米，体宽4.0～5.3毫米。虫体长圆形，呈弧形拱起。头部黄白色，有时候前额的中部有三角形的黑斑。复眼黑色，小盾片黑色。鞘翅红色至橘红色，鞘翅缝黑色，鞘翅的周缘黑色，每一鞘翅上有三条黑色的横带。

寄主：桃蚜、橘蚜、绣线菊蚜、棉蚜。

六斑月瓢虫成虫

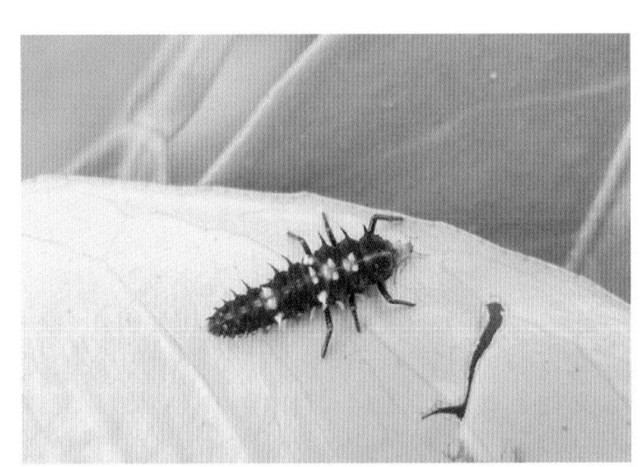
六斑月瓢虫幼虫捕食蚜虫

六斑月瓢虫幼虫捕食蚜虫

六斑月瓢虫幼虫和蛹体

(6) 龟纹瓢虫 龟纹瓢虫［*Propylea japonica*（Thunberg)］，体长3.2～4.2毫米，体宽2.6～3.2毫米。虫体周缘长圆形，弧形拱起，表面光滑。基色黄色而带有龟纹状黑色斑纹。头部雄虫前额黄色而基色在前胸背板之下黑色，雌虫前额有1个三角形的黑斑，有时候扩大至全头黑色。鞘翅上的黑斑常有变异，黑斑扩大相连或黑斑缩小而成独立的斑点，有时甚至黑斑消失。

寄主：蚜虫。

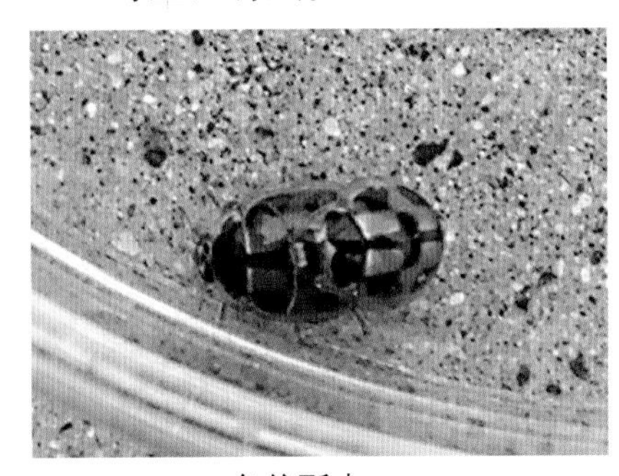
龟纹瓢虫

龟纹瓢虫雌虫

龟纹瓢虫雄虫

龟纹瓢虫

龟纹瓢虫

龟纹瓢虫

（7）十斑大瓢虫　十斑大瓢虫［*Megalocaria dilatata*（Fabricius）］，体长9.0～13.0毫米，体宽8.2～12.0毫米。虫体基色为橙黄色至橘红色，前胸背板两侧近基部各有一黑斑，小盾片黑色。每一鞘翅上各有5个大小相似的黑斑，黑斑呈1、2、2排列，鞘翅外缘有黑色的细边，鞘翅中部内侧有一黑斑。前胸腹板纵隆线伸达3/4处，中胸腹板前缘中部凹入达腹板长度的1/2，中央有一半圆形深凹。

寄主：绣线菊蚜、棉蚜、橘蚜。

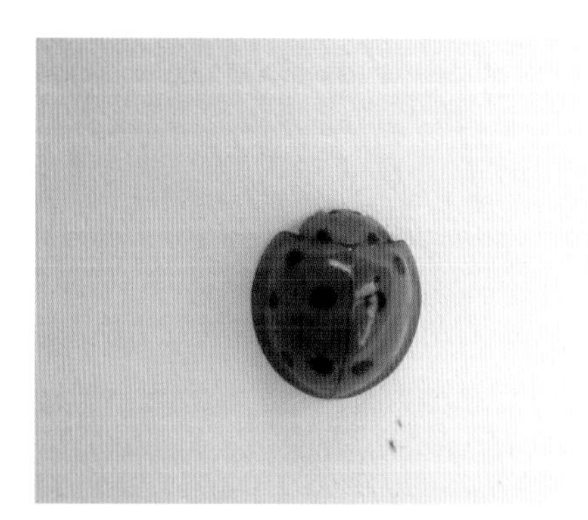

十斑大瓢虫

（8）纤丽瓢虫　纤丽瓢虫［*Harmonia sedecimnotata*（Fabricius）］，体长6.0～7.2毫米，体宽5.0～6.1毫米。复眼黑色或灰黑色，卵圆形。前胸背板基部两侧各有一黑斑，小盾片黑色。每一鞘翅上各有8个较小的黑斑，呈2、3、2、1排列。

寄主：蚜虫。

纤丽瓢虫

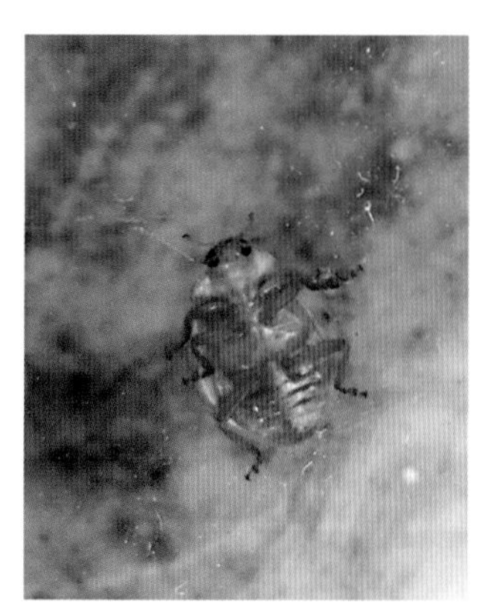

纤丽瓢虫（腹面）

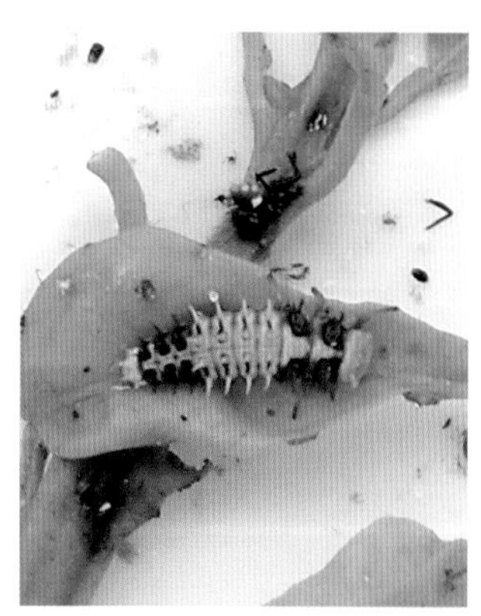

纤丽瓢虫幼虫

纤丽瓢虫蛹

(9) 深点食螨瓢虫　深点食螨瓢虫（*Stethorus punctillum* Weise），体长1.3～1.4毫米，宽1.0～1.1毫米。虫体卵圆形，匀称，中部最宽。黑色，但口器及触角褐黄色，有时候唇基也是黄褐色。足股节基部黑褐色，末端或端部褐黄色，胫节及跗节亦为褐黄色。

寄主：柑橘红蜘蛛。

深点食螨瓢虫

(10) 广东食螨瓢虫　广东食螨瓢虫（*Stethorus cantonensis* Pang），体长1.36～1.46毫米，体宽1.0～1.02毫米。卵圆形，中部最宽。全体黑色，但唇基至两复眼之间的下半部为黄色。触角、口器、股节末端、胫节及跗节黄色，基节及股节的大部分为黄褐色。后基线宽阔，平滑，后缘伸至第一可见腹板长度之半而后向前弯曲到达靠近前缘角处。

寄主：柑橘红蜘蛛及其他叶螨类。

广东食螨瓢虫捕食红蜘蛛

广东食螨瓢虫

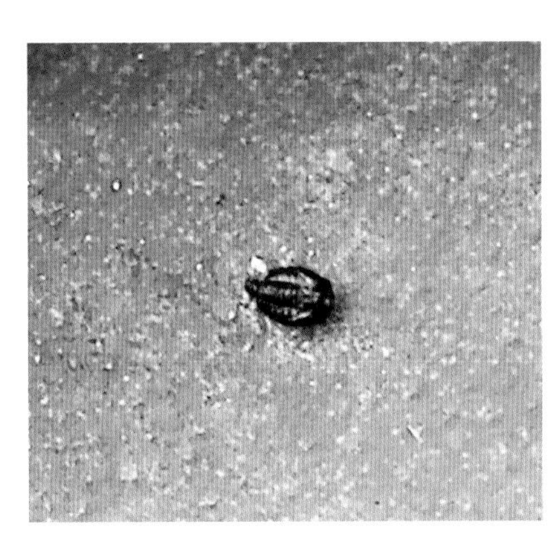

广东食螨瓢虫蛹体

(11) 红点唇瓢虫　红点唇瓢虫（*Chilocorus kuwanae* Silvestri），体长5.2～6.4毫米，体宽4.0～5.0毫米。虫体周缘近圆形。背面黑色而有光泽，每一鞘翅的中央各有一黄褐色至红褐色的椭圆形斑。腹面胸部及缘折黑色，腹面褐黄色。足黑色，但跗节褐色。鞘翅外缘有细窄的隆起线，肩胛明显。

寄主：蚜虫、介壳虫等。

红点唇瓢虫

(12) 十斑盘瓢虫　十斑盘瓢虫［*Lemnia bissellata*（Mulsant）］，体长5.4～5.6毫米，体宽4.6～4.8毫米。虫体周缘近于圆形，呈半球形拱起。体色基色为橙黄色至橘红色。头部、复眼均为黑色。前胸背板中线两侧具有基部相连的齿形斑，近侧缘后角处具小型黑点。小盾片黑褐色。两鞘翅具黑色斑点10个，其中2个位于鞘翅缝的1/3及5/6处，将鞘翅分割成相等的两半。

寄主：蚜虫。

十斑盘瓢虫

（13）四斑月瓢虫 四斑月瓢虫［*Chilomenes quadriplagiata*（Swartz）］，体长4.4～6.4毫米，体宽4.0～5.6毫米。虫体周缘椭圆形。头部黄白色，复眼黑色。前胸背板黑色，两侧各有黄白色的四边形斑，前缘黄白色呈带状与两侧斑相连。小盾片黑色。鞘翅基色为黑色，在基部1/4部分几乎完全被一橘红色的横斑所占有，鞘缝、基缘和外缘只留极窄的黑边，该斑的后缘极不整齐，常有一条黑色的条纹向前伸达肩胛，在鞘翅2/3处中线和内线之间另有一不规则的橘红色斑，略呈三角形。

寄主：蚜虫。

四斑红瓢虫

四斑月瓢虫捕食蚜虫

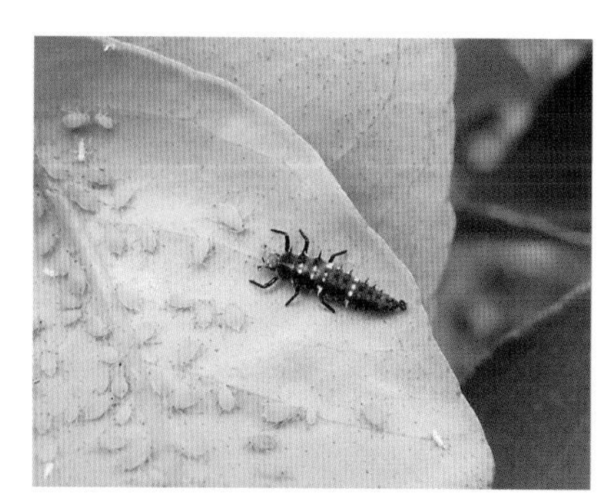

四斑月瓢虫幼虫

（14）红肩瓢虫 红肩瓢虫［*Leis dimidiata*（Fabricius）］，体长7.0～9.6毫米，体宽7.0～9.6毫米，虫体周缘近于圆形，突肩型拱起。虫体基色为橙黄至橘红色。复眼黑色。前胸背板中线基部两侧各有一黑斑，两者彼此相连。小盾片黑色，正三角形。每一鞘翅上各有7个黑斑，呈1、3、2、1排列；前胸背板纵隆线互相平行，伸达中部。鞘翅缘折后胸处最宽，其宽度达胸宽的1/3。

寄主：蚜虫。

红肩瓢虫点肩变型蛹壳和成虫

红肩瓢虫点肩变型捕食蚜虫

红肩瓢虫点肩变型幼虫

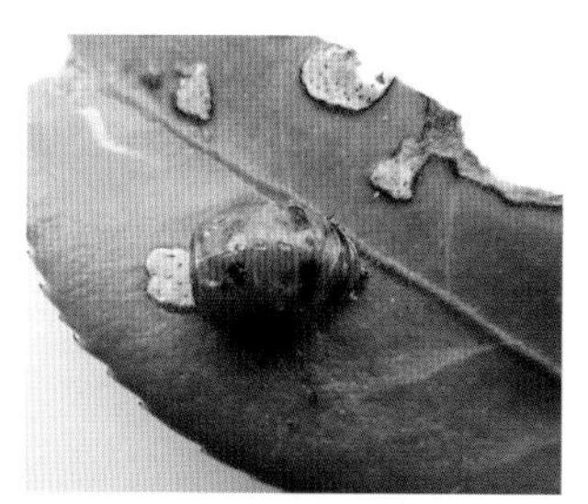

红肩瓢虫点肩变型蛹

（15）拟小食螨瓢虫 拟小食螨瓢虫（*Stethorus parapauperculus* Pang），体长0.96～1.20毫米，体宽0.72～0.92毫米。虫体卵圆形，最宽处在虫体中部，末端较收窄，拱起。腹面较突起。全体黑色，背面被灰白色细毛。后基线宽阔，伸展超过第一可见腹板之半而后向前弯曲到达近前缘角处。

寄主：柑橘红蜘蛛。

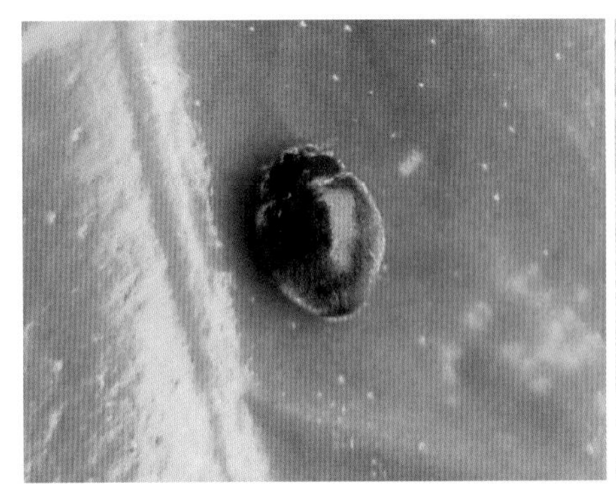
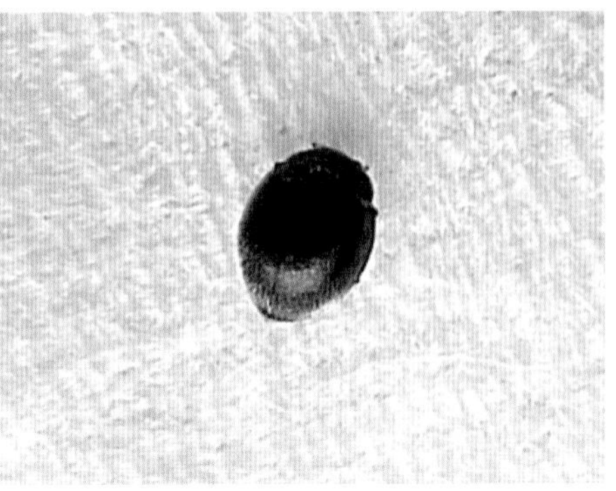

拟小食螨瓢虫

（16）闪蓝红点唇瓢虫　闪蓝红点唇瓢虫（*Chilocorus chalybeatus* Gorham），体长5～5.7毫米，宽4.3～5.0毫米。虫体周缘近圆形，端部较收窄。头部黑色至黑褐色。前胸背板黑色，但前角有细窄的红棕色边缘。小盾片黑色，鞘翅基色黑色，在鞘翅上各有1个橙黄色近圆形斑点，斑点位于中部之前，其宽度相当于鞘翅最宽处的1/2，斑点的周缘距鞘缝较近而距鞘翅外缘较远。背面的黑色部分反射带蓝色的金属光泽。

寄主：柑橘红蜡蚧和盾蚧亚科的介壳虫。

闪蓝红点唇瓢虫

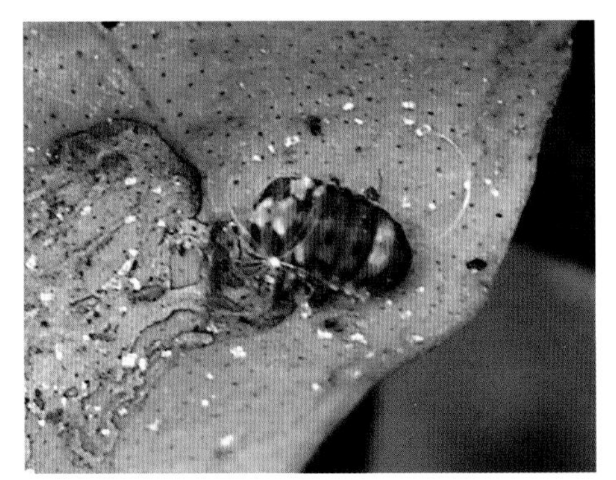

闪蓝红点唇瓢虫蛹

（17）细缘唇瓢虫　细缘唇瓢虫［*Chilocorus circumdatus*（Gyllenhal）］，体长5.2～6.0毫米，体宽4.5～5.0毫米。虫体周缘近于圆形。背面褐黄色至淡红色，鞘翅外缘有分界明显的黑或褐色的边缘。前胸背板前侧突伸至唇基之前，上被细毛，后缘呈波浪起伏。

寄主：褐圆蚧及盾蚧亚科的多种介壳虫。

细缘唇瓢虫

（18）狭臀瓢虫　狭臀瓢虫（*Coccinella transversalis* Thunberg），体长5.6～7.2毫米，体宽4.4～4.8毫米。虫体周缘椭圆形，后部急剧狭缩。头黑色，复眼黑色，在其内侧有小型黄斑。前胸背板黑色，在其前角有近长方形黄斑。小盾片黑色。鞘翅基色为红黄色而有黑色的斑纹。在小盾片下黑色部分向两侧扩展成圆形斑，在末端向外扩展成三角形斑；每一鞘翅上各有3列黑色斑纹，前斑为“人”形，中斑位于鞘翅的2/3处，向内与鞘翅纹连接而形成横带，后斑位于鞘翅的4/5处的外缘上，有时与鞘缝纹外伸部分相连。

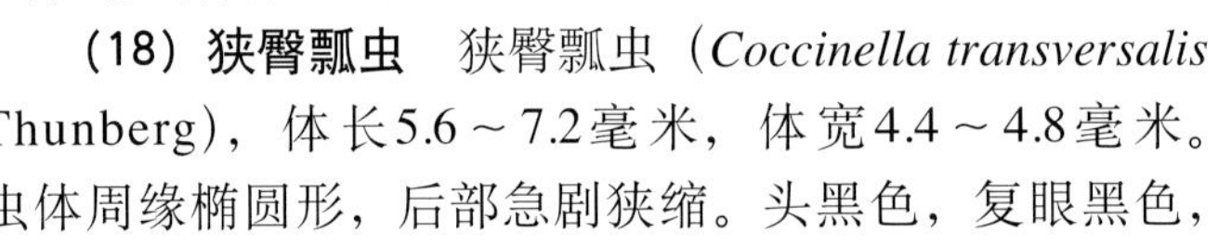

狭臀瓢虫

寄主：棉蚜、橘蚜、绣线菊蚜。

（19）异色瓢虫　异色瓢虫［*Harmonia axyridis*（Pallas）］，体长5.4～8.0毫米，体宽3.8～5.2毫米。虫体周缘卵圆形，突肩形拱起，但外缘向外平展部分较窄。虫体背面的色泽及斑纹变异较大。头部橙黄色或橙红色至全黑色。前胸背板浅色而有一“M”形黑斑，向深色型变异时该黑色部分扩展相连，以至中部全

为黑色仅两侧浅色；向浅色型变异时该斑黑色部分缩小而留下4个或2个黑点。小盾片橙黄色至黑色。鞘翅上各有9个黑斑，向深色型变异时斑点相连而成网形斑，或鞘翅黑色而各有6个、4个、2个或1个浅色斑，甚至全为黑色；向浅色型变异时鞘翅上的黑点部分消失以至全部消失，甚至鞘翅全为橙黄色。鞘翅近末端（7/8）处有一明显的横脊痕。

寄主：蚜虫、柑橘木虱、棉铃虫的卵和幼虫。

异色瓢虫

（20）双带盘瓢虫 双带盘瓢虫［*Lemnia biplagiata*（Swartz）］，体长5.0～6.5毫米，体宽4.6～5.2毫米。虫体周缘近圆形。前胸背板黑色，两侧各有一个大型的白斑。小盾片黑色。鞘翅黑色，每一鞘翅的中央各有一横置的红黄色斑，斑的前缘有2～3个波状纹。腹面周缘黑色，鞘翅缘折内侧前面部分为黄色，胸、腹中央黑色，中、后胸侧片黄色。触角前胸背板缘前部内侧有一明显的圆形凹陷。

寄主：有多种蚜虫。

双带盘瓢虫

双带盘瓢虫

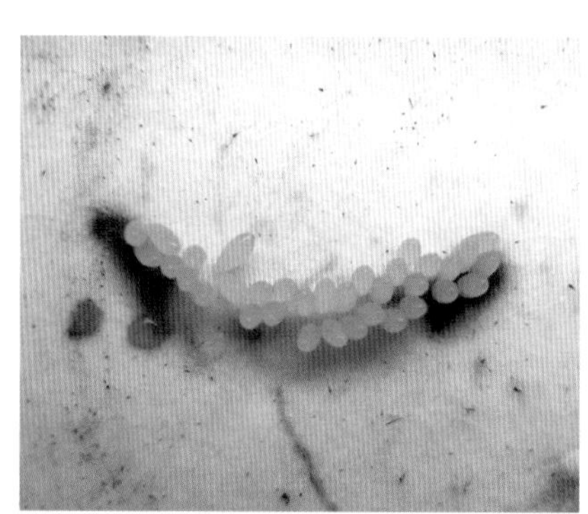

双带盘瓢虫卵

双带盘瓢虫初孵幼虫

双带盘瓢虫幼虫捕食蚜虫

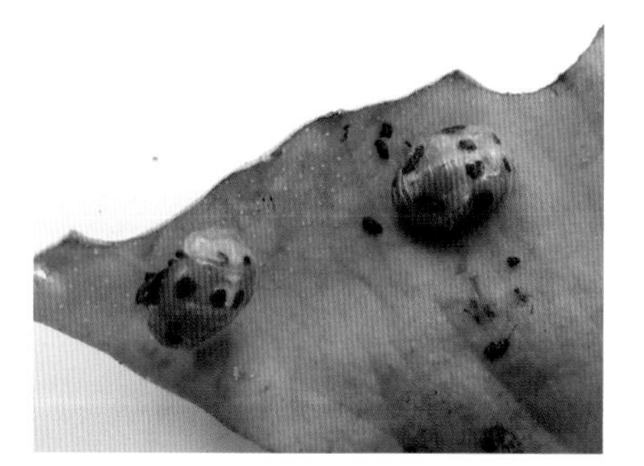

双带盘瓢虫蛹

（21）细纹裸瓢虫 细纹裸瓢虫［*Bothrocalvia albolineata*（Gyllenhal）］，体长5.0～6.2毫米，宽3.9～4.0毫米。虫体周缘卵圆形。基色为栗褐色而有黄色的纵条纹，前胸背板近后缘有1对呈“八”形排列的长形斑，鞘翅上各有10条黄色纵纹，第一条纵纹自肩角向下沿外缘伸达1/3处与第二条纵纹相连接；第二条纵纹自基部外侧1/5处伸达端角，同内侧的2条汇合连接并分别在肩胛部分和1/6端角上形成闭合的小室；第三及第四条纵纹在中线和内线上，前端自基缘伸出，后部在3/4处汇合为一条，伸向端角而与第二条纹相汇合。

寄主：蚜虫。

细纹裸瓢虫

(22) 红颈瓢虫 红颈瓢虫（*Synona consanguinea* Poorani, Slipinski et Booth），体长6.6～7.2毫米，体宽5.8～6.6毫米。虫体周缘近圆形。头部橘黄色至橘红色，复眼黑色。前胸背板橘红色。小盾片及鞘翅全为黑色。腹面除鞘翅缘折黑色外，其余部分黄褐色。前胸背板缘折前面部分的内侧有圆形的内凹。鞘翅缘折有凹陷承受股节末端。前胸腹板有纵隆线。胫节上有二刺距。

寄主：棉蚜、橘蚜、绣线菊蚜，柑橘粉虱。

红颈瓢虫

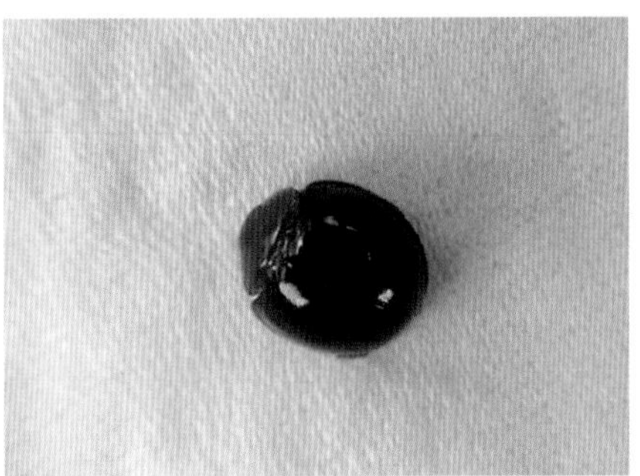

红颈瓢虫（背面）

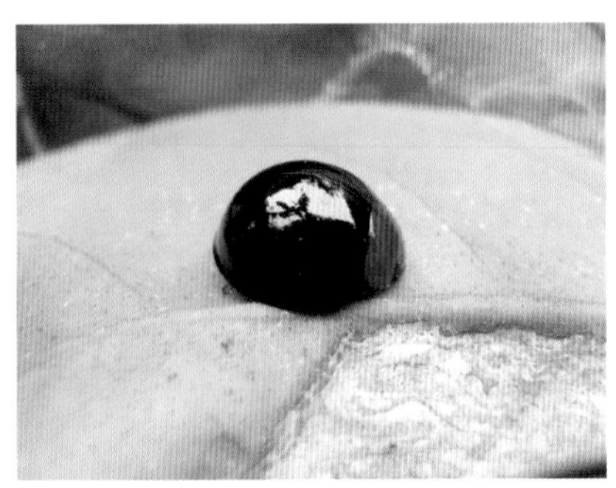

红颈瓢虫（侧面）

(23) 变斑隐势瓢虫 变斑隐势瓢虫［*Cryptogonus orbiculus* (Gyllenhal)］，体长2.2～2.8毫米，宽1.9～2.2毫米。虫体周缘短卵形，拱起。毛被较短、疏、灰黄色。雄性头部黄色，雌性头部黑色。前胸背板黑色，前缘棕红色，两前角上各有1个浅色斑。小盾片黑色。鞘翅黑色，在鞘翅上各有1个黄褐色至红褐色的斑点，一般圆形，位于鞘翅中央之后。鞘翅上的斑点变异较大，有变小、消失至鞘翅全为黑色，有扩大而成卵形，鞘翅后面部分出现浅色的末端而与圆斑相连成特殊的斑纹形态；还有少数个体鞘翅黑色，外缘出现橙黄色的环形斑，而鞘翅中央黑色。

寄主：蚜虫及介壳虫。

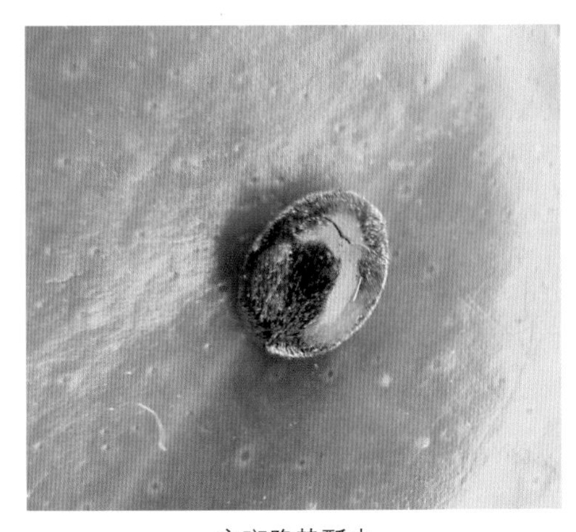

变斑隐势瓢虫

粗网盘瓢虫

（24）粗网盘瓢虫 粗网盘瓢虫（*Coelophora chinensis* Weise），体长4.0～4.4毫米，宽3.4～3.8毫米。雄性头部黄色，雌性头部黑色。前胸背板黑色，两前角各有1个黄色大斑，几乎伸达后角。小盾片黑色。鞘翅黑色，具有3个黄色大斑，前面2个长圆形斑并列，后面1个卵圆形斑，位于鞘翅的端部。

寄主：蚜虫。

（25）七星瓢虫 七星瓢虫（*Coccinella septempunctata* Linnaeus），体长5.2～7.0毫米，体宽4.0～5.6毫米。虫体周缘卵圆形。头黑色，额和复眼相连的边缘上各有1个圆形淡黄色斑。前胸背板黑色，在其前角上各有1个大型近于四边形的淡黄色斑，伸展至缘折上形成窄条。小盾片黑色。鞘翅基色红色或橙黄色，两鞘翅上共有7个黑斑。鞘翅基部靠小盾片两侧各有1个小三角形白斑。

寄主：蚜虫。

七星瓢虫

七星瓢虫头部

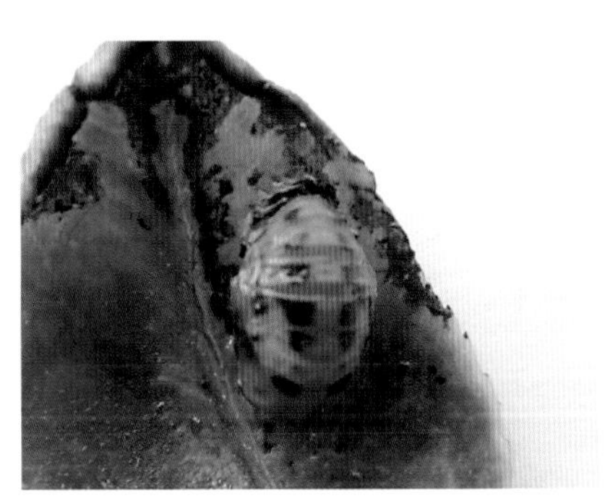

七星瓢虫蛹

艳色广盾瓢虫

（26）艳色广盾瓢虫 艳色广盾瓢虫（*Platynaspis lewisii* Crotch），体长3.0～3.5毫米，宽2.0～2.6毫米。虫体周缘近圆形，拱起，略具光泽。前胸背板黑色至黑棕色，两肩角上有黄斑，前缘有黄色的窄带，雄性的黄色部分常较大，雌性的黄色部分常较小，或缩小或消失。小盾片黑棕色。鞘翅的基缘、鞘缝及外缘均为黑色，鞘缝1/3处的缝斑呈弧形增宽，每一鞘翅上各有2个黑色斑点，呈前后排列。鞘翅的浅色部分为红棕色，在前后2个黑斑间有黄色长圆形的大斑。

寄主：蚜虫。

（27）四斑广盾瓢虫 四斑广盾瓢虫（*Platynaspis maculosa* Weise），体长2.6～3.0毫米，体宽2.0～2.4毫米。虫体周缘近圆形，拱起，具白色短毛。前胸背板黑色，有黄色至黄棕色的侧斑，侧斑雄性较大而雌性较窄。小盾片黑色。鞘翅黄色至棕红色。鞘缝黑色，与基部1/3处鞘缝呈弧状增宽，鞘翅端部的外缘黑色，每一鞘翅上各有2个前后排列的黑斑，鞘翅的浅色部分如为黄色，则其外缘及鞘翅缝斑的色泽近于棕红色。

寄主：蚜虫。

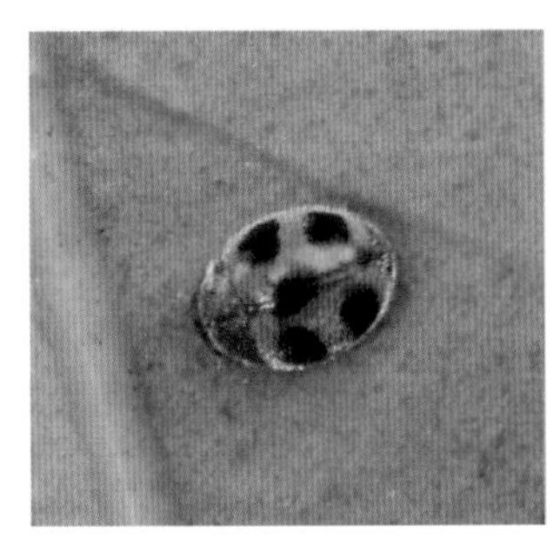

四斑广盾瓢虫

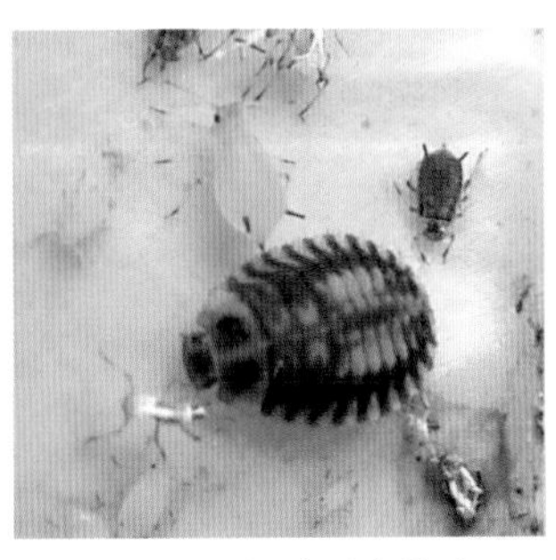

四斑广盾瓢虫幼虫

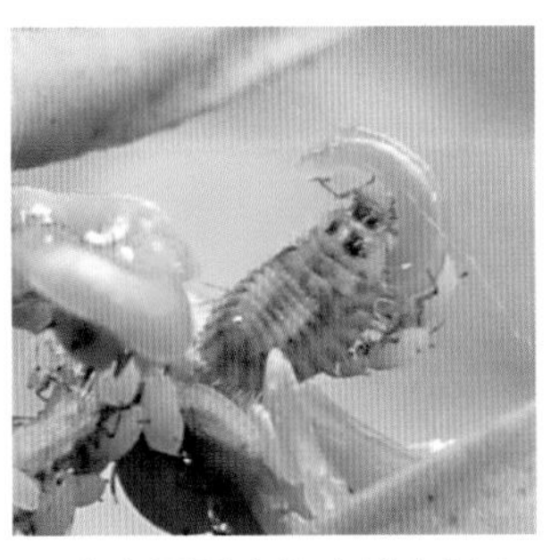

四斑广盾瓢虫幼虫捕食蚜虫

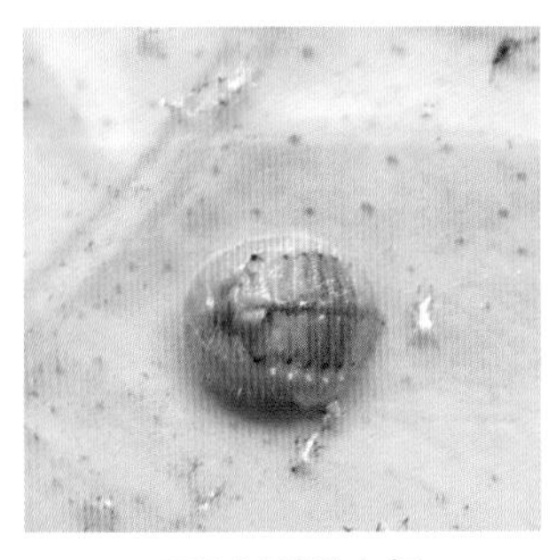

四斑广盾瓢虫蛹

(28) 华鹿瓢虫 华鹿瓢虫（*Sospita chinensis* Mulsant）又称华裸瓢虫。体长7.0～7.2毫米，体宽4.0～4.4毫米。虫体周缘长椭圆形，鞘翅末端收窄。基色为栗褐色而有浅黄色的斑纹。前胸背板前角有浅黄色斑，有时候中线中部也有黄色纵纹。小盾片与基色相同。鞘翅上各有5个浅黄色斑。

寄主：蚜虫。

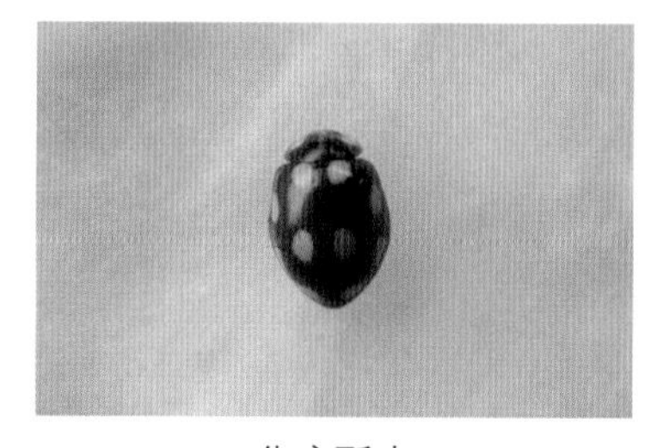

华鹿瓢虫

(29) 梯斑巧瓢虫 梯斑巧瓢虫［*Oenopia scalaris*（Timberlake）］，体长3.8～4.0毫米，体宽2.6～3.0毫米。虫体周缘卵圆形，稍拱起，体色黑色。头部前缘黄色。前胸背板前缘具不规则的黄白色斑纹，鞘翅基色黑色，每一鞘翅各具3个直线排列的斑纹，1个黄白色斑纹位于基部，2个橙黄色至橘红色斑纹则位于中后部，翅缘具不规则黄白色条纹。小盾片黑色。

寄主：蚜虫。

梯斑巧瓢虫

(30) 圆斑弯叶毛瓢虫 圆斑弯叶毛瓢虫［*Nephus ryuguus*（Kamiya）］，体长2.1～2.9毫米，体宽1.5～2.4毫米。体长卵形，头部除触角及口器外均为黑色，前胸背板黑色，小盾片黑色。鞘翅黑色而于每一鞘翅中部之后有一近圆形的红斑。

寄主：柑橘粉蚧。

圆斑弯叶毛瓢虫

(31) 中华显盾瓢虫 中华显盾瓢虫［*Hyperaspis sinensis*（Crotch）］，体长2.0～3.1毫米，体宽1.5～2.4毫米。虫体周缘卵圆形，瓢形拱起。前胸背板黑色，两侧各有一个近方形的黄斑（雄）或全为黑色（雌）。鞘翅基色黑色，各鞘翅在中部稍后于中线之外有一近圆形的红斑。

寄主：蚜虫、软体介壳虫，有时取食粉虱。

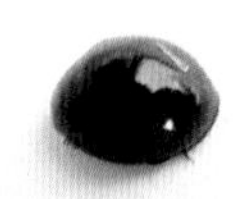

中华显盾瓢虫

(32) 台湾巧瓢虫 台湾巧瓢虫［*Oenopia formosana*（Miyatake）］，体长3.6～4.0毫米，体宽2.8～3.2毫米。体近半圆形或卵圆形，稍拱起。体背黑色，具有橙黄色斑点。前胸背板前角具1个大型长斑，前缘约占背板前缘的1/4，侧缘向后伸至后角的前方。鞘翅各具3个近圆形橙黄色斑点，呈弧形排列。

寄主：蚜虫。

台湾巧瓢虫

(33) 黄宝盘瓢虫 黄宝盘瓢虫［*Propylea luteopustulata*（Mulsant）］，体长4.5～5.5毫米，体宽3.5～4.9毫米。虫体周缘椭圆形，强度拱起。头部褐黄色。前胸背板黑色，两前角各有一黄褐色斑与前缘黄褐色带相连。小盾片黑色，鞘翅颜色斑纹变化较大。鞘翅黑色，每鞘翅上或具有5个黄斑呈2、2、1排列，或4个黄斑，或前面两个黄斑相连形成两条黄色横带，或前后横带相连；鞘翅黄褐色者，每鞘翅上或具有5个黑斑呈3、2排列，或4个黑斑呈2、1、1排列。

寄主：蚜虫。

黄室龟瓢虫

(34) 黄斑盘瓢虫 黄斑盘瓢虫（*Coelophora saucia* Mulsant），体长5.8～7.0毫米，体宽4.8～6.0毫米。虫体周缘近圆形。头部橙黄色（雄）或黑色（雌），复眼黑色。前胸背板黑色，两侧各有一大型的橙黄色斑。鞘翅基色黑色，每一鞘翅中央有一近椭圆形的黄斑。

寄主：蚜虫。

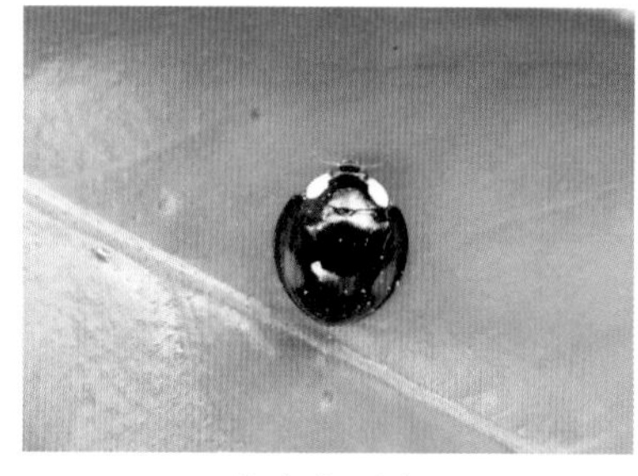

黄斑盘瓢虫

黄斑盘瓢虫蛹

（35）八斑和瓢虫 八斑和瓢虫［*Harmonia octomaculata*（Fabricius）］，体长5.6～7.0毫米，体宽4.0～5.0毫米。虫体周缘卵形。头部橙黄色，复眼黑色或带有浅色的外环。前胸背板几乎全为黑色，仅前缘及侧缘黄褐色。小盾片黑色。鞘翅橙黄色至黄褐色，各有4条不整齐的横带，鞘翅缝黑色。鞘翅上的黑斑常有变异：黑色的横带常中断而形成不规则的斑点，或部分黑斑消失，以至鞘翅全为黄色。

寄主：蚜虫。

八斑和瓢虫

（36）黑襟毛瓢虫 黑襟毛瓢虫［*Scymnus (Neopullus) hoffmanni* Weise］，体长1.9～2.2毫米，体宽1.4～1.5毫米。虫体周缘长椭圆形，弧形拱起，背面密被黄白色毛。前胸背板暗红褐色，中部有一大型黑斑。小盾片黑色。鞘翅基色为红褐色，由鞘翅的基部小盾片两侧、沿鞘翅缝形成一个基部宽阔、末端收窄的黑色斑，鞘翅的两侧亦为黑色。

寄主：蚜虫和叶螨类。

黑襟毛瓢虫

黑襟毛瓢虫（腹面）

（37）连斑毛瓢虫 连斑毛瓢虫（*Scymnus quadrivulneratus* Mulsant），体长2.8～3.1毫米，体宽2.0～2.2毫米。虫体周缘短卵形，鞘翅两侧中部稍近平行。雄虫头部棕黄色，雌虫头部黑色。前胸背板黑色而两前角棕黄色。小盾片黑色。鞘翅黑色，各有前后排列的两个浅黄棕色斑点，前斑可伸达边缘，前后两斑往往扩大互相连接而成葫芦形的斑点。

寄主：蚜虫和叶螨类。

连斑毛瓢虫

（38）后斑小瓢虫 后斑小瓢虫［*Scymnus*（*Pullus*）*posticalis* Sicard］，体长2.0～2.4毫米，体宽1.4～1.6毫米。体卵形，中度拱起，被淡黄白色细毛。头淡黄棕色；前胸背板黄棕色，基部有1个三角形黑斑，或黑斑扩大，仅前侧缘棕色。小盾片黑色，鞘翅黑色，端部1/6黄棕色。

寄主：蚜虫、粉虱等。

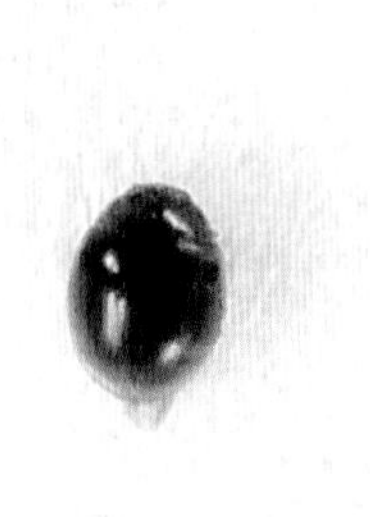

后斑小瓢虫

后斑小瓢虫幼虫捕食蚜虫

后斑小瓢虫蛹

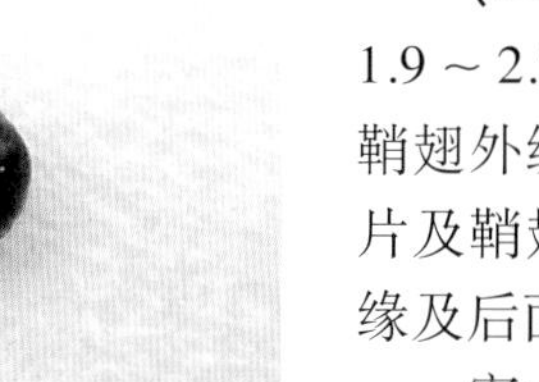

刀角瓢虫

（39）刀角瓢虫 刀角瓢虫（*Serangium japonicum* Chapin），体长1.9～2.2毫米，体宽1.3～1.6毫米。虫体周缘短卵圆形，背面明显拱起，鞘翅外缘向外平展。背面有光泽，被稀疏细毛。前胸背板黑棕色，小盾片及鞘翅黑棕色。腹面前胸背板缘折、鞘翅缘折、前胸腹板及腹部的外缘及后面部分棕红色。

寄主：柑橘黑刺粉虱及其他粉虱、蜡蚧。

(40) 台湾隐势瓢虫 台湾隐势瓢虫［*Cryptogonus horishanus*（Ohta）］，体长1.7～2.4毫米，体宽1.4～1.8毫米。虫体短卵形，背面拱起。雄性头部黄色，雌性头部黑色。前胸背板黑色，前缘及两前侧角黄棕色。小盾片黑色。鞘翅黑色，其上各有1个横圆形斑，黄褐色至橙黄色，位于中部稍后。

寄主：桃蚜和橘蚜。

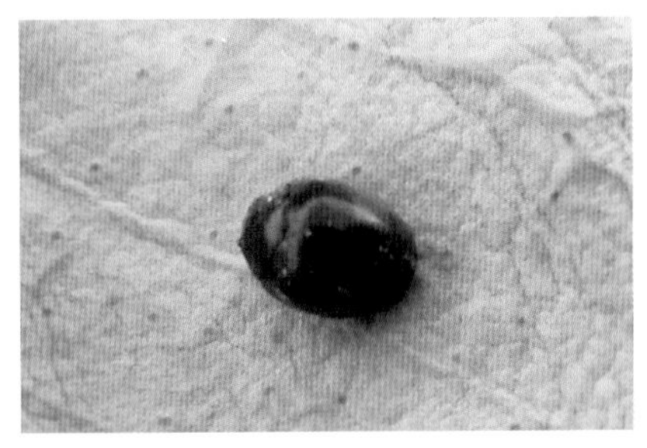

台湾隐势瓢虫

台湾隐势瓢虫在捕食蚜虫

台湾隐势瓢虫蛹

(41) 十二斑奇瓢虫 十二斑奇瓢虫［*Alloneda dodecaspilota*（Hope）］，体长7.5～8.3毫米，体宽7.2～7.6毫米。虫体呈半球形，强度拱起。头部黄褐色，触角、口器栗褐色。复眼黑色。前胸背板黄色，基部左右各一个方形大黑斑，紧接基缘。小盾片黄色。鞘翅基色黄色，鞘翅共有10个近圆形黑斑，其中2个为缝斑，鞘翅末端的缝斑稍小，每鞘翅4个独立的黑斑呈1、2、1排列，互不相连。

寄主：蚜虫。

十二斑奇瓢虫

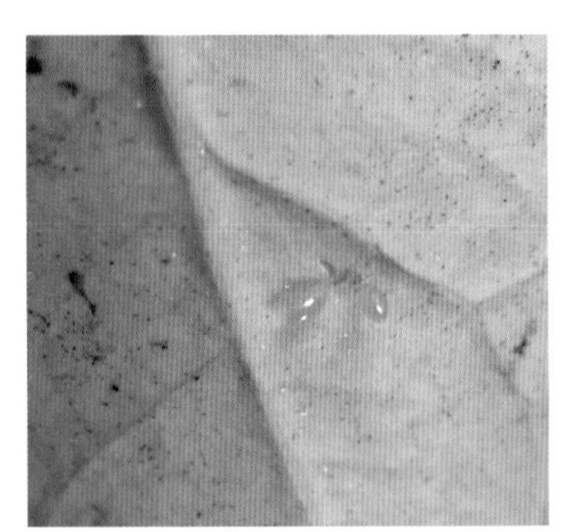

十二斑奇瓢虫卵粒

(42) 红星盘瓢虫 红星盘瓢虫［*Phrynocaria congener*（Billberg）］，体长3.5～4.4毫米，体宽3.0～4.0毫米。虫体近圆形，呈半球形拱起。体黑色。雌性头部黑色，雄性头部橙黄色。前胸背板黑色，雌性带有橙黄色的前缘及侧缘，或在两侧具橙黄色大斑，雄性斑延伸达两侧边缘。小盾片黑色。鞘翅黑色，在外线及内线之间距鞘翅基部1/3处有一橙黄色至橘红色的近六角形斑。本种鞘翅斑纹变异较大。

寄主：蚜虫、粉虱。

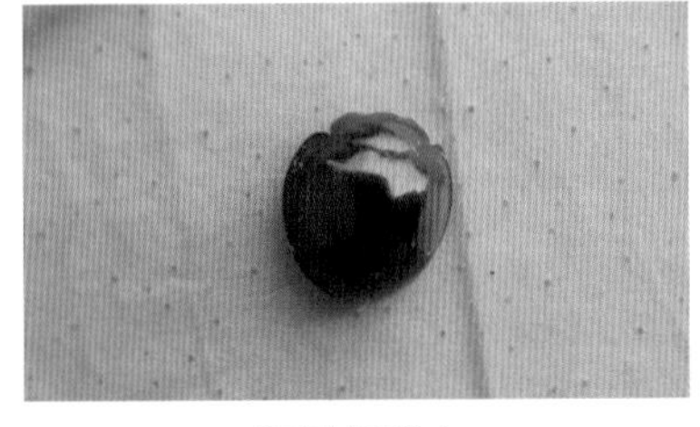

红星盘瓢虫

(43) 扭叶广盾瓢虫 扭叶广盾瓢虫［*Platynaspis gressitti*（Miyatake）］，体长2.9毫米，体宽2.1毫米。虫体周缘广卵圆形，拱起。头黑色。前胸背板黑色，前缘黄色，两侧有黄色的纵带。小盾片黑色。鞘翅黑色，每一鞘翅上有两个黄褐色至橙红色斑，前后排列，前斑较大，略呈横置的四边形，位于鞘翅中部之前，后斑较小，近圆形，位于距鞘翅基部的4/5。

寄主：蚜虫。

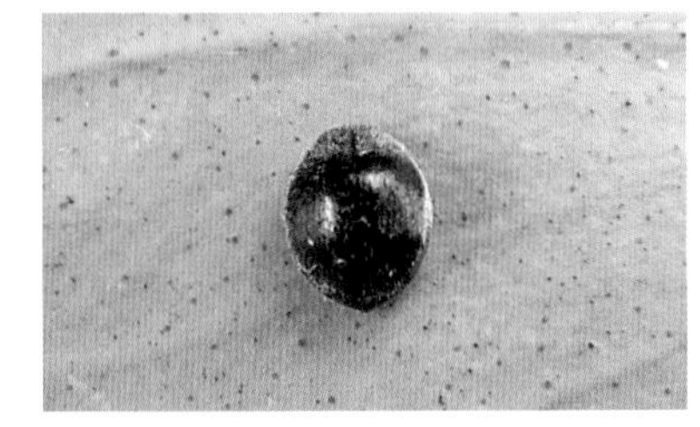

扭叶广盾瓢虫

(44) 黄缘巧瓢虫 黄缘巧瓢虫（*Oenopia sauzeti* Mulsant），体长4.0毫米左右，雄虫头部黄白色，雌虫头部黑色。体椭圆形，呈半球拱起。复眼黑色。前胸背板黑色，前角上各有1个四边形黄白色斑，沿外缘伸至后角。小盾片黑色。鞘翅黄色，基缘及周缘黑色或黑褐色，鞘缝黑色，在中央部分扩展为横椭圆黑色斑，近端部扩大为横的黑色斑。每个鞘翅上各有2个大黑斑。

寄主：蚜虫。

黄缘巧瓢虫

（45）臀斑隐势瓢虫　臀斑隐势瓢虫［*Cryptogonus postmedialis* Kapur］，体长2.5毫米，宽2.0毫米。体短卵形，两侧较平直，背面拱起。雄虫头部黄色，雌虫头部黑色。前胸背板黑色，前缘红褐色，雄虫的前胸背板两前角有黄色的三角形侧斑。小盾片黑色。鞘翅黑色，端部各有一橙红色至橙黄色的斑点，斑点圆形，或横卵形，或横置的肾形，有时该斑向后扩大至鞘翅的末端，但末端的外缘及鞘翅仍保留黑色的边缘，或该斑缩小，以至鞘翅全为黑色。

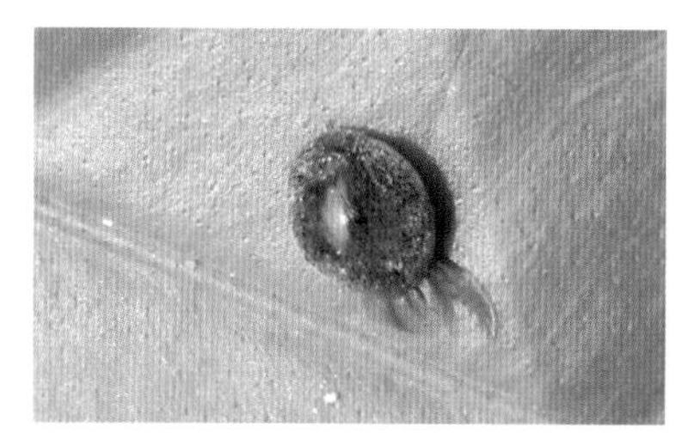

臀斑隐势瓢虫

寄主：蚜虫等。

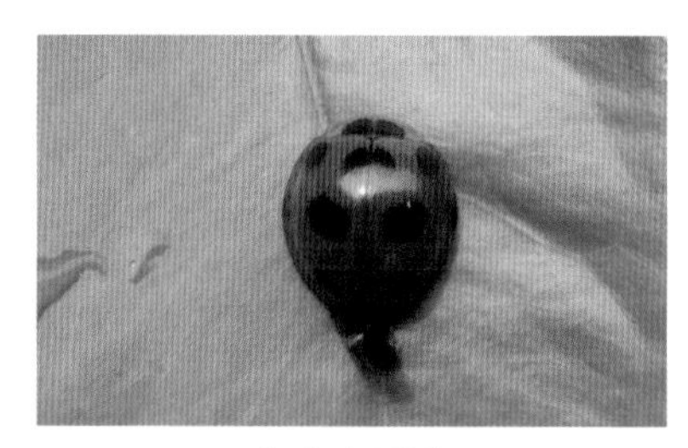

九斑盘瓢虫

（46）九斑盘瓢虫　九斑盘瓢虫［*Lemnia duvauceli* (Mulsant)］，体长10.0毫米，宽8.0毫米。体宽卵形，半球形拱起。头部、唇基褐色，复眼黑色。前胸背板棕褐色，中部有两个近四边形黑斑，与鞘翅后缘相连。小盾片及鞘翅棕褐色，两鞘翅共9个黑斑，其中两鞘翅的小盾斑相连成鞘缝斑，位于鞘翅基部的1/3处，其余各斑呈1、2、1排列。

寄主：蚜虫。

（47）黑囊食螨瓢虫　黑囊食螨瓢虫［*Stethorus* (*Stethorus*) *aptus* Kapur］，体长1.4毫米，宽1.1毫米。虫体卵圆形，中部最宽，末端稍收窄。头部黑色，但唇基前缘红褐色，触角及口器黄色，股节大部分褐色。

寄主：柑橘红蜘蛛、朱沙叶螨，甘蔗、木瓜和桃树上的叶螨等。

黑囊食螨瓢虫

3.寄生蜂

寄生蜂属膜翅目，有黑卵蜂科、茧蜂科、小茧科、旋小蜂科、金小蜂科、跳小蜂科、姬蜂科等靠寄生生活的多种昆虫。寄生在鳞翅目、鞘翅目、膜翅目和双翅目等昆虫的幼虫、蛹和卵里，能够消灭被寄生的昆虫。

（1）橙黄蚜小蜂（*Encarsia* sp.）　寄主：柑橘粉虱。

（2）黑卵蜂（*Telenomus euproctidis* Wilicox）　寄主：蛾类卵粒。

（3）绒茧蜂［*Apanteles ruficrus* (Haliday)］　寄主：鳞翅目蝶类、蛾类幼虫。

（4）小绒茧蜂（*Apanteles* sp.　寄主：鳞翅目尺蛾类幼虫。

（5）荔蝽卵平腹小蜂（*Anastatus* sp.）　寄主：椿象卵。

（6）荔蝽卵跳小蜂（*Ooencyrtus* sp.）　寄主：半翅目卵及鳞翅目卵均能寄生。

（7）螟蛉悬茧姬蜂［*Charops bicolor* (Szepligeti)］　寄主：尺蠖类幼虫和多种鳞翅目幼虫。

（8）松毛虫绒茧蜂［*Apanteles ordinarius* (Ratzeburg)］　寄主：造桥虫、卷叶虫、松毛虫、刺蛾类幼虫等。

（9）凤蝶蛹金小蜂［*Pteromalus puparum* (Linnaeus)］　寄主：玉带凤蝶蛹、柑橘凤蝶蛹等。

（10）广大腿小蜂［*Brachymeria lasus* (Walker)］　寄主：蛾类幼虫，广泛性寄生蜂。

（11）粉蚧蓝绿跳小蜂（*Clausenia purpurea* Ishii）　寄主：田间所见寄生橘小粉蚧。

（12）曲脊细颚姬蜂［*Enicospilus insinuator* (Smith)］　寄主：壶夜蛾幼虫。

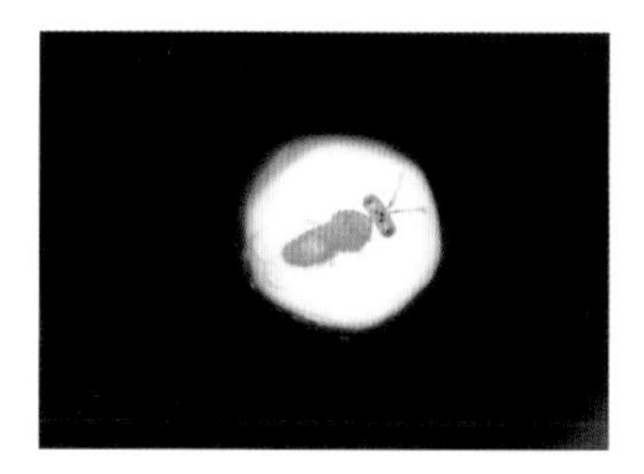

显微镜下的橙黄蚜小蜂

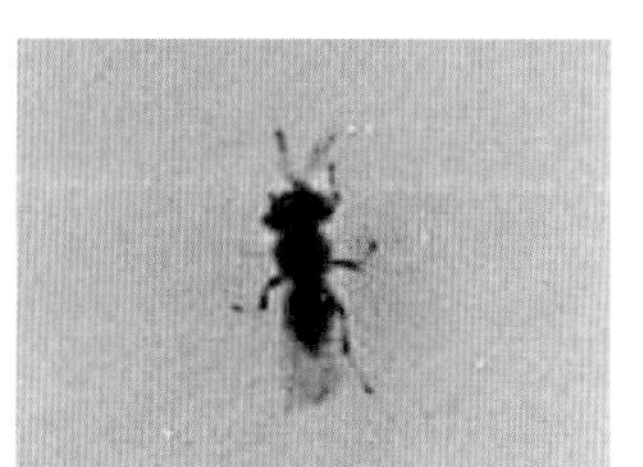

黑卵蜂

绒茧蜂

小绒茧蜂

荔枝卵平腹小蜂

荔蝽卵跳小蜂

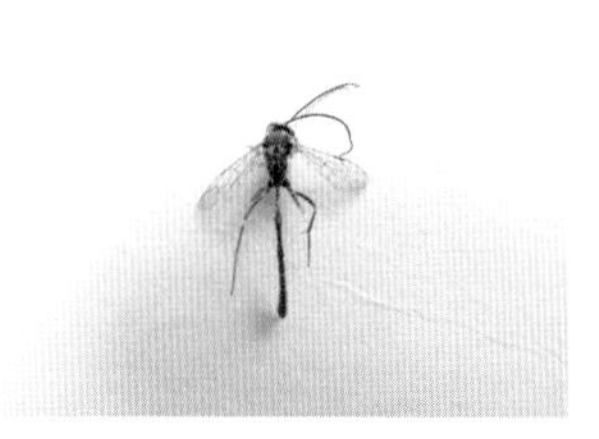
螟蛉悬茧姬蜂

绒茧蜂成虫与白色绒茧

凤蝶蛹寄生蜂（金小蜂）

广大腿小蜂

橘小粉虱蓝绿跳小蜂

曲脊细颚姬蜂

凤蝶蛹寄生蜂——双色深沟姬蜂和被寄生的凤蝶蛹

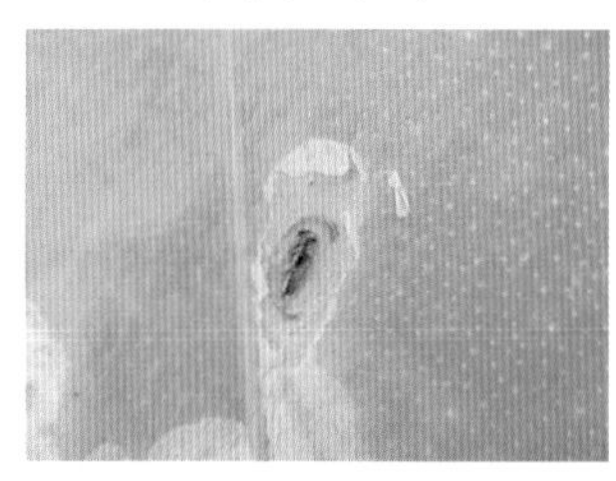
橘潜蛾白星啮小蜂

刺蛾幼虫寄生天敌

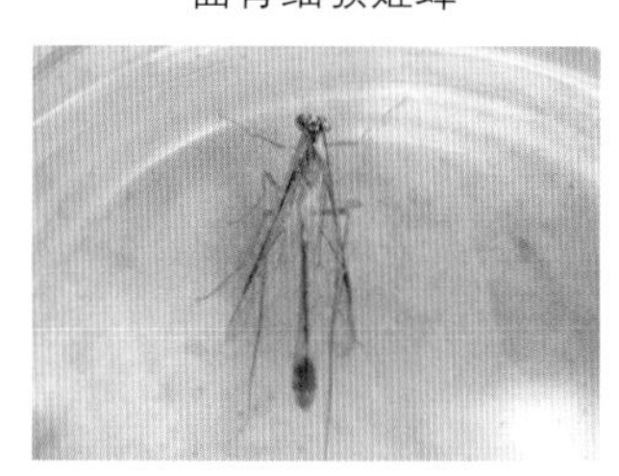
黑斑瘦姬蜂

刺蛾寄蝇

刺蛾蛹姬蜂虻

茶蓑蛾蛹寄生蜂

4.草蛉

草蛉一般全体草绿色，复眼有金属光泽。但有一些种类体色为黄褐色或带黑色、红色。触角丝状，细长。幼虫体纺锤形，体两侧有瘤突，丛生刚毛。捕食蚜凶，故有“蚜狮”之称。有的种类“蚜狮”在取食了食物后把残渣放在背上，堆积起来，将躯体覆盖，只露出两颚。除取食蚜虫外，还捕食柑橘木虱、介壳虫、叶蝉（包括白蛾蜡蝉幼虫）、蛾类幼虫、各种虫卵及红蜘蛛等。

(1) **八斑绢草蛉**[*Ancylopteryx octopunctata* (Fabricius)]

(2) **中华草蛉**（*Chrysoperla sinica* Tjeder）

(3) **牯岭草蛉**（*Chrysopa kulingensis* Navas）

(4) **大草蛉**（*Chrysopa septempunctata* Wesmael）

(5) **全北褐蛉**（*Hemerobius humuli* Linnaeus）

八斑绢草蛉

中华草蛉

牯岭草蛉

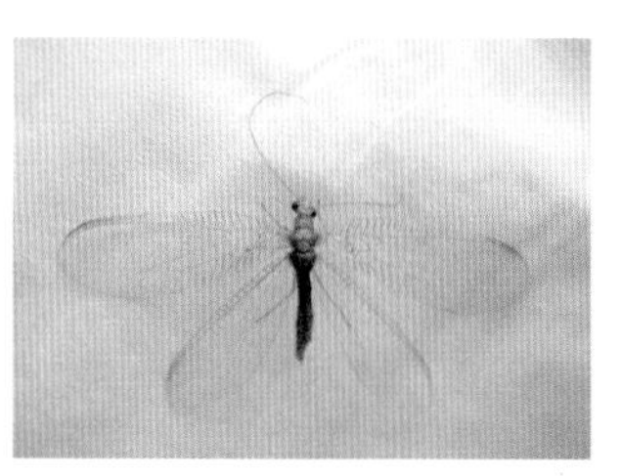
大草蛉

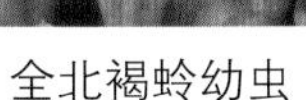

全北褐蛉幼虫

草 蛉

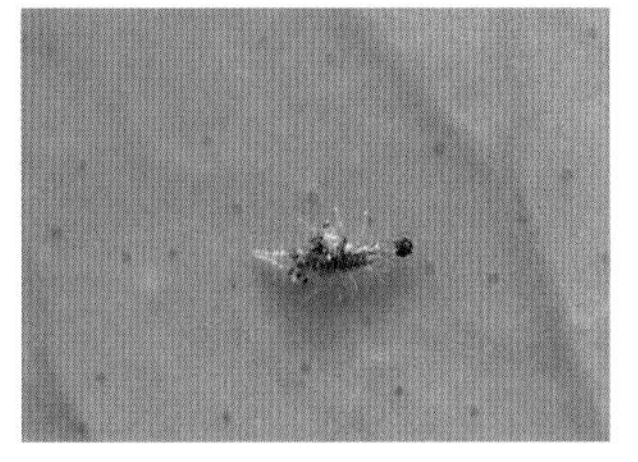

草蛉幼虫捕食红蜘蛛

草蛉幼虫捕食木虱

*5.*蝽类

从柑橘园及园边采集到的蝽类天敌达23种，其中蝽科1种，猎蝽科20种。海南蝽捕食蝶类幼虫和蛾类幼虫。猎蝽多数以捕食小动物和昆虫，栖息在植物上的种类则捕食同翅目、半翅目、鞘翅目、鳞翅目、双翅目和膜翅目等各种害虫。

蝽科：

(1) 海南蝽（厉蝽）（*Cantheconidea concinna* Walker）
(2) 多瘤蝽［*Cazira verrucosa* (Westwood)］
(3) 无刺瘤蝽（*Cazira inerma* Yang）

海南蝽（厉蝽）

多瘤蝽

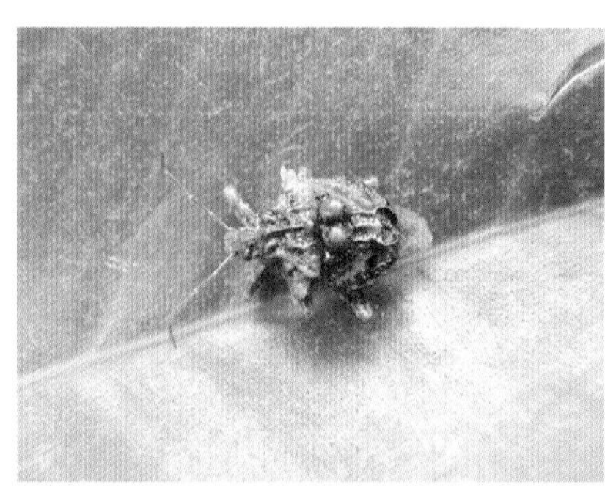

无刺瘤蝽

猎蝽科：

(1) 中黄猎蝽（*Sycanus croceovittatus* Dohrn）
(2) 霜斑素猎蝽［*Epidaus famulus* (Stål)］
(3) 红彩瑞猎蝽［*Rhynocoris fuscipes* (Fabricius)］
(4) 红平腹猎蝽（*Tapeinus fuscipennis* Stål）
(5) 红股小猎蝽（*Vesbius sanguinosus* Stål）
(6) 环斑猛猎蝽（*Sphedanolestes impressicollis* Stål）
(7) 彩纹猎蝽（*Euagoras plagiatus* Burmeister）
(8) 华龟瘤猎蝽（*Chelocoris sinicus* Hsiao & Liu）
(9) 六刺素猎蝽（*Epidaus sexapinus* Hsiao）
(10) 大绒猎蝽（*Opistolatys majiusculas* Distant）
(11) 众突长猎蝽（*Henricohahnia cauta* Miller）
(12) 结股角猎蝽（*Macracanthopsis nodipes* Reuter）
(13) 红小猎蝽（*Vesbies purpures* Thunberg）
(14) 毛足菱猎蝽（*Isyndus pilosipes* Reuter）
(15) 赤猎蝽属（*Haematoioecha* sp.）
(16) 圆斑荆猎蝽（*Acanthaspis geniculata* Hsiao）
(17) 锥盾菱猎蝽（*Isyndus reticulatus* Stål）

(18) **橘红猎蝽**（*Cydnocoris gilvus* Burmeister）
(19) **轮刺猎蝽**[*Scipinia horrida*（Stål）]
(20) **盾普猎蝽**（*Oncocephalus scutellaris* Reuter）

中黄猎蝽　霜斑素猎蝽　红彩瑞猎蝽　红平腹猎蝽
红股小猎蝽　环斑猛猎蝽　彩纹猎蝽若虫　华龟瘤猎蝽
六刺素猎蝽　大绒猎蝽　众突长猎蝽　结股角猎蝽
红小猎蝽　毛足菱猎蝽　黑红八节猎蝽　圆斑荆猎蝽
锥盾菱猎蝽　橘红猎蝽　轮刺猎蝽　盾普猎蝽

6. 食蚜蝇

食蚜蝇种类繁多，亦较难捕捉。以下食蚜蝇12种，均为采集幼虫室内饲养而得。
(1) **黑带食蚜蝇**（*Epistrophe balteata* De Geer）
(2) **宽带优食蚜蝇**（*Eupeodes latifasciatus* Macquart）
(3) **狭带贝食蚜蝇**［*Betasyrphus serarius*（Wiedemann）］
(4) **短刺刺腿食蚜蝇**（*Ischiodoin scutellaris* Fabricius）

(5) **锯盾小食蚜蝇**（*Paragus crenulatus* Thomson）

(6) **连带细腹蚜蝇** [*Sphaerophoria taeniata*(Meigen)]

(7) **方斑墨蚜蝇** [*Melanostoma mellinum*(Linnaeus)]

(8) **印度细腹蚜蝇**（*Sphaerophoria indiana* Bigot）

(9) **东方墨蚜蝇** [*Melanostoma orientale* (Wiedemann)]

(10) **秦巴细腹蚜蝇**（*Sphaerophoria qinbaensis* Huo et Ren）

(11) **爪哇异蚜蝇** [*Allograpta javana* (Wiedemann)]

(12) **斑翅食蚜蝇** [*Dideopsis aegrotus* (Fabricius)]

黑带食蚜蝇

宽带优食蚜蝇

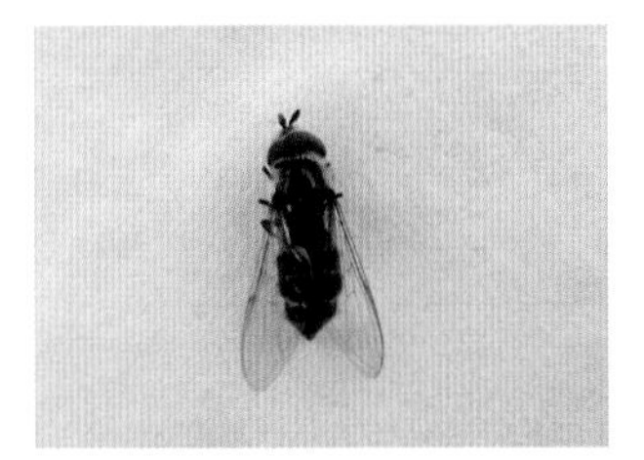

狭带贝食蚜蝇

短刺刺腿食蚜蝇

锯盾小食蚜蝇

连带细腹蚜蝇

方斑墨蚜蝇

印度细腹蚜蝇

东方墨蚜蝇

秦巴细腹蚜蝇

爪哇异蚜蝇

斑翅蚜蝇

7.其他

(1) **食蚜瘿蚊** [*Aphidoletes aphidimyza* (Rond)]

(2) **食蚜斑腹蝇**（*Leucopis* sp.）

(3) **塔六点蓟马**（*Scolothrips takahashii* Priesner） 寄主：橘全爪螨、蓟马、蚜虫等。

(4) **黄猄蚁** [*Oecophylla smaragdina* (Fabricius)] 又名黄柑蚁、红树蚁。膜翅目，蚁科，蚁亚科，织叶蚁属。可捕食大绿蝽、吉丁虫、橘红潜叶甲、天牛、铜绿丽金龟、叶甲、绿鳞象、叶蜂等昆虫。

(5) **蠼螋**（*Labidura* sp.） 寄主鳞翅目害虫、蚜虫和蜡蝉若虫等。

(6) **日本方头甲**（*Cybocephalus nipponicus* Endrödy-Younga） 体长0.8～1.0毫米，宽0.6～0.7毫米，有光泽。雄成虫头及前胸多黄色或淡黄褐色，小盾片及鞘翅黑色；雌成虫背面黑色，前胸背板侧缘及翅端稍透明。

(7) **粉虱座壳孢菌**（*Aschersonia aleyrodis* Webber） 半知菌亚门，座壳孢属，柑橘粉虱座壳孢菌。

从柑橘粉虱二龄若虫开始侵染，初期若虫虫体膨胀向周围渗出胶状汁液，几天后在病虫体中部的表面长出白色絮状菌丝，并扩展蔓延至虫体周围的叶片表面，覆盖整个虫体。然后菌丝体逐渐变为橙黄色或淡红色，形成肉质子座，周围乳突状分生孢子堆突起，最后变为红色。子座呈扁半球形，直径1.2～3.3毫米，高1～2毫米。

(8) **红霉菌** [*Fussarium coccophilum*(Desm.)Wr.et Rg.] 寄主有矢尖蚧、褐圆蚧、黑点蚧、黄圆蚧、红圆蚧、长牡蛎蚧等。被寄生的蚧体，其周围长出红色的分生孢子梗座，致蚧体死亡。可在温暖多雨季节，将带有寄生菌的枝叶转移到其他果园，让红霉菌自然扩散、寄生、繁殖。

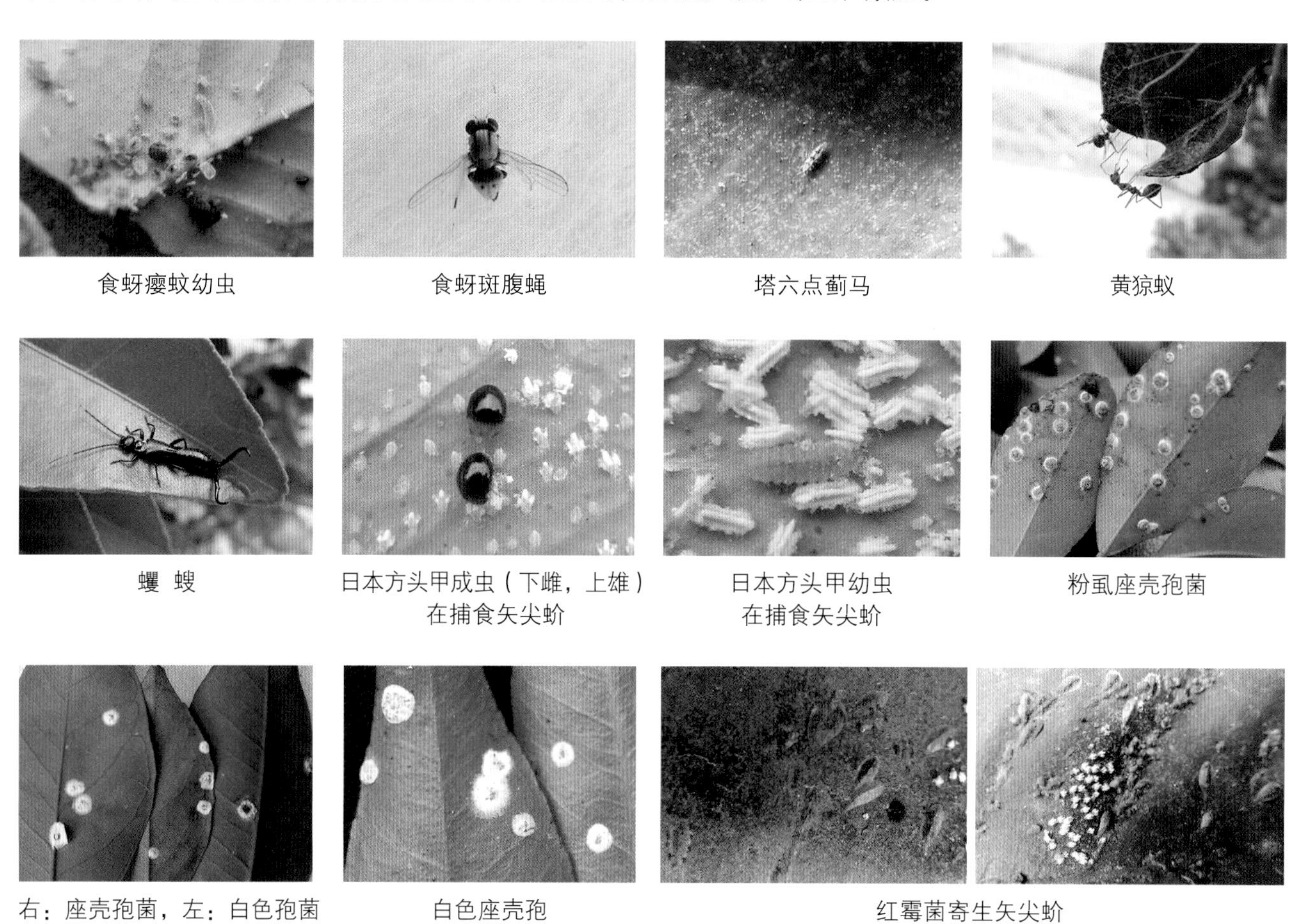

食蚜瘿蚊幼虫　食蚜斑腹蝇　塔六点蓟马　黄猄蚁

蠼　螋　日本方头甲成虫（下雌，上雄）在捕食矢尖蚧　日本方头甲幼虫在捕食矢尖蚧　粉虱座壳孢菌

右：座壳孢菌，左：白色孢菌　白色座壳孢　红霉菌寄生矢尖蚧

附录Ⅱ 柑橘病、虫及天敌学名索引

D

E

F

G

H

I

L

M

N

O

P

主要参考文献

蔡明段，彭成绩.2008.柑橘病虫原色图谱[M].广州：广东科技出版社.

陈世骧，谢蕴贞，邓国藩.1959.中国经济昆虫志：鞘翅目 天牛科 第一册[M].北京：科学出版社.

陈一心.1999.中国动物志：昆虫纲 第十六卷 鳞翅目 夜蛾科[M].北京：科学出版社.

陈作义，沈菊英，龚祖埙，等.1980.柑橘黄龙病病原体及其对抗生素反应的研究[J].生物化学与生物物理学报，12（2）：143-146.

邓国荣，杨皇红，陈德扬，等.1998.龙眼荔枝病虫害综合防治图册[M].南宁：广西科学技术出版社.

霍科科，任国栋，郑哲民.2007.秦巴山区蚜蝇区系分类：昆虫纲 双翅目[M].北京：中国农业科技出版社.

蒋书楠，蒲富基，华立中.1985.中国经济昆虫志：鞘翅目 天牛科 第三十五册[M].北京：科学出版社.

刘长令.2006.世界农药大全：杀菌剂卷[M].北京：化学工业出版社.

邱强，等.2004.中国果树病虫原色图鉴[M].郑州：河南科学技术出版社.

邱强，罗禄怡，蔡明段.1994.原色柑橘病虫图谱[M].北京：中国科学技术出版社.

任顺祥，王兴民，庞虹，等.2009.中国瓢虫原色图鉴[M].北京：科学出版社.

任伊森，蔡明段.2004.柑橘病虫草害防治彩色图谱[M].北京：中国农业出版社.

任伊森，张志恒，陈玳清，等.2001.柑橘病虫害防治手册[M].2版.北京：金盾出版社.

沈兆敏.1992.中国柑橘技术大全[M].成都：四川科学技术出版社.

王代武.1994.柑橘病虫图册[M].3版.成都：四川科学技术出版社.

吴佳教，梁帆，梁广勤.2000.橘小实蝇发育速率与温度关系的研究[J].植物检疫（8）：321-324.

西北农学院农业昆虫教学组.1977.农业昆虫学：上册[M].北京：人民教育出版社.

西南农学业大学，四川农业科学院植物保护研究所.1990.四川农业害虫天敌图册[M].成都：四川科学技术出版社.

夏声广，唐启义.2008.柑橘病虫害防治原色生态图谱[M].北京：中国农业出版社.

萧采瑜，等.1977.中国蝽类昆虫鉴定手册：半翅目异翅亚目 第一册[M].北京：科学出版社.

萧采瑜，任树芝，郑乐怡，等.1981.中国蝽类昆虫鉴定手册：半翅目异翅亚目[M].北京：科学出版社.

徐汉虹，等.2008.生产无公害农产品使用农药手册[M].北京：中国农业出版社.

杨星科，杨集昆，李文柱.2005.中国动物志：昆虫纲 第三十九卷 脉翅目 草蛉科[M].北京：科学出版社.

俞立达，崔伯法.1995.柑橘病虫原色图谱[M].北京：中国农业出版社.

张权炳.2004.柑橘园中常见的最主要有益生物(三)[J].中国南方果树(4)：17-20.

张天淼.2000.柑橘病毒病[M].北京：中国农业出版社.

张振昌，张治良，黄峰，等.1997.中国北方农业害虫原色图鉴[M].沈阳：辽宁科学技术出版社.

赵学源.2004.柑橘病毒病和类似病毒病的发生与防治[J].广西园艺，15（5）：4-10.

郑乐怡，归鸿.1999.昆虫分类[M].南京：南京师范大学出版社.

中国科学院动物研究所，浙江农业大学，等.1978.天敌昆虫图册：昆虫图册 第三号[M].北京：科学技术出版社.

中国科学院动物研究所.1982.中国蛾类图鉴（Ⅰ、Ⅲ）[M].北京：科学出版社.

中国农业科学院果树研究所，柑橘研究所.1994.中国果树病虫志[M].2版.北京：中国农业出版社.

中国农业科学院植物保护研究所.1996.中国农作物病虫害[M].2版.北京：中国农业出版社.

庄伊美.1994.柑橘营养与施肥[M].北京：中国农业出版社.

邹钟琳. 1958. 中国果树害虫[M]. 北京：卫生科技出版社.

Leo J. Klotz. 1973. University of California · Division of Agricultural Sciences：Color Handbook of Citrus Diseases. Agricultural Publications, University of California, Berkeley CA, U. S. A.

L. J. Klotz，E. C. Clavan，L. C. Weathers. 1972. University of California · Division of Agricultural Sciences: Virus and Viruslike Diseases of Citrus，California，U. S. A.